問題解決の数理

大西　仁

（三訂版）問題解決の数理（'21）

装丁・ブックデザイン：畑中　猛

s-74

まえがき

本書は放送大学教養学部の専門科目「問題解決の数理」の印刷教材として執筆された．2017 年に刊行された『改訂版 問題解決の数理』のさらなる改訂版となるが，扱う内容自体は変更せず，紙幅の許す限り定式化の説明や演習問題を充実させた．

本書では，数理的アプローチにより問題を解決する方法，特に決定問題の数理的アプローチによる解決について解説している．決定問題という言葉からは，経営における意思決定や進路の選択など限定的なイメージがあるかもしれないが，画像認識や音声認識，データベースの検索，データサイエンス，機械学習，人工知能，信号処理，バイオインフォマティクスなど，情報処理技術の多くの領域で決定問題が存在する．また，計算機におけるジョブの管理，計算機の CPU や電子回路の設計，通信ネットワークにおける資源の割り当てや経路の制御，機械や化学プロセスなど各種システムの制御，都市設計など，工学のあらゆる分野においても決定問題が存在する．

もちろん，個人，企業，行政機関等の様々な主体のあらゆる場面に意思決定が存在する．さらには，意思決定の理論をツールとして生物の進化を分析する研究もある．したがって，決定問題や決定問題への数理的なアプローチは，情報学や工学のみならず，経済学，心理学，社会学，政治学，自然科学など様々な領域と関わる．

本書において，数理的アプローチにより問題を解決するとは，問題の目的や制約条件を数理モデルで定式化して，（多くの場合計算機の力を借りて）問題の解を発見することである．数理的アプローチにより論理的に問題を解決することが可能になる．数理的アプローチにはある程度の数学的知識が必要になるのは確かである．しかし，問題を定式化する数理モデル自体は比較的簡単な数学的手法で記述できるものも多い．

一方，問題の解を求める計算やその理論には様々な数学的性質と技術が使われており，専門家以外には理解が困難なものも少なくない．問題の解を求める複雑な計算は計算機ソフトウェアに任せるのが一般的であり，この分野の学習においては，まずは問題の定式化の学習を最優先するのが賢明と思われる．幸いなことに，効率的に問題を解く高性能なソフトウェアがインターネット上にも数多く公開されている．計算は計算機に任せられるし，解法の理論は専門家に任せられるが，解決すべき問題の定式化は人間が行わなければならない．

とは言え，完全に計算機に任せてブラックボックス化するのは気持ち悪い，解法を知りたいという健全な知的好奇心を無視するにはためらいがあり，他科目であまり扱われていないことから，基本的な解法については示すことにした．解法の手続きを示すには紙数を要するため，「不本意ながら」解法の手続きがスペースの多くを占めた章もある．しかし，著者としては問題の定式化の理解を最優先していただきたいと考えている．

2021 年 3 月

大西　仁

問題解決への数理的アプローチ

0.1 数理モデル

数理モデルとは，数学的に記述されたモデルのことである．モデルとは，興味のある対象を簡略化して，その本質を表したものであり，対象を理解するために用いられる．数理モデルは，自然科学や自然現象を応用する工学や気象学だけでなく，経済学，経営学，心理学，情報学等，幅広い領域において利用されている．モデル化には様々な数学的手法が用いられる．例えば，天体の運動の予測は運動方程式等の微分方程式モデルに基づいて行われる．計量経済学における経済現象の解析と予測は主に統計モデルに基づいて行われる．

モデルが現実の対象の興味がある部分の性質を残していれば，モデルを通して対象を理解したり，現象を定量的に予測することができる．モデルを簡略にするほどモデルを通しての対象の理解がしやすくなり，モデルの数学的な扱いも簡単になるが，捨象される情報も多く，単純なことしかわからないことになりかねない．逆に詳細なモデルは対象の詳細を理解することができるが，モデルが複雑になり，扱いが難しくなることもある．モデル化の目的や条件を考慮し，適切なモデルを構築することが重要である．

意思決定を数理的な手法で支援する方法の総称はオペレーションズ・リサーチ（Operations Research；OR）と呼ばれる．近年，製品には多品種少量生産，高性能低価格，小型軽量化，省エネルギー，低環境負荷と様々な要求が突きつけられている．製造の過程のみではなく，人員や予算の配分，配送や在庫管理等にも最適化が求められる．その意味で，最適な決定を支援するオペレーションズ・リサーチは以前にも増して重要になっている．

本書で扱う問題の多くは一次式，すなわち一次関数，連立一次方程式，連立一次不等式のみからなる数理モデルで定式化されている．これらは中学や高校の数学で習う単純な数式であるが，実に幅広い問題に応用できる．しかし，数理モデルによる定式化，すなわち問題を数式で表現するには，数学の問題を解くのとは別の発想が必要である．次の簡単な問題を考えてみよう．

> 鶴と亀が何匹ずつかいる．鶴と亀の頭の数が合わせて 8 個，足の数が合わせて 26 本である時，鶴と亀は何匹（羽）いるか？

この問題は連立一次方程式の例題としてよく知られていて，次のように解く．

鶴が $x_{\text{鶴}}$（羽），亀が $x_{\text{亀}}$（匹）いるとする．頭の数は，鶴 1 羽当たり 1 個，亀 1 匹当たり 1 個であるから，鶴と亀の頭の数が合わせて 8 個であることから，

$$x_{\text{鶴}} + x_{\text{亀}} = 8 \tag{0.1}$$

が成り立つ．足の数は，鶴 1 羽当たり 2 本，亀 1 匹当たり 4 本であるから，鶴と亀の足の数が合わせて 26 本であることから，

$$2x_{\text{鶴}} + 4x_{\text{亀}} = 26 \tag{0.2}$$

が成り立つ．(0.1) 式と (0.2) 式を連立一次方程式として解けば解が得られるが，定式化は鶴が $x_{\text{鶴}}$（羽），亀が $x_{\text{亀}}$（匹）いると変数を定義し，定義した変数を用いて，頭の数と足の数を一次方程式として表すまでに相当する．実際，本書の数章を占める数理最適化法における定式化では，こ

の例の要領で問題を表現する．中学や高校で習う数学では定式化はほとんど行わないので，そこが戸惑いやつまずきの一因になっていると思われる．そのような時にはこの例の考え方を思い出していただきたい．

本書では，多くの問題を数理最適化問題，特に一次式で記述できる線形最適化問題，整数最適化問題として定式化する．中には，その問題専用の効率的な解法が知られていて，解法を中心に解説している教科書では数理最適化問題としての定式化を示していない問題もあえて数理最適化問題として定式化している．これにはいくつかの意図がある．まず，研究や仕事等で新規の問題に対峙した時，その問題を定式化するための訓練やヒントとなる．また，効率的な解法が知られている問題と一見異なる問題でも，定式化すると効率的な解法が知られている問題と一致していることに気づくこともある．さらに，定式化は問題の捉え方であることから，数理最適化問題としての定式化を通して問題の理解を深めることができる．これらのことを念頭に取り組んでいただきたい．

0.2 数理モデルを用いた問題解決の手順

問題を決定問題に限定しても，様々なタイプの問題が存在し，問題により使用される数理モデルも異なるが，問題解決は次のような手順で行われるのが一般的である．

1) **ステップ 1**　対象となる問題の目的，結果に影響を与えると考えられる要因といった問題の要素を抽出し，それらの特性や関係を整理する．
2) **ステップ 2**　問題を数理モデルとして定式化（モデル化）する．定式化においては，問題の本質に関わる重要な要因を取り入れる必要がある一方，重要でない要因は数学的扱いが複雑になったり，対象の本質的理解の妨げになったりするので，そのような要因を捨ててモデルの単純化を図る必要がある.

3) **ステップ3**　数理モデルに対応する数理的手法により最適解を求める.

4) **ステップ4**　数理的手法で得られた最適解が重要な要因を漏れなく取り込んでいるか，実際に現実の問題に適用できるかを検討し，解決案を決める.

これらの手順は，各ステップを1回ずつ行って終わりという訳ではない.ステップ2で問題のモデル化に取りかかったところで，問題に関する情報の不足に気づけば，ステップ1に戻って情報の収集をやり直す必要がある.ステップ3において，最適解を求める段階で，構築した数理モデルが複雑過ぎて解けなかったり，単純過ぎて解の質が低かったりすれば，ステップ2，場合によってはステップ1まで戻って問題やモデルを検討する必要がある.ステップ4においても，数理モデルに基づく最適解が現実的に実行不可能であれば，ステップ2やステップ1まで戻って問題やモデルを検討する必要がある.

0.3 学習の手引き

半年間での履修を前提にした場合，やや難しく，読み飛ばしてよい節や項目には * を付してある.また，章末の演習問題には，問題番号の横に **A**，**B**，**C**，**D** の記号を付してある.**A** は何も参照しないで解けることを目標とする問題，**B** は該当する公式やアルゴリズムを参照して解けることを目標とする問題，**C** は適当な計算機ソフトウェアを用いて計算することを想定した問題，**D** は発展的な内容を含む問題であることを表している.これらは学習目標の例示と考えていただきたい.演習問題は，理解度のチェックだけでなく，発展的な話題の紹介も兼ねているので，是非解答も読んでいただきたい.

幸いなことに，効率的なアルゴリズムを実装した高性能なソフトウェアがインターネット上にも数多く公開されている．実際の問題解決にはそのようなソフトウェアを利用するのが一般的である．高性能の商用のソフトウェアは高価であるが，無料で利用できるフリーソフトウェアも公開されている．また，Microsoft Excel や LibreOffice Calc など表計算ソフトウェアにも数理最適化問題を解く機能（ソルバー）が備わっているものがある．これらのソフトウェアを利用して実際に問題を解いてみることにより問題に対する理解が深まるので，本書の例題などの問題を定数の値や制約条件を変更して解がどのように変化するか試してみることを強くお勧めする．

本書の執筆において，例題や演習問題の計算に用いた表計算のシートやプログラム，紙幅の都合で取り上げられなかった事項，放送で用いたスライド，台本など，教材の追加情報は Web サイト

`https://info.ouj.ac.jp/~maps17/`

で公開しているので，そちらも参照されたい[1)]．

0.4 ソフトウェアを利用するための参考文献

本書を読み進める際には，計算機ソフトウェアを利用することを勧めているが，本書ではソフトウェアの利用法は扱っていない．ソフトウェアの利用法は Web サイトを探せば多数見つかるが，書籍としては以下を挙げておく．

1) 藤澤克樹・後藤順哉・安井雄一郎 (2011)『Excel で学ぶ OR』，オーム社.

理論と演習がバランス良く配置されており，説明もわかりやすい．

2) 大野勝久・中出康一・逆瀬川浩孝（2014）『Excel で学ぶオペレーションズリサーチ』，近代科学社.

1) 学内システムの更新により URL が変更される可能性がある．その場合，「放送大学　問題解決の数理　サポートサイト」等のキーワードにより検索していただきたい．

文献 1）よりやや理論寄り．

3)　長畑秀和・大橋和正（2008）『R で学ぶ経営工学の手法』，共立出版．
統計解析のフリーウェア R による数少ない OR の書籍．第一著者による別の教科書の演習書的な位置づけなので，理論の学習は他の書籍で行う必要がある．

4)　久保幹雄・小林和博・斉藤努・並木誠・橋本英樹（2016）『Python 言語によるビジネスアナリティクス：実務家のための最適化・統計分析・機械学習』，近代科学社．
人気のプログラミング言語 Python による OR の書籍．OR を幅広くカバーしているが，価格が高い．

5)　並木誠（2018）『Python による数理最適化入門』，朝倉書店．
Python で最適化のアルゴリズムを実装することで，アルゴリズムを理解することを目的としている．また，Python のパッケージを利用した解法の解説もある．

目次

1　線形最適化法（1）：一次式による問題の定式化

《目標＆ポイント》　線形最適化問題とは，目的と制約条件を線形式（一次式）で記述し，制約を満たす最適な解を求める問題であり，線形最適化法は線形最適化問題を解く方法である．線形最適化法は適用範囲が広く，実際に産業，経営など多くの分野で幅広く応用されている．線形最適化問題について応用例を交え，解説する．

《キーワード》　線形最適化問題，生産計画問題，食事問題，輸送問題

1.1　数理最適化法

数理最適化法は，与えられた制約条件の下で評価尺度を最適化（最小化ないしは最大化）するという数理モデルとして，問題を定式化し，その最適解を得るための方法である．制約条件の下での最適化という形で数理モデルとして定式化された問題は**数理最適化問題**，数理最適化問題の最適解を求めるための手続きを**数理最適化法**と呼ぶ[1)]．

一般に，数理最適化問題は，値を決定すべき変数，すなわち**決定変数**を $\boldsymbol{x}$ とする時[2)]，与えられた制約条件 $\boldsymbol{x} \in G$ を満たし，評価尺度となる**目的関数** $z = f(\boldsymbol{x})$ を最適（最小あるいは最大）にする変数の値 $\boldsymbol{x}^*$ を求める問題である．制約条件を満たす $\boldsymbol{x}$ を**実行可能解**と呼び，$\boldsymbol{x}^*$ を**最適解**と呼ぶ．

数理最適化問題は，決定変数のとり得る値，目的関数，制約条件によって分類され，問題により解法が異なる．代表的な問題をいくつか挙げて

1)　もともと数理計画問題（法）と呼ばれていて，現在でもその呼称は用いられているが，近年では数理最適化問題（法）と呼ばれる傾向にあり，本書でも数理最適化問題（法）と呼ぶ．

2)　決定変数は 1 変数でなく，複数の変数であることが多い．$\boldsymbol{x}$ はそれらの変数をベクトルとして表したものである．

おく．(1.1) 式で示す例のように，決定変数が実数で，目的関数および制約条件が線形式（一次の等式，不等式）で記述された問題は**線形最適化問題**と呼ばれる．

$$
\begin{aligned}
&\text{目的関数} && x_1 + 2x_2 \text{ を最大化} \\
&\text{制約条件 } 1 && x_1 + 3x_2 \leq 24 \\
&\text{制約条件 } 2 && 4x_1 + 4x_2 \leq 48 \\
&\text{制約条件 } 3 && 2x_1 + x_2 \leq 22 \\
&\text{制約条件 } 4 && x_1 \geq 0,\ x_2 \geq 0 \text{ 非負条件}
\end{aligned}
\tag{1.1}
$$

これに対して，(1.2) 式で示す例のように，目的関数あるいは制約条件に非線形な式が含まれる問題は**非線形最適化問題**と呼ばれる．

$$
\begin{aligned}
&\text{目的関数} && z = \log(2x_1 + 10) + \log(3x_2 + 1) \text{ を最小化} \\
&\text{制約条件 } 1 && x_1 + x_2 \geq 10 \\
&\text{制約条件 } 2 && x_1, x_2 \geq 0
\end{aligned}
\tag{1.2}
$$

また，(1.3) 式で示す例のように，決定変数が整数など離散的な値をとる問題は**組み合わせ最適化問題**と呼ばれる．特に，問題 (1.3) のように決定変数が整数値をとる場合は**整数最適化問題**と呼ばれる．

$$
\begin{aligned}
&\text{目的関数} && x_1 + 2x_2 \text{を最大化} \\
&\text{制約条件 } 1 && x_1 + 3x_2 \leq 24 \\
&\text{制約条件 } 2 && 4x_1 + 4x_2 \leq 48 \\
&\text{制約条件 } 3 && 2x_1 + x_2 \leq 22 \\
&\text{制約条件 } 4 && x_1, x_2 \text{は非負の整数}
\end{aligned}
\tag{1.3}
$$

ここで挙げた問題は，数式を見ただけでは無味乾燥で，ただちに実用的な問題への応用を想像するのは難しいかもしれない．しかし，様々な実用的問題がこれら数理最適化問題に帰着される．本章では，線形最適化問題の定式化について解説する．多くの意思決定問題が線形最適化問題として近似的に定式化（モデル化）でき，また大規模な線形最適化問題でも効率的に解くことができるため，線形最適化法は様々な領域で幅広く利用されている．次節以降で，具体的な問題を取り上げ，線形最適化問題として定式化する．

1.2 生産計画問題

線形最適化問題の例として，まず次のような**生産計画問題**について考えよう．

例1：生産計画問題

ある化学会社が2種類の製品P1とP2を生産している．製品P1は1kg当たり1万円，P2は1kg当たり2万円の利益が見込める．ただし，生産にあたっては資源に関する次の制約を満たさなくてはならない．

使用原料制約　製品P1を1kg生産するのに1kgの原料，製品P2を1kg生産するのに3kgの原料が必要である．1日当たりの最大使用可能量は24kgである．

労働時間制約　製品P1を1kg生産するのに4時間の労働時間，製品P2を1kg生産するのにも4時間の労働時間を要する．1日当たりの延べ労働時間は48時間以内にしなければいけない．

機械稼働時間制約　製品P1を1kg生産するのに2時間の機械稼働時間，製品P2を1kg生産するのに1時間の機械稼働時間を必要とする．また，メンテナンスに１日当たり２時間要するので，製品 P1 と P2 を生産するための機械の稼働時間は１日当たり 22 時間以内にしなければならない．

製品 P1 と P2 をそれぞれ１日当たり何 kg 生産すれば，１日当たりの利益見込みが最大になるか．

この生産計画問題を数理モデルとして定式化する．製品 P1 と P2 をそれぞれ x_1，x_2（kg）生産するとする．x_1，x_2 は値を決定すべき決定変数である．P1 は 1 kg 当たり１万円の利益が見込めることから，x_1（kg）なら x_1（万円）の利益が見込める．P2 は 1 kg 当たり２万円の利益が見込めることから，x_2（kg）なら $2x_2$（万円）の利益が見込める．したがって，P1 を x_1 (kg)，P2 を x_2 (kg) 生産した時の利益見込み z (万円) は，

$$z = x_1 + 2x_2$$

と表される．利益見込み z を最大化することが目的であるので，z は目的関数である．

次に，制約条件を定式化する．P1 を 1 kg 生産するのに 1 kg の原料が必要であることから，x_1 (kg) 生産するには x_1 (kg) の原料が必要である．P2 を 1 kg 生産するのに 3 kg の原料が必要であることから，x_2（kg）生産するには $3x_2$（kg）の原料が必要である．したがって，P1 を x_1（kg），P2 を x_2（kg）生産するには $x_1 + 3x_2$（kg）の原料が必要である．１日当たりの最大使用可能量は 24 kg であることから使用原料の制約は次の一次不等式で表される．

$$x_1 + 3x_2 \leq 24.$$

P1 を 1 kg 生産するのに４時間の労働時間，P2 を 1 kg 生産するのに

も４時間の労働時間を要することから，P1 を x_1（kg），P2 を x_2（kg）生産するには $4x_1 + 4x_2$（時間）の労働時間が必要である．１日当たりの延べ労働時間は 48 時間以内にしなければいけないことから，労働時間に関する制約は次の一次不等式として表される．

$$4x_1 + 4x_2 \leq 48.$$

P1 を 1 kg 生産するのに２時間の機械稼働時間，P2 を 1 kg 生産するのに１時間の機械稼働時間を必要とすることから，P1 を x_1（kg），P2 を x_2（kg）生産するには $2x_1 + x_2$（時間）の機械稼働時間を要する．機械稼働時間は 22 時間以内にしなければならないことから，機械稼働時間に関する制約は次の一次不等式として表される．

$$2x_1 + x_2 \leq 22.$$

以上の制約に加えて，生産量は負の値にならないことから，$x_1 \geq 0$, $x_2 \geq 0$ も制約として必要である．以上をまとめると，生産計画問題は次のように定式化される．

$$\begin{array}{rll} \text{最大化} & z = x_1 + 2x_2 & \text{1日当たりの利益} \\ \text{制約条件} & x_1 + 3x_2 \leq 24 & \text{使用原料制約} \\ & 4x_1 + 4x_2 \leq 48 & \text{労働時間制約} \\ & 2x_1 + x_2 \leq 22 & \text{機械稼働時間制約} \\ & x_1 \geq 0,\ x_2 \geq 0 & \text{非負条件} \end{array} \tag{1.4}$$

生産計画問題は，目的関数が一次関数，制約条件が一次不等式で表されており，このような問題は線形最適化問題である．

1.3 食事問題

例 2：食事問題

苦学生の X さんは，3 種類の食品 A，B，C を組み合わせて摂取して，栄養失調にならないことを前提に食費を最小にしたい．1 日当たり食品 A，B，C を各々何 g ずつ摂取すればよいか．

- 食品 A は，1 g 当たり栄養素 1 を 30 単位，栄養素 2 を 18 単位含有していて，1 g 当たりの価格は 75 円である．
- 食品 B は，1 g 当たり栄養素 1 を 18 単位，栄養素 2 を 22 単位含有していて，1 g 当たりの価格は 62 円である．
- 食品 C は，1 g 当たり栄養素 1 を 11 単位，栄養素 2 を 40 単位含有していて，1 g 当たりの価格は 50 円である．
- 1 日当たり，栄養素 1 は 150 単位以上，栄養素 2 は 100 単位以上摂取する必要がある．

この食事問題も線形最適化問題として定式化できる．1 日当たり食品 A，B，C を各々 x_{A}，x_{B}，x_{C}（g）摂取するとする．食品 A，B，C の 1 g 当たりの価格は各々 75，62，50 円であるから，食品 A，B，C を各々 x_{A}，x_{B}，x_{C}（g）摂取する時にかかる食費 z（円）は，

$$z = 75x_{\mathrm{A}} + 62x_{\mathrm{B}} + 50x_{\mathrm{C}}$$

と表される．食事問題は食費を最小化することが目的であるので，z は目的関数である．

次に制約条件を定式化する．まず，栄養素 1 について考える．食品 A は栄養素 1 を 30 単位/g 含有しているので，食品 A を x_{A}（g）摂取すれば，栄養素 1 を $30x_{\mathrm{A}}$（単位）摂取できる．食品 B は栄養素 1 を 18 単

位/g 含有しているので，食品 B を x_{B}（g）摂取すれば，栄養素 1 を $18x_{\mathrm{B}}$（単位）摂取できる．食品 C は栄養素 1 を 11 単位/g 含有しているので，食品 C を x_{C}（g）摂取すれば，栄養素 1 を $11x_{\mathrm{C}}$（単位）摂取できる．栄養素 1 は 150 単位以上摂取する必要があるから，

$$30x_{\mathrm{A}} + 18x_{\mathrm{B}} + 11x_{\mathrm{C}} \geq 150$$

となる．同様に，栄養素 2 は 100 単位以上摂取する必要があるから，

$$18x_{\mathrm{A}} + 22x_{\mathrm{B}} + 40x_{\mathrm{C}} \geq 100$$

となる．また，食品の摂取量は負にはならないから，$x_{\mathrm{A}}, x_{\mathrm{B}}, x_{\mathrm{C}} \geq 0$ である．以上をまとめると，食事問題は以下のように定式化される．

$$\begin{array}{rll} \text{最小化} & z = 75x_{\mathrm{A}} + 62x_{\mathrm{B}} + 50x_{\mathrm{C}} & \text{1 日当たりの食費} \\ \text{制約条件} & 30x_{\mathrm{A}} + 18x_{\mathrm{B}} + 11x_{\mathrm{C}} \geq 150 & \text{栄養素 1 の摂取量} \\ & 18x_{\mathrm{A}} + 22x_{\mathrm{B}} + 40x_{\mathrm{C}} \geq 100 & \text{栄養素 2 の摂取量} \\ & x_{\mathrm{A}}, x_{\mathrm{B}}, x_{\mathrm{C}} \geq 0 & \text{非負条件} \end{array} \tag{1.5}$$

食事問題も目的関数が一次関数，制約条件が一次不等式で表されており，線形最適化問題である．

1.4 輸送問題

生産計画問題と食事問題では制約条件は不等式であったが，制約が等式の線形最適化問題もある．

例 3：輸送問題

送出元 S1，S2 から受け取り先 D1，D2，D3 に荷物を運ぶ．荷物の送出量，受け取り量，および輸送のコストは次に示すとおりである．

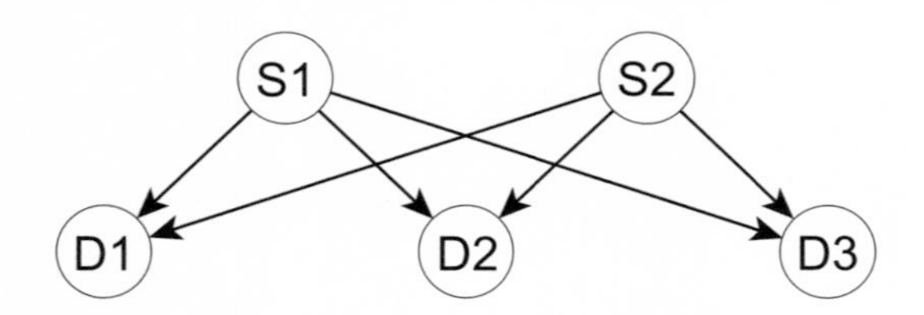

送出量（トン）

S1	80
S2	160

受け取り量（トン）

D1	120
D2	40
D3	80

輸送コスト（千円/トン）

	D1	D2	D3
S1	10	6	16
S2	8	8	10

以上の条件で，輸送コストを最小とするには，それぞれの送出元から受け取り先にどれだけの荷物を輸送すればよいか？

輸送問題も線形最適化問題として定式化できる．送出元 Si $(i = 1, 2)$ から受け取り先 Dj $(j = 1, 2, 3)$ に x_{ij}（トン）輸送するとする．例えば，送出元 S1 から受け取り先 D1 へは 1 トン当たり 10 千円の輸送コストがかかるから，送出元 S1 から受け取り先 D1 へ x_{11}（トン）輸送すると，輸送コストは $10x_{11}$（千円）となる．したがって，輸送コストの総和 z（千円）は

$$z = 10x_{11} + 6x_{12} + 16x_{13} + 8x_{21} + 8x_{22} + 10x_{23}$$

と表される．輸送問題はコスト z を最小化することが目的であるので，z は目的関数である．

次に制約条件を定式化する．まず，各送出元の送出量に関する制約条件を定式化する．送出元 S1 からは，受け取り先 D1 に x_{11}（トン），受け取り先 D2 に x_{12}（トン），受け取り先 D3 に x_{13}（トン）送出されるから，送出量の合計は $x_{11} + x_{12} + x_{13}$（トン）である．送出元 S1 からは合計 80 トン送出するから，

$$x_{11} + x_{12} + x_{13} = 80$$

となる．同様に，送出元 S2 からの送出量の合計は $x_{21} + x_{22} + x_{23}$（トン）で，送出元 S2 からは合計 160 トン送出するから，

$$x_{21} + x_{22} + x_{23} = 160$$

となる．

次に，各受け取り先の受け取り量に関する制約条件を定式化する．受け取り先 D1 は，送出元 S1 から x_{11}（トン），送出元 S2 から x_{21}（トン）受け取るから，受け取り量の合計は $x_{11} + x_{21}$（トン）である．受け取り先 D1 は合計 120 トン受け取るから，

$$x_{11} + x_{21} = 120$$

となる．同様に，受け取り先 D2 の受け取り量の合計は $x_{12} + x_{22}$（トン）で，合計 40 トン受け取るから，

$$x_{12} + x_{22} = 40$$

となる．同様に，受け取り先 D3 の受け取り量に関しては，

$$x_{13} + x_{23} = 80$$

となる．

以上の制約に加えて，輸送量は負の値にならないことから，$x_{11} \geq 0, x_{12} \geq 0, \cdots, x_{23} \geq 0$ も制約として必要である．以上をまとめると，輸送問題は次のように定式化される．

$$
\begin{array}{lll}
\text{最小化} & z = 10x_{11} + 6x_{12} + 16x_{13} & \\
& \quad + 8x_{21} + 8x_{22} + 10x_{23} & \text{輸送コストの総和} \\
\text{制約条件} & x_{11} + x_{12} + x_{13} = 80 & \text{S1 の送出量} \\
& x_{21} + x_{22} + x_{23} = 160 & \text{S2 の送出量} \\
& x_{11} + x_{21} = 120 & \text{D1 の受け取り量} \\
& x_{12} + x_{22} = 40 & \text{D2 の受け取り量} \\
& x_{13} + x_{23} = 80 & \text{D3 の受け取り量} \\
& x_{11} \geq 0, x_{12} \geq 0, \cdots, x_{23} \geq 0 & \text{非負条件}
\end{array}
$$

1.5 線形最適化問題の一般的な定式化

前節までに線形最適化問題の定式化の例を示した．ここでは，線形最適化問題とは何であるかをより明確にし，一般的な線形最適化問題のモデルを示す．決定変数を $x_1, x_2, \cdots, x_n$ とする時，目的関数 z は決定変数の一次関数

$$z = c_1x_1 + c_2x_2 + \cdots + c_nx_n$$

の形で表される．目的関数を最小化する問題と最大化する問題があるが，次章での解法の説明の都合上，目的関数を最小化する問題，すなわち最小化問題として定式化する．最大化問題は目的関数の係数 $c_1, c_2, \cdots, c_n$ に -1 をかけることにより最小化問題に変換することができることから，

最小化問題として定式化しても一般性を失わない．

制約式は決定変数の一次不等式あるいは一次等式で，

$$
\begin{aligned}
a_{i_1 1}x_1 + a_{i_1 2}x_2 + \cdots + a_{i_1 n}x_n &\leq b_{i_1}, \\
a_{i_2 1}x_1 + a_{i_2 2}x_2 + \cdots + a_{i_2 n}x_n &= b_{i_2}, \\
a_{i_3 1}x_1 + a_{i_3 2}x_2 + \cdots + a_{i_3 n}x_n &\geq b_{i_3}
\end{aligned}
$$

の形で表される．ここでも解法の都合上，制約式の右辺 $b_i \geq 0$ $(i = 1, 2, \cdots, m_1, m_1+1, \cdots, m_2, m_2+1, \cdots, m)$ とする．$b_i < 0$ の制約式は両辺に -1 をかけて，不等号の向きを変えることにより，右辺が非負で等価な制約式に変換できることから，$b_i \geq 0$ としても一般性を失わない．これらをまとめると，線形最適化問題は一般に次式のように定式化される．

$$
\begin{aligned}
\text{最小化}\quad & z = c_1x_1 + c_2x_2 + \cdots + c_nx_n \\
\text{制約条件}\quad & a_{11}x_1 + a_{12}x_2 + \cdots + a_{1n}x_n \leq b_1 \\
& \qquad\vdots \\
& a_{m_1 1}x_1 + a_{m_1 2}x_2 + \cdots + a_{m_1 n}x_n \leq b_{m_1} \\
& a_{m_1+1,1}x_1 + a_{m_1+1,2}x_2 + \cdots + a_{m_1+1,n}x_n = b_{m_1+1} \\
& \qquad\vdots \\
& a_{m_2 1}x_1 + a_{m_2 2}x_2 + \cdots + a_{m_2 n}x_n = b_{m_2} \\
& a_{m_2+1,1}x_1 + a_{m_2+1,2}x_2 + \cdots + a_{m_2+1,n}x_n \geq b_{m_2+1} \\
& \qquad\vdots \\
& a_{m1}x_1 + a_{m2}x_2 + \cdots + a_{mn}x_n \geq b_m \\
& x_1 \geq 0, x_2 \geq 0, \cdots, x_n \geq 0
\end{aligned}
\tag{1.6}
$$

参考文献

第1章と第2章の参考文献を示す.

1) 坂和正敏・矢野均・西崎一郎（2010）『わかりやすい数理計画法』, 森北出版.
直観的でわかりやすい. また, Excel ソルバーによる最適解計算方法の説明もある.

2) 並木誠（2018）『Python による数理最適化入門』, 朝倉書店.
最適解計算のアルゴリズムを Python で実装することにより理解を図る.

演習問題 1

1.1 (A) 以下の問題を線形最適化問題として定式化せよ.

ある工場で2種類の製品, P1, P2 を製造している. P1 を1トン生産すると1日当たり2万円, P2 を1トン生産すると1日当たり3万円の利益が見込める. 原料の1日当たり最大使用可能量は 3600 kg, 電力の1日当たり最大使用可能量は 5000 kWh である. P1 を1トン生産するには, 原料を 70 kg, 電力を 90 kWh 使用する. P2 を1トン生産するには, 原料を 80 kg, 電力を 110 kWh 使用する. 利益を最大にする1日当たりの P1, P2 の生産量を求めよ.

1.2 (A) 以下の問題を線形最適化問題として定式化せよ.

ある会社では, 廃棄されたパーソナルコンピュータ（PC）と携帯電話機を回収し, 機器内部の希少金属を取り出している. PC には1トン当たり金属1が 1 g, 金属2が 1 g, 金属3が 3 g 含有されている. 携帯電話機には１トン当たり金属１が5g，金属２が2g含有されているが，金属３は含有されていない．１回の回収で金属１を240g以上，金属２を90g以上，金属３を60g以上回収する必要がある．PCを１トン回収するのに必要な費用は240円，携帯電話機を１トン回収するのに必要な費用は800円である．最小の費用で必要な金属を回収するために，PCと携帯電話機の回収量を求めよ．

1.3 (A)　以下の問題を線形最適化問題として定式化せよ．

送出元S1，S2から受け取り先D1，D2に荷物を運ぶ．荷物の送出量，受け取り量，および輸送のコストは次に示すとおりである．

送出量

S1	80トン
S2	120トン

受け取り量

D1	50トン
D2	150トン

輸送コスト（千円/トン）

	D1	D2
S1	9	5
S2	7	8

以上の条件で，輸送コストを最小とするには，それぞれの送出元から受け取り先にどれだけの荷物を輸送すればよいか？

2 線形最適化法（2）：線形最適化問題の解法

2.1 図を用いた解法

決定変数が 2 個の線形最適化問題は，作図をすれば簡単に解くことができる．次の問題を解くことを考える [1)]．

$$
\begin{aligned}
\text{最大化} \quad & z = x_1 + 2x_2 \\
\text{制約条件} \quad & x_1 + 3x_2 \leq 24 \\
& 4x_1 + 4x_2 \leq 48 \\
& 2x_1 + x_2 \leq 22 \\
& x_1 \geq 0, x_2 \geq 0
\end{aligned}
\tag{2.1}
$$

制約条件を表す不等式の不等号を等号で置き換えた式は直線の方程式となる．直線を境界として各制約条件を満たす領域と満たさない領域が分割される．図 2.1 は制約を図示したものである．塗りつぶされた五角形 OABCD の内部および辺，頂点（**端点**と呼ぶ）はすべての制約を満たす領域で，**実行可能領域**と呼ばれる [2)]．実行可能領域は（必ずしも最適ではない）解の集合で，個々の解は**実行可能解**と呼ばれる．

目的関数は z を定数とする方程式と見立てると，x_1–x_2 平面上の直線となる [3)]．図 2.2 に示すように z を変化させると直線は平行移動する．

ある z において目的関数の直線と実行可能領域の共通部分 (x_1, x_2) は目的関数の値が z となる実行可能解の集合である．例えば，$z = 10$ の時，

---

1)　第 1 章で定式化した生産計画問題 (1.4) 式である．

2)　変数が 3 個以上の場合，制約条件の境界は（超）平面，実行可能領域は（超）多面体となる．

3)　変数が 3 個以上の場合は（超）平面となる．

目的関数の直線は実行可能領域の真ん中を貫いている．実行可能領域内の直線上にあるすべての (x_1, x_2) は実行可能解で，いずれの場合も目的関数 z の値は 10 である．

z を変化させて，目的関数の直線を平行移動させて，実行可能領域と共通部分を持つ範囲で最大になる z を探す．この問題では目的関数の直線が端点 B(6,6) を通る時に $z = 18$ で最大となる．したがって，唯一の最適解は $(x_1, x_2) = (6, 6)$ である．

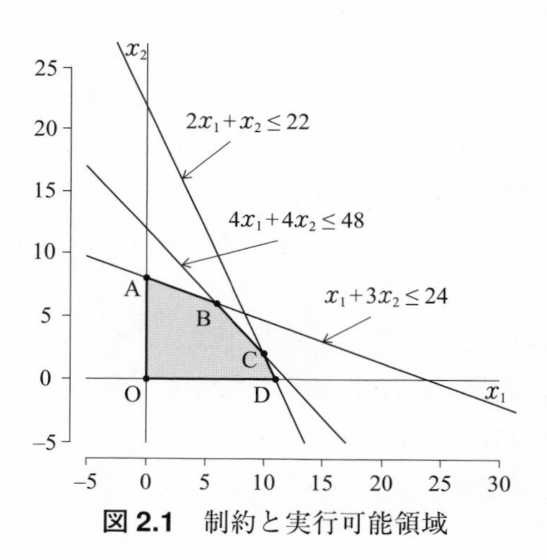

図 2.1　制約と実行可能領域

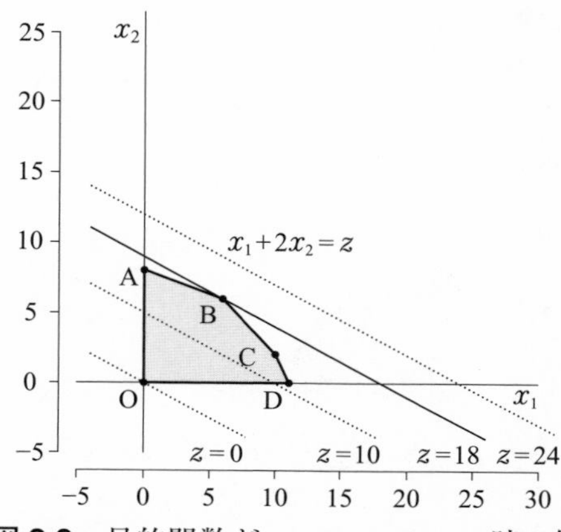

図 2.2　目的関数が $z = x_1 + 2x_2$ の時の解

線形最適化問題の性質を検討するために，別の目的関数における解について調べてみよう．目的関数を $z = 3x_1 + 2x_2$ とすると，端点 C(10, 2) を通る時に，目的関数は $z = 34$ で最大となる（図 2.3）．したがって，唯一の最適解は $(x_1, x_2) = (10, 2)$ である．

今度は目的関数を $z = 2x_1 + x_2$ と変更する．この目的関数は制約の一つである $2x_1 + x_2 \leq 22$ の境界の直線と平行になっている（図 2.4）．CD を通る時に，目的関数は $z = 22$ で最大となる．したがって，最適解は線分 CD 上の点のすべて，すなわち $(x_1, -2x_1 + 22)$ $(10 \leq x_1 \leq 11)$ である．

以上 3 種類の目的関数における最適解を調べた結果，いずれの場合も最適解は実行可能領域の端点，あるいは端点を結ぶ線分上にあった．これは決定変数が 3 個以上の場合も含めて一般に成り立つ性質であり，本章で説明するシンプレックス法では，端点間の移動を繰り返して最適解を探索する．

線形最適化法の実際の問題への応用では，変数や制約の数が 1 万を超えるような巨大な線形最適化問題が現れるが，効率的なアルゴリズムを用いて最適解を得ることができる．本章では，それらのアルゴリズムの中で最も伝統的で理解しやすいシンプレックス法について解説する．

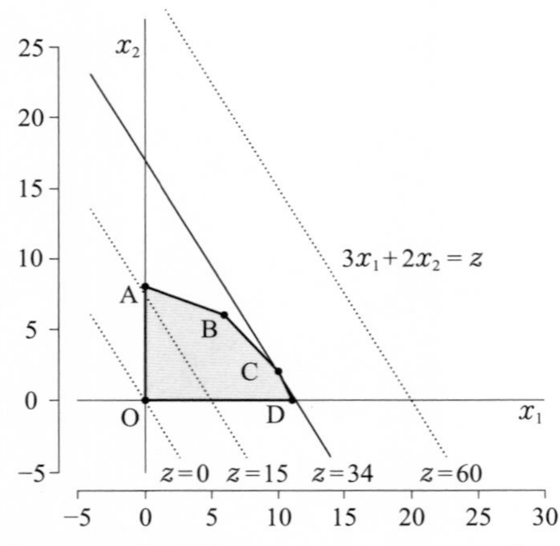

図 2.3　目的関数が $z = 3x_1 + 2x_2$ の時の解

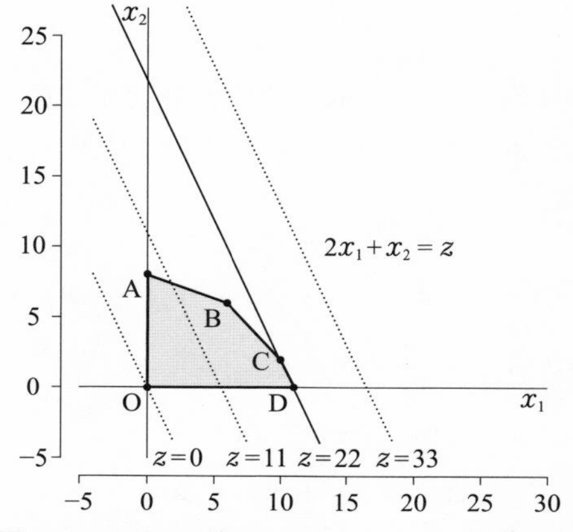

図 2.4　目的関数が $z = 2x_1 + x_2$ の時の解

2.2 標準形

シンプレックス法を適用するには，決定変数の非負条件を除くすべての制約を等式制約とする最小化問題である**標準形**に変換する必要がある．不等式制約を等式制約に変換するには新たな非負変数を導入する．例えば，次の不等式制約，

$$a_{11}x_1 + a_{12}x_2 \leq b_1$$

は，**スラック**（slack）**変数**と呼ばれる新たな非負変数 $\underline{x}_3$ を用いて，

$$a_{11}x_1 + a_{12}x_2 + \underline{x}_3 = b_1$$

という等式制約に変換できる．不等号の向きが逆の制約，

$$a_{21}x_1 + a_{22}x_2 \geq b_2$$

は，**余裕変数**と呼ばれる新たな非負変数 $\bar{x}_4$ を導入して，

$$a_{21}x_1 + a_{22}x_2 - \bar{x}_4 = b_2$$

と変換できる．最大化問題を最小化問題に変換するには，目的関数を元の目的関数に -1 を乗じたものにする．例えば，(2.1) 式を標準形に直すと，(2.2) 式になる．

$$\begin{aligned} \text{最小化} \quad & z = -x_1 - 2x_2 + 0\underline{x}_3 + 0\underline{x}_4 + 0\underline{x}_5 \\ \text{制約条件} \quad & x_1 + 3x_2 + \underline{x}_3 = 24 \\ & 4x_1 + 4x_2 + \underline{x}_4 = 48 \\ & 2x_1 + x_2 + \underline{x}_5 = 22 \\ & x_1, x_2, \underline{x}_3, \underline{x}_4, \underline{x}_5 \geq 0 \end{aligned} \tag{2.2}$$

スラック変数や余裕変数を明示するために記号を分けているが，数学的な取り扱いは元からある変数と同じである．

2.3 シンプレックス法の考え方

2.1 節で，線形最適化問題の最適解は実行可能領域の端点にあることを述べた．すなわち，最適解は等式制約の連立方程式の解の中にある．標準形の線形最適化問題 (2.2) は，等式制約が 3 本で変数が 5 個であるから，このままでは一意の解を求めることができない．そこで，5 個の変数のうち 2 個を 0 と置けば三元連立方程式となり，一意の解を求めることができる．0 と置かなかった変数を**基底変数**，0 と置いた変数を**非基底変数**，この方程式の解を**基底解**と呼ぶ．基底解の中には変数の非負条件を満たすものと満たさないものがある．非負条件を満たす基底解を**実行可能基底解**，非負条件を満たさない基底解を**実行不能基底解**と呼ぶ．

基底変数の選び方は複数ある．5 個の変数のうちどの 3 個を基底変数

とするかは，組み合わせの数

$$ {}_5\mathrm{C}_3 = \frac{5!}{3! \times 2!} = 10 $$

通りある．すなわち，10 種類の基底解が存在する．変数の数が増えると，基底解の数は膨大になってしまう．しかし，実行可能基底解は基底解のうちの一部であるから，実行可能基底解のみを探索すれば，探索する基底解の数を減らすことができる．

シンプレックス法は適当な実行可能基底解，すなわち実行可能領域の端点から，隣接する端点のうち目的関数の値を改善する端点へ移動することを繰り返し，最適解に到達するアルゴリズムである．線形最適化問題は，解の逐次的な改善により必ず最適解に到達するという好ましい性質を持っている．また，シンプレックス法はすべての実行可能基底解を試すことなく最適解を求めることができるので効率的である．

2.4 シンプレックス法

シンプレックス法の手続きを問題 (2.2) を例に説明する．等式制約の係数と右辺の値，目的関数の係数と値を表形式で表したシンプレックス・タブロー (simplex tableau) を用いて等式を変換していく．等式制約が 3 本で変数が 5 個なので，変数 2 個を 0 と置くことで一意な解を求める．この問題では，$(x_1, x_2) = (0, 0)$ と置くことにより，$(\underline{x}_3, \underline{x}_4, \underline{x}_5) = (24, 48, 22)$ という自明な実行可能基底解が得られる．この時の目的関数の値は 0 である．この解は図 2.5 の点 O に相当する．これらのシンプレックス・タブローを表 2.1 に示す．

表 2.1 は以下のように構成されている．最下行以外の一番左の列は基底変数名である．その他の列は制約条件左辺の係数と右辺の値である．制

約条件のうち基底変数の係数が1のものとその基底変数名が対応する行に配置されている．例えば，$\underline{x}_3$ の行には，$x_1 + 3x_2 + \underline{x}_3 + 0\underline{x}_4 + 0\underline{x}_5 = 24$ の左辺の係数と右辺の値が記入されている．この制約条件の $\underline{x}_3$ 以外の基底変数の係数は0で，非基底変数 x_1，x_2 の値は0であるから，シンプレックス・タブローから $\underline{x}_3$ の値が24であることを読み取ることができる．最下の目的関数の行で，基底変数の欄が $-z$ となっている．これは目的関数を

$$-z + (-x_1 - 2x_2 + 0\underline{x}_3 + 0\underline{x}_4 + 0\underline{x}_5) = 0 \tag{2.3}$$

と表し，等式制約のようにみなして等式の変換を行うための表現である．一番右の列は $-z$ の値，すなわち目的関数 z の値を -1 倍した値である．このようにシンプレックス・タブローから目的関数の値も読み取ること

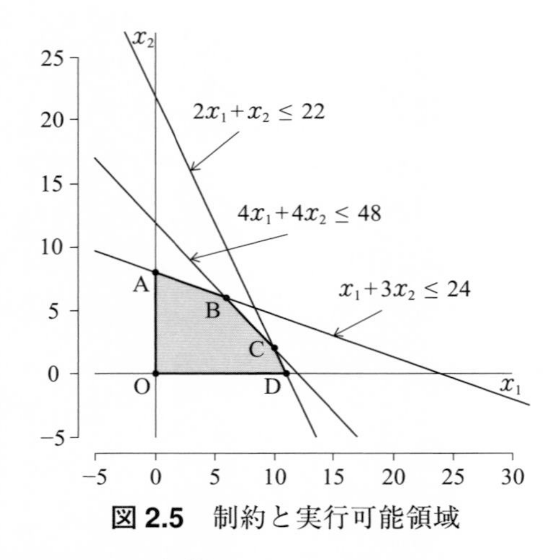

図 2.5　制約と実行可能領域

表 2.1　問題 (2.2) の初期シンプレックス・タブロー（端点 O）

	x_1	x_2	$\underline{x}_3$	$\underline{x}_4$	$\underline{x}_5$	
基底 $\underline{x}_3$	1	*3	1	0	0	24
変数 $\underline{x}_4$	4	4	0	1	0	48
$\underline{x}_5$	2	1	0	0	1	22
$-z$	-1	-2	0	0	0	0

ができる．

表 2.1 の $-z$ の行に注目する．非基底変数 x_1，x_2 の係数は負であるから，x_1 や x_2 を増加すると，z は減少する，すなわち解は改善される．シンプレックス法では実行可能領域の端点から隣接する端点に移動するので，1 回の移動で増加させる変数は 1 個のみである．$-z$ の行の係数を見ると，x_1 を 1 増加させると z は 1 減少するのに対して，x_2 を 1 増加させると z は 2 減少するので，x_2 を増加させるほうが z の改善の度合いが大きく，より速く最適解に到達することが期待されるので，ここでは x_2 を増加させる [4)]．

非基底変数 x_2 を増加させると，3 本の等式制約を満たすためには，制約式内の基底変数の値を減少させる必要がある．1 本目の等式制約

$$x_1 + 3x_2 + \underline{x}_3 = 24 \tag{2.4}$$

においては，現在 $\underline{x}_3 = 24$ である．x_2 を 1 増加させると左辺の値は 3 増加するので，等式を成立させるためには $\underline{x}_3$ を 3 減少させる必要がある．変数の非負条件があるので，$\underline{x}_3 = 0$ になるまで x_2 を増加させると，$x_2 = 24/3 = 8$ となる．

2 本目の等式制約

$$4x_1 + 4x_2 + \underline{x}_4 = 48 \tag{2.5}$$

においては，現在 $\underline{x}_4 = 48$ である．x_2 を 1 増加させると左辺の値は 4 増加するので，等式を成立させるためには $\underline{x}_4$ を 4 減少させる必要がある．変数の非負条件があるので，$\underline{x}_4 = 0$ になるまで x_2 を増加させると，$x_2 = 48/4 = 12$ となる．

3 本目の等式制約

---

4)　係数のみで判断しても z の改善の度合いが最大になることは保証されない．係数は一つの目安に過ぎない．

$$2x_1 + x_2 + \underline{x}_5 = 22 \tag{2.6}$$

においては，現在 $\underline{x}_5 = 22$ である．x_2 を 1 増加させると左辺の値は 1 増加するので，等式を成立させるためには $\underline{x}_5$ を 1 減少させる必要がある．変数の非負条件があるので，$\underline{x}_5 = 0$ になるまで x_2 を増加させると，$x_2 = 22$ となる．

3 本の等式制約および非負条件を満たすためには，x_2 の増加は最大 $\min\{8, 12, 22\} = 8$ となる．x_2 を 8 増加させると $\underline{x}_3 = 0$ となるから，x_2 が基底変数になり，$\underline{x}_3$ が非基底変数になる．これを「x_2 が基底に入る」，「$\underline{x}_3$ が基底から出る」と表現する．シンプレックス・タブローの基底に入る変数の列と基底から出る変数の行の交点を**ピボット**（pivot）**項**と呼ぶ．表 2.1 におけるピボット項には * 印を記してある．x_2 と $\underline{x}_3$ の基底の交換は幾何的には図 2.5 における端点 O から端点 A への移動に相当する．

ピボット項が決まると**ピボット操作**を行う．ピボット操作は基底の交換，ここでは $\underline{x}_3$ と x_2 の交換を行う．まず，ピボット項を含む $\underline{x}_3$ の行の等式制約 (2.4) 式をピボット項の係数 3 で割り，

$$\frac{1}{3}x_1 + x_2 + \frac{1}{3}\underline{x}_3 = 8 \tag{2.7}$$

を得る．連立一次方程式における変数消去の要領で，他の制約式の x_2 の係数を 0 にしていく．$\underline{x}_4$ の行の等式制約 (2.5) 式から，(2.7) 式を 4 倍したものを引いて，

$$\frac{8}{3}x_1 + 0x_2 - \frac{4}{3}\underline{x}_3 + \underline{x}_4 = 16 \tag{2.8}$$

を得る．同様に $\underline{x}_5$ の行の等式制約 (2.6) 式から (2.7) 式を引いて，

$$\frac{5}{3}x_1 + 0x_2 - \frac{1}{3}\underline{x}_3 + \underline{x}_5 = 14 \tag{2.9}$$

を得る．$-z$ の行に関しても同様に，(2.3) 式から，(2.7) 式を -2 倍したものを引いて，

$$-z + \left(-\frac{1}{3}x_1 + 0x_2 + \frac{2}{3}\underline{x}_3 + 0\underline{x}_4 + 0\underline{x}_5\right) = 16 \tag{2.10}$$

を得る．以上のピボット操作により，表 2.2 に示す端点 A に相当する新しいシンプレックス・タブローが得られる．$-z = 16$，すなわち $z = -16$ と目的関数の値が改善されていることがわかる．

表 2.2 の $-z$ の行を見ると，非基底変数 x_1 の係数が負であるので，x_1 を増加させると z は減少する．すなわち，端点 A は最適解でない．そこで，端点 O から移動した時と同様に，3 本の等式制約と非負条件を満たすように非基底変数 x_1 を増加させる．1 本目の等式制約 (2.7) 式においては，現在 $x_2 = 8$ である．x_1 を 1 増加させると左辺の値は 1/3 増加するので，等式を成立させるためには x_2 を 1/3 減少させる必要がある．変数の非負条件があるので，$x_2 = 0$ になるまで x_1 を増加させると，$x_1 = 8/(1/3) = 24$ となる．

2 本目の等式制約 (2.8) 式においては，現在 $\underline{x}_4 = 16$ である．x_1 を 1 増加させると左辺の値は 8/3 増加するので，等式を成立させるためには $\underline{x}_4$ を 8/3 減少させる必要がある．変数の非負条件があるので，$\underline{x}_4 = 0$ になるまで x_1 を増加させると，$x_1 = 16/(8/3) = 6$ となる．

3 本目の等式制約 (2.9) 式においては，現在 $\underline{x}_5 = 14$ である．x_1 を 1 増加させると左辺の値は 5/3 増加するので，等式を成立させるためには

表 2.2　問題 (2.2) のシンプレックス・タブロー（端点 A）

	x_1	x_2	$\underline{x}_3$	$\underline{x}_4$	$\underline{x}_5$	
基底 x_2	1/3	1	1/3	0	0	8
変数 $\underline{x}_4$	*8/3	0	−4/3	1	0	16
$\underline{x}_5$	5/3	0	−1/3	0	1	14
$-z$	−1/3	0	2/3	0	0	16

$\underline{x}_5$ を 5/3 減少させる必要がある．変数の非負条件があるので，$\underline{x}_5 = 0$ になるまで x_1 を増加させると，$x_1 = 14/(5/3) = 42/5$ となる．

3 本の等式制約および非負条件を満たすためには，x_1 の増加は最大 $\min\{24, 6, 42/5\} = 6$ となる．x_1 を 6 増加させると $\underline{x}_4 = 0$ となるから，x_1 が基底に入り，$\underline{x}_4$ が基底から出る．x_1 と $\underline{x}_4$ の基底の交換は幾何的には図 2.5 における端点 A から端点 B への移動に相当する．

まず，ピボット項を含む $\underline{x}_4$ の行の等式制約 (2.8) 式をピボット項の係数 8/3 で割り，

$$x_1 - \frac{1}{2}\underline{x}_3 + \frac{3}{8}\underline{x}_4 = 6 \tag{2.11}$$

を得る．x_2 の行の等式制約 (2.7) 式から，(2.11) 式を 1/3 倍したものを引いて，

$$0x_1 + x_2 + \frac{1}{2}\underline{x}_3 - \frac{1}{8}\underline{x}_4 = 6 \tag{2.12}$$

を得る．同様に $\underline{x}_5$ の行の等式制約 (2.9) 式から (2.11) 式を 5/3 倍したものを引いて，

$$0x_1 + \frac{1}{2}\underline{x}_3 - \frac{5}{8}\underline{x}_4 + \underline{x}_5 = 4 \tag{2.13}$$

を得る．$-z$ の行に関しても同様に，(2.10) 式から，(2.11) 式を $-1/3$ 倍したものを引いて，

$$-z + \left(0x_1 + \frac{1}{2}\underline{x}_3 + \frac{1}{8}\underline{x}_4 + 0\underline{x}_5\right) = 18 \tag{2.14}$$

を得る．以上のピボット操作により，表 2.3 に示す端点 B に相当する新しいシンプレックス・タブローが得られる．$-z = 18$，すなわち $z = -18$

と目的関数の値が改善されていることがわかる．

表 2.3 で表されるシンプレックス・タブローの $-z$ の行を見ると，非基底変数 $\underline{x}_3$，$\underline{x}_4$ の係数は正であるので，これらの変数の値を増加しても z は減少しない．したがって，基底変数の組 $(x_2, x_1, \underline{x}_5) = (6, 6, 4)$ は目的関数 z を最小にする最適解であり，この時の z の値は -18 である．スラック変数 $\underline{x}_5$ が 4 であることは，機械稼働時間制約に 4 時間の余裕があることを示している（(1.4) 式を参照のこと）．原料と労働時間は制約の上限まで使用されている．

2.5 2 段階シンプレックス法 *

次の問題

$$
\begin{aligned}
\text{最小化} \quad & z = 240x_1 + 800x_2 \\
\text{制約条件} \quad & x_1 + 3x_2 \geq 240 \\
& 4x_1 + 4x_2 \geq 90 \\
& x_1 \geq 0, x_2 \geq 0
\end{aligned}
$$

を余裕変数 $\bar{x}_3$，$\bar{x}_4$ を用いて標準形に直すと，

$$
\begin{aligned}
\text{最小化} \quad & z = 240x_1 + 800x_2 \\
\text{制約条件} \quad & x_1 + 3x_2 - \bar{x}_3 = 240 \\
& 4x_1 + 4x_2 - \bar{x}_4 = 90 \\
& x_1, x_2, \bar{x}_3, \bar{x}_4 \geq 0
\end{aligned}
\tag{2.15}
$$

表 2.3　問題 (2.2) のシンプレックス・タブロー（端点 B）

	x_1	x_2	$\underline{x}_3$	$\underline{x}_4$	$\underline{x}_5$	
基底 x_2	0	1	1/2	−1/8	0	6
変数 x_1	1	0	−1/2	3/8	0	6
$\underline{x}_5$	0	0	1/2	−5/8	1	4
$-z$	0	0	1/2	1/8	0	18

となる．先の例では実行可能基底解を容易に得ることができたが，この問題では自明な実行可能基底解はない．例えば，$(\bar{x}_3, \bar{x}_4) = (-240, -90)$ は非負条件を満たさない．そこで，人為変数と呼ばれる非負変数 $\tilde{x}_5$，$\tilde{x}_6$ を導入して，等式制約を

$$x_1 + 3x_2 - \bar{x}_3 + \tilde{x}_5 = 240, \tag{2.16}$$

$$4x_1 + 4x_2 - \bar{x}_4 + \tilde{x}_6 = 90 \tag{2.17}$$

と表すと，

$$(x_1, x_2, \bar{x}_3, \bar{x}_4, \tilde{x}_5, \tilde{x}_6) = (0, 0, 0, 0, 240, 90)$$

という解は非負条件を満たす．しかし，この解は元の問題の制約条件を満たさないので実行可能ではない．そこで，この解からシンプレックス法で実行可能基底解を求めることにする．実行可能基底解はすべての人為変数が 0 でなければならない．そこで，人為変数の和

$$w = \tilde{x}_5 + \tilde{x}_6 \tag{2.18}$$

を目的関数とし，元の問題の制約条件と非負条件の下で最小化する補助問題を考える．明らかに $w \geq 0$ であり，$(\tilde{x}_5, \tilde{x}_6) = (0, 0)$ である時に限り $w = 0$ であるので，w の最小値が 0 である時のみ，元の問題は実行可能解を持つ．

補助問題をそのままタブローにすると，表 2.4 のようになる．$-w$ の行の係数を見ると，基底変数 $\tilde{x}_5$，$\tilde{x}_6$ の係数が 1 で非基底変数の係数は 0 である．問題 (2.2) のシンプレックス・タブローを見ると，基底変数の係数はすべて 0 であった．そのような形にするには，$-w$ の行から $\tilde{x}_5$ と $\tilde{x}_6$ の行を各々引けばよい．その結果，表 2.5 に示す初期シンプレックス・タブローが得られる．

表 2.4　補助問題のタブロー

	x_1	x_2	$\bar{x}_3$	$\bar{x}_4$	$\tilde{x}_5$	$\tilde{x}_6$	
$\tilde{x}_5$	1	3	-1	0	1	0	240
$\tilde{x}_6$	4	4	0	-1	0	1	90
$-w$	0	0	0	0	1	1	0

表 2.5　補助問題の初期シンプレックス・タブロー

	x_1	x_2	$\bar{x}_3$	$\bar{x}_4$	$\tilde{x}_5$	$\tilde{x}_6$	
$\tilde{x}_5$	1	3	-1	0	1	0	240
$\tilde{x}_6$	4	*4	0	-1	0	1	90
$-w$	-5	-7	1	1	0	0	-330

初期シンプレックス・タブロー（表 2.5）の $-w$ の行を見ると非基底変数 x_2 の係数が負で目的関数の改善の度合いが大きそうなので，x_2 を基底に入れる．1本目の等式制約 (2.16) 式において，x_2 を1増加させると，等式を成立させるためには $\tilde{x}_5$ を3減少させる必要がある．$\tilde{x}_5 = 0$ となるまで x_2 を増加すると，$x_2 = 240/3 = 80$ となる．

2本目の等式制約 (2.17) 式において，x_2 を1増加させると，等式を成立させるためには $\tilde{x}_6$ を4減少させる必要がある．$\tilde{x}_6 = 0$ となるまで x_2 を増加させると，$x_2 = 90/4$ となる．

2本の等式制約および非負条件を満たすためには，x_2 の増加は最大 $\min\{80, 90/4\} = 90/4$ となる．したがって，x_2 と $\tilde{x}_6$ の間で基底を交換する．まず，ピボット項を含む $\tilde{x}_6$ の行の等式制約 (2.17) 式をピボット項の係数4で割り，

$$x_1 + x_2 - \frac{1}{4}\bar{x}_4 + \frac{1}{4}\tilde{x}_6 = \frac{90}{4} \tag{2.19}$$

を得る．$\tilde{x}_5$ の行の等式制約 (2.16) 式から (2.19) 式を3倍したものを引

いて，

$$-2x_1 + 0x_2 - \bar{x}_3 + \frac{3}{4}\bar{x}_4 + \tilde{x}_5 - \frac{3}{4}\tilde{x}_6 = \frac{345}{2} \qquad (2.20)$$

を得る．$-w$ の行に関しても，

$$-w + (-5x_1 - 7x_2 + \bar{x}_3 + \bar{x}_4) = -330$$

から，(2.19) 式を -7 倍したものを引いて，

$$-w + \left(2x_1 + 0x_2 + \bar{x}_3 - \frac{3}{4}\bar{x}_4 + \frac{7}{4}\tilde{x}_6\right) = -\frac{345}{2} \qquad (2.21)$$

を得る．以上のピボット操作により，表 2.6 に示すシンプレックス・タブローを得る．

シンプレックス・タブロー (表 2.6) の $-w$ の行を見ると非基底変数 $\bar{x}_4$ の係数が負なので，$\bar{x}_4$ を基底に入れる．1 本目の等式制約 (2.20) 式において，$\bar{x}_4$ を 1 増加させると，等式を成立させるためには $\tilde{x}_5$ を 3/4 減少させる必要がある．$\tilde{x}_5 = 0$ となるまで $\bar{x}_4$ を増加させると，$\bar{x}_4 = (345/2)/(3/4) = 230$ となる．

2 本目の等式制約 (2.19) 式において，$\bar{x}_4$ を 1 増加させると，等式を成立させるためには x_2 を 1/4 増加させる必要がある．x_2 をいくら増加させても非負条件を満たすので，$\bar{x}_4$ をいくら増加させても等式は成り立つ．

2 本の等式制約および非負条件を満たすためには，$\bar{x}_4$ の増加は最大 230 となる．したがって，$\bar{x}_4$ と $\tilde{x}_5$ の間で基底を交換する．まず，ピボット項を含む $\tilde{x}_5$ の行の等式制約 (2.20) 式をピボット項の係数 3/4 で割り，

表 2.6 補助問題のシンプレックス・タブロー（x_2 と $\tilde{x}_6$ の間で基底の交換）

	x_1	x_2	$\bar{x}_3$	$\bar{x}_4$	$\tilde{x}_5$	$\tilde{x}_6$	
$\tilde{x}_5$	-2	0	-1	*3/4	1	$-3/4$	345/2
x_2	1	1	0	$-1/4$	0	1/4	90/4
$-w$	2	0	1	$-3/4$	0	7/4	$-345/2$

表 2.7　補助問題のシンプレックス・タブロー（$\bar{x}_4$ と $\tilde{x}_5$ の間で基底の交換）

	x_1	x_2	$\bar{x}_3$	$\bar{x}_4$	$\tilde{x}_5$	$\tilde{x}_6$	
$\bar{x}_4$	$-8/3$	0	$-4/3$	1	$4/3$	-1	230
x_2	$1/3$	1	$-1/3$	0	$1/3$	0	80
$-w$	0	0	0	0	1	1	0

$$-\frac{8}{3}x_1 - \frac{4}{3}\bar{x}_3 + \bar{x}_4 + \frac{4}{3}\tilde{x}_5 - \tilde{x}_6 = 230 \tag{2.22}$$

を得る．x_2 の行の等式制約 (2.19) 式から (2.22) 式を $-1/4$ 倍したものを引いて，

$$\frac{1}{3}x_1 + x_2 - \frac{1}{3}\bar{x}_3 + 0\bar{x}_4 + \frac{1}{3}\tilde{x}_5 + 0\tilde{x}_6 = 80 \tag{2.23}$$

を得る．$-w$ の行に関しても，(2.21) 式から (2.22) 式を $-3/4$ 倍したものを引いて，

$$-w + (0x_1 + 0x_2 + 0\bar{x}_3 + 0\bar{x}_4 + \tilde{x}_5 + \tilde{x}_6) = 0 \tag{2.24}$$

を得る．以上のピボット操作により，表 2.7 に示すシンプレックス・タブローを得る．これより補助問題の最適解は

$$(x_1, x_2, \bar{x}_3, \bar{x}_4, \tilde{x}_5, \tilde{x}_6) = (0, 80, 0, 230, 0, 0)$$

であり，この時の w の値は 0 となることがわかる．したがって，元の問題 (2.15) には実行可能解が存在し，$(x_1, x_2, \bar{x}_3, \bar{x}_4) = (0, 80, 0, 230)$ は元の問題の実行可能基底解である．

2.6 まとめ

前章と本章では線形最適化法の定式化と解法を解説した．紙幅の制約でシンプレックス法の計算量や感度分析，ソルバーには触れることができなかった．これらに関しては 0.3 や 0.4 に示した参考文献や補助教材を参照されたい．

演習問題 2

2.1 (A) 次の線形最適化問題の最適解をシンプレックス法を用いて求めよ．

$$\begin{aligned} \text{最大化} \quad & z = 3x_1 + 2x_2 \\ \text{制約条件} \quad & 2x_1 + 3x_2 \leq 12 \\ & 2x_1 + x_2 \leq 8 \\ & x_1 \geq 0, x_2 \geq 0 \end{aligned}$$

2.2 (A) 次の線形最適化問題の最適解をシンプレックス法を用いて求めよ．

$$\begin{aligned} \text{最大化} \quad & z = 4x_1 + 5x_2 \\ \text{制約条件} \quad & x_1 + x_2 \leq 3 \\ & x_1 + 2x_2 \leq 4 \\ & x_1 \geq 0, x_2 \geq 0 \end{aligned}$$

3 ネットワーク最適化法

《目標&ポイント》 ネットワーク最適化問題は，点と点が線で結ばれたネットワーク上で，特定の目的に関する最適解を求める問題である．現実世界の中で，交通網，水道網，物流網，電子回路，通信網，人と人のつながりである社会的ネットワークなど，ネットワーク構造を持つシステムは多く存在し，目的地までの最短距離の経路を発見するなど，ネットワーク上での最適化問題も数多く存在する．本章では，ネットワーク最適化問題とその解法について応用例を交え解説する．
《キーワード》 グラフ，ネットワーク，最短路問題，最大流問題

グラフは点（vertex，または node）と，点と点を結ぶ枝（edge，または arc）で構成される．点は事象や地点などを表し，枝は各々の接続関係を表すことが多い．グラフによりネットワーク構造を持つシステムを表現することができる．グラフには方向性のない**無向グラフ**と方向性のある**有向グラフ**がある．また枝には重みを与えることができる．図 3.1 に無向グラフと有向グラフの例を示す．

点 i と j を結ぶ枝を (i, j) と表すと，グラフ G は点の集合 V と枝の集合 E を用いて，$G = (V, E)$ と表される．無向グラフである図 3.1 (a) のグラフにおいては，

$$V = \{1, 2, 3, 4\},\ E = \{(1, 2), (1, 3), (2, 4), (3, 4)\}$$

である．有向グラフである図 3.1 (b) のグラフにおいては，

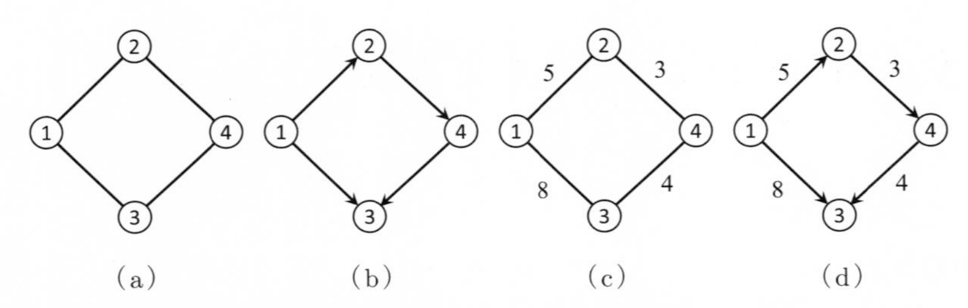

図 3.1 (a) 重みなし無向グラフ，(b) 重みなし有向グラフ，(c) 重み付き無向グラフ，(d) 重み付き有向グラフ

表 3.1 グラフによるシステムの表現例

システム	点	枝	重み
道路	交差点	道路	交差点間の距離や所要時間
鉄道	駅	列車の運行	運賃，距離，所要時間
通信	端末やルータ等の中継機器	ケーブルや無線での物理的な接続や論理的接続	帯域幅，伝送遅延
人間関係	人	交流の有無	交流の密度

$$V = \{1, 2, 3, 4\},\ E = \{(1, 2), (1, 3), (2, 4), (4, 3)\}$$

である．無向グラフでは枝 (i, j) と枝 (j, i) は区別されない．本書では，無向グラフにおける枝 (i, j) は $i < j$ とする．一方，有向グラフでは枝 (i, j) と枝 (j, i) は区別される．

グラフにより様々なネットワーク構造を持つシステムを表現できる．表 3.1 に代表的な表現例を示す．

3.1 最短路問題

ネットワーク最適化問題の例として，まず次のような最短路問題について考えよう．

例 1：最短路問題

下図で，点は地点，枝は道路，枝に振られた数字は枝で結ばれた地点間の距離（km）を表す．地点 1（始点）から地点 5（終点）に最短で移動する経路はどれか．

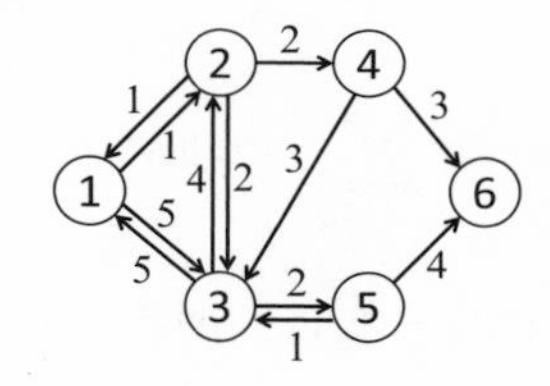

最短路問題にはカーナビゲーション・システムや鉄道路線の乗り換え案内など多くの応用事例が存在する．

3.1.1 0-1 整数最適化問題，線形最適化問題としての定式化

最短路問題を定式化してみよう．一般には最短路が複数存在することがあるが，1 本の最短路を発見すればよいものとする．点の集合 V は

$$V = \{1, 2, 3, 4, 5, 6\},$$

枝の集合 E は

$$E = \{(1,2), (1,3), (2,1), (2,3), (2,4), (3,1), (3,2), (3,5), (4,3), (4,6), (5,3), (5,6)\}$$

である．枝の重み（距離）は，

$$w_{12}=1,\ w_{13}=5,\ w_{21}=1,\ w_{23}=2,\ w_{24}=2,\ w_{31}=5,\ w_{32}=4,$$
$$w_{35}=2,\ w_{43}=3,\ w_{46}=3,\ w_{53}=1,\ w_{56}=4$$

である．枝 $(i,j)\in E$ を最短路に含めるか否かを決定変数 x_{ij} で表現する．すなわち，(i,j) を最短路に含める時は $x_{ij}=1$，含めない時は $x_{ij}=0$ をとるとする．

最短路の経路長は，最短路に含まれる枝 (i,j) の距離 w_{ij} の和であるから，$w_{ij}x_{ij}$ の和，

$$z=\sum_{(i,j)\in E} w_{ij}x_{ij} \tag{3.1}$$

と表すことができる．経路長 z を目的関数として，z を最小にする経路を求める．

次に制約条件を定式化する．始点 s（この例では点 1）は最短路に含まれる．最短路は 1 本だけ考えるので，最短路は始点 s から他の 1 地点へ出ていく．これは，決定変数 x_{sj}（この例では x_{12}，x_{13}）のうち 1 つの変数の値が 1，他の変数の値が 0 になることに相当する．この制約は，

$$\sum_{(s,j)\in E} x_{sj}=1$$

と一次式で表すことができる（この例では $x_{12}+x_{13}=1$）．なぜなら，決定変数は 0/1 の 2 値をとるので，変数の和が 1 であれば，変数のうち 1 つの値が 1 で，他の変数の値は 0 となるからである．また，最短路は他の地点から始点 s に入ることはない．これは，決定変数 x_{js}（この例では x_{21}，x_{31}）の値がすべて 0 になることに相当する．この制約は，

$$\sum_{(j,s)\in E} x_{js} = 0$$

と一次式で表すことができる（この例では $x_{21} + x_{31} = 0$）.

一方，終点 t（この例では点 5）も最短路に含まれる．最短路は終点 t に他の 1 地点から入り，終点 t から他の地点に出ないことから，これらの制約は，

$$\begin{cases} \displaystyle\sum_{(j,t)\in E} x_{jt} = 1, \\ \displaystyle\sum_{(t,j)\in E} x_{tj} = 0 \end{cases}$$

と一次式で表すことができる（この例では，$x_{35} = 1$，$x_{53} + x_{56} = 0$）.

始点と終点以外の地点 i に関しては，その点が最短路に含まれる場合と含まれない場合に分けて考える．点 i が最短路に含まれる場合，最短路は点 i に他の 1 地点から入ってきて，別の 1 地点に出ていく．これらの制約は，

$$\begin{cases} \displaystyle\sum_{(j,i)\in E} x_{ji} = 1, \\ \displaystyle\sum_{(i,j)\in E} x_{ij} = 1 \end{cases} \tag{3.2}$$

と一次式で表すことができる．一方，点 i が最短路に含まれない場合は，最短路は点 i に入りも，点 i から出もしない．これらの制約は，

$$\begin{cases} \displaystyle\sum_{(j,i)\in E} x_{ji} = 0, \\ \displaystyle\sum_{(i,j)\in E} x_{ij} = 0 \end{cases} \tag{3.3}$$

と一次式で表すことができる．

数理最適化問題において，制約条件は連立方程式や連立不等式，あるいはそれらの混合という形式をとっていて，これまで扱ってきた問題もそうであった．ところが，制約条件 (3.2) と (3.3) は同時には成り立たない．「最短路に含まれる場合，または含まれない場合」のように場合分けを含む定式化は扱いが面倒なので，場合分けは避けたい．制約条件 (3.2) と (3.3) を見比べると，いずれの場合でも x_{ij} の和と x_{ji} の和が等しい．すなわち，

$$\sum_{(i,j)\in E} x_{ij} - \sum_{(j,i)\in E} x_{ji} = 0 \tag{3.4}$$

が成り立っていることがわかる．(3.4) 式自体は制約条件 (3.2) や (3.3) と等価ではない．例えば，x_{ij} の和と x_{ji} の和がともに 2 でも (3.4) 式は成立してしまう．しかし，目的関数 (3.1) を最小化しようとすると，余計に x_{ij} を 1 にすることは抑制されるため，(3.4) 式は制約条件 (3.2) と (3.3) の代替となる．

同様に，始点および終点の制約についてもまとめることができる．始点 s における制約は，

$$\sum_{(s,j)\in E} x_{sj} - \sum_{(j,s)\in E} x_{js} = 1, \tag{3.5}$$

終点 t における制約は，

$$\sum_{(t,j)\in E} x_{tj} - \sum_{(j,t)\in E} x_{jt} = -1 \tag{3.6}$$

と表すことができる．

以上をまとめると，一般に最短路問題は次のように定式化される．

$$
\begin{array}{lll}
\text{最小化} & z = \displaystyle\sum_{(i,j)\in E} w_{ij} x_{ij} & \text{経路長} \\
\text{制約条件} & \displaystyle\sum_{(s,j)\in E} x_{sj} - \sum_{(j,s)\in E} x_{js} = 1 & \text{始点 } s \text{ の出入} \\
& \displaystyle\sum_{(t,j)\in E} x_{tj} - \sum_{(j,t)\in E} x_{jt} = -1 & \text{終点 } t \text{ の出入} \\
& \displaystyle\sum_{(i,j)\in E} x_{ij} - \sum_{(j,i)\in E} x_{ji} = 0 & \text{地点 } i \in V \setminus \{s,t\}^{1)} \text{ の出入} \\
& x_{ij} \in \{0,1\} \text{ for } (i,j) \in E & x_{ij} \text{ は 0 か 1 をとる}
\end{array}
$$

決定変数が 0 か 1 のみをとるので，この問題は**0-1 整数最適化問題**と呼ばれる．0-1 整数最適化問題は，一般的には線形最適化問題に比べて，最適解を求めるための計算量がはるかに大きい．しかし，この問題のように重み w_{ij} がすべて非負整数である最短路問題は，次の線形最適化問題として定式化しても同じ最適解が得られることがわかっている．

$$
\begin{array}{lll}
\text{最小化} & z = \displaystyle\sum_{(i,j)\in E} w_{ij} x_{ij} & \text{経路長} \\
\text{制約条件} & \displaystyle\sum_{(s,j)\in E} x_{sj} - \sum_{(j,s)\in E} x_{js} = 1 & \text{始点 } s \text{ の出入} \\
& \displaystyle\sum_{(t,j)\in E} x_{tj} - \sum_{(j,t)\in E} x_{jt} = -1 & \text{終点 } t \text{ の出入} \\
& \displaystyle\sum_{(i,j)\in E} x_{ij} - \sum_{(j,i)\in E} x_{ji} = 0 & \text{地点 } i \in V \setminus \{s,t\} \text{ の出入} \\
& x_{ij} \geq 0 \text{ for } (i,j) \in E & x_{ij} \text{ 非負条件}
\end{array}
$$

線形最適化問題として定式化することにより，効率良く最適解を得るこ

1)　$V \setminus \{s,t\}$ は V から s と t を除いた集合を表す．

とができる．例 1 は具体的には次のような線形最適化問題として定式化される．

$$
\begin{aligned}
\text{最小化}\quad & z = x_{12}+5x_{13}+x_{21}+2x_{23}+2x_{24}+5x_{31}+4x_{32} \\
& \quad +2x_{35}+3x_{43}+3x_{46}+x_{53}+4x_{56} \\
\text{制約条件}\quad & (x_{12}+x_{13})-(x_{21}+x_{31})=1 && \text{始点（点 1）} \\
& (x_{53}+x_{56})-x_{35}=-1 && \text{終点（点 5）} \\
& (x_{21}+x_{23}+x_{24})-(x_{12}+x_{32})=0 && \text{点 2} \\
& (x_{31}+x_{32}+x_{35})-(x_{13}+x_{23}+x_{43}+x_{53})=0 && \text{点 3} \\
& (x_{43}+x_{46})-x_{24}=0 && \text{点 4} \\
& -(x_{46}+x_{56})=0 && \text{点 6} \\
& x_{ij} \geq 0 \text{ for } (i,j) \in E
\end{aligned}
$$

3.1.2 ダイクストラ法

最短路問題は問題の構造を利用することでより効率的に解くことができる．例 1 の最適解は，x_{12}，x_{23}，x_{35} が 1 で，他の x_{ij} は 0，すなわち，経路 $1 \to 2 \to 3 \to 5$ が最短路である．最短路 $1 \to 2 \to 3 \to 5$ に注目する．この経路の途中の点 3 への最短路は $1 \to 2 \to 3$ であり，点 5 への最短路の部分経路となっている．この性質は一般に成り立ち，いずれの最短路においても，そのどの一部分を抜き出しても，それはその両端の点を結ぶ最短路となる．このような性質は**最適性の原理**と呼ばれており，最適化問題に対して，問題を部分問題に分解して効率的に解くのに適した性質である．

最適性の原理を利用したアルゴリズムは**動的計画法**と呼ばれる．ダイクストラ（Dijkstra）法は動的計画法の一種で，最短路問題を効率良く解くアルゴリズムである．ダイクストラ法では枝の重み w_{ij} がすべて非負であるとする．始点 s から各点 $i \in V$ への最短路の長さの上限値 $d(i)$ を更新し，すべての点 i に対する $d(i)$ が s から i への最短路長になるまで繰り返すアルゴリズムである．アルゴリズムは以下のとおりである．

ダイクストラ法

0）$S \leftarrow \{\}$，$\bar{S} \leftarrow V$，$d(s) \leftarrow 0$，$d(i) \leftarrow \infty$ $(i \in V \backslash \{s\})$ とおく．

1）$S = V$ なら終了．そうでないなら，$d(v) = \min\{d(i) | i \in \bar{S}\}$ である点 v を選ぶ．これで，点 v までの最短路が確定する．なぜなら，負の重みの枝がないので，迂回路によりこの $d(v)$ より小さな $d(v)$ になる可能性がないからである．

2）$\bar{S}$ から v を取り除き，v を S に加える．$(v, j) \in E$ かつ $j \in \bar{S}$ であるようなすべての枝 (v, j) に対して，$d(j) > d(v) + w_{vj}$ ならば $d(j) \leftarrow d(v) + w_{vj}$，$p(j) \leftarrow v$ として 1）に戻る．

$p(j)$ は s から j の最短路において，j の直前の点を示す．

このアルゴリズムを例 1 に適用する．

初期化

0）$S \leftarrow \{\}$，$\bar{S} \leftarrow \{1, 2, 3, 4, 5, 6\}$，$d(1) \leftarrow 0$，$d(2)$，$d(3)$，$d(4)$，$d(5)$，$d(6) \leftarrow \infty$.

1 回目

1）$\min\{d(1), d(2), d(3), d(4), d(5), d(6)\} = \min\{0, \infty, \infty, \infty, \infty, \infty\}$ より $v = 1$ となる．

2）$S \leftarrow \{1\}$，$\bar{S} \leftarrow \{2, 3, 4, 5, 6\}$，$d(2) = \infty > d(1) + w_{12} = 0 + 1 = 1$ なので，$d(2) \leftarrow 1$，$p(2) \leftarrow 1$．また，$d(3) = \infty > d(1) + w_{13} = 0 + 5 = 5$

なので，$d(3) \leftarrow 5$，$p(3) \leftarrow 1$.

2 回目

1）$\min\{d(2), d(3), d(4), d(5), d(6)\} = \min\{1, 5, \infty, \infty, \infty\}$ より $v = 2$ となる.

2）$S \leftarrow \{1, 2\}$，$\bar{S} \leftarrow \{3, 4, 5, 6\}$，$d(3) = 5 > d(2) + w_{23} = 1 + 2 = 3$ なので，$d(3) \leftarrow 3$，$p(3) \leftarrow 2$. また，$d(4) = \infty > d(2) + w_{24} = 1 + 2 = 3$ なので，$d(4) \leftarrow 3$，$p(4) \leftarrow 2$.

3 回目

1）$\min\{d(3), d(4), d(5), d(6)\} = \min\{3, 3, \infty, \infty\}$ より $v = 3$ または 4 となるが，ここでは $v = 3$ を選択することにする[2].

2）$S \leftarrow \{1, 2, 3\}$，$\bar{S} \leftarrow \{4, 5, 6\}$，$d(5) = \infty > d(3) + w_{35} = 3 + 2 = 5$ なので，$d(5) \leftarrow 5$，$p(5) \leftarrow 3$.

4 回目

1）$\min\{d(4), d(5), d(6)\} = \min\{3, 5, \infty\}$ より $v = 4$ となる.

2）$S \leftarrow \{1, 2, 3, 4\}$，$\bar{S} \leftarrow \{5, 6\}$，$d(6) = \infty > d(4) + w_{46} = 3 + 3 = 6$ なので，$d(6) \leftarrow 6$，$p(6) \leftarrow 4$.

5 回目

1）$\min\{d(5), d(6)\} = \min\{5, 6\}$ より $v = 5$ となる.

2）$S \leftarrow \{1, 2, 3, 4, 5\}$，$\bar{S} \leftarrow \{6\}$，$d(6) = 6 < d(5) + w_{56} = 5 + 4 = 9$ なので，$d(6) = 6$，$p(6) = 4$ のまま.

6 回目

1）$\min\{d(6)\} = \min\{6\}$ より $v = 6$ となる.

2）$S \leftarrow \{1, 2, 3, 4, 5, 6\}$，$\bar{S} \leftarrow \{\}$.

7 回目

1）$S = V$ であるから終了.

始点から終点への最短路は，終点から $p(i)$ を用いて，逆向きに経路をた

---

2) $v = 4$ としても，最終的に同じ結果になる.

どり始点への最短路をたどることにより求められる．終点が５の場合，$p(5) = 3$，$p(3) = 2$，$p(2) = 1$ なので，$1 \to 2 \to 3 \to 5$ が始点１から終点５への最短路である．

3.2 最大流問題

例２：最大流問題

下図で，点は地点，枝は通路，枝に振られた数字は通路の容量（流量の最大値，すなわち単位時間に通れる人数）を表す．今，地点１に客が集まっていて，出口は地点７である．最も多く出口に客を送り出すにはどのように客を誘導すれば良いか．ただし，単位時間当たりの人数は整数である必要はなく，非負実数であれば良い．

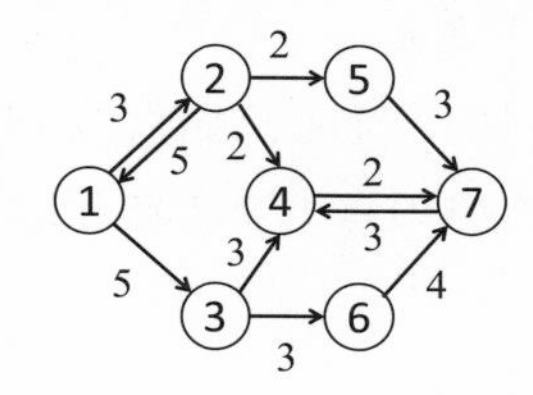

最大流問題は，容量のあるネットワーク内で流量を最大にする流し方（フロー）を決定する問題である．容量のあるネットワークは，道路網，鉄道網，通信網，石油や天然ガスのパイプラインなど実社会に広く存在することから，最大流問題は多くの適用事例を持つ．

3.2.1 線形最適化問題としての定式化

点の集合を V，枝の集合を E，枝 (i, j) の容量を u_{ij}，枝 (i, j) の流量を x_{ij} で表す．始点 s（この例では点１）から出る流量の合計は，$\displaystyle\sum_{(s,j)\in E} x_{sj}$

である（この例では $x_{12}+x_{13}$）．始点 s に入る流路（通路）もあり，始点 s に入る流量の合計は $\displaystyle\sum_{(j,s)\in E} x_{js}$（この例では x_{21}）である．始点 s に入る流れは，もともと始点 s から出た流れの一部である．したがって，始点 s から出て終点 t（この例では点 7）に届く可能性があるのは，始点 s から出る流量の合計から始点 s に入る流量の合計を引いた量で，正味の流出量と呼ばれる．始点 s の正味の流出量を f とすると，

$$\sum_{(s,j)\in E} x_{sj} - \sum_{(j,s)\in E} x_{js} = f$$

となる．

始点 s の正味の流出量 f がすべて終点 t に届くように，そして f が最大になるようにすることを考える．したがって，目的関数は f として，これを最大化することを目的とする．始点の正味流出がすべて終点に届くためには，始点と終点以外の点 i では流入した流れはそのまま他の点に流出する，すなわち，

$$\sum_{(i,j)\in E} x_{ij} - \sum_{(j,i)\in E} x_{ji} = 0$$

とする．終点 t に入る流量の合計は $\displaystyle\sum_{(j,t)\in E} x_{jt}$（この例では $x_{47}+x_{57}+x_{67}$），終点 t から出る流量の合計は $\displaystyle\sum_{(t,j)\in E} x_{tj}$ である（この例では x_{74}）．終点 t に入る流れのうち，別の点に流出する流れを除いたものが，始点から終点に届いた流れである．したがって，

$$\sum_{(j,t)\in E} x_{jt} - \sum_{(t,j)\in E} x_{tj} = f$$

が成り立つ．

また，各枝の流れの大きさ x_{ij} は容量 u_{ij} 以下の非負値である．すべての制約を満たす $\{x_{ij}\}$ $((i,j) \in E)$ をフロー（flow）と呼ぶ．以上をまとめると，最大流問題は以下のように定式化される．

最大化	f	始点から終点に届く流量
制約条件	$\displaystyle\sum_{(s,j)\in E} x_{sj} - \sum_{(j,s)\in E} x_{js} = f$	始点 s の正味の流出量
	$\displaystyle\sum_{(t,j)\in E} x_{tj} - \sum_{(j,t)\in E} x_{jt} = -f$	終点 t の正味の流出量
	$\displaystyle\sum_{(i,j)\in E} x_{ij} - \sum_{(j,i)\in E} x_{ji} = 0$	始点と終点以外の点 i の正味の流出量
	$0 \le x_{ij} \le u_{ij}$ for $(i,j) \in E$	容量制約

例２は具体的には次のような線形最適化問題として定式化できる．

最大化	f	始点から終点に届く流量
制約条件	$(x_{12} + x_{13}) - x_{21} = f$	始点 1
	$x_{74} - (x_{47} + x_{57} + x_{67}) = -f$	終点 7
	$(x_{21} + x_{24} + x_{25}) - x_{12} = 0$	点 2
	$(x_{34} + x_{36}) - x_{13} = 0$	点 3
	$x_{47} - (x_{24} + x_{34} + x_{74}) = 0$	点 4
	$x_{57} - x_{25} = 0$	点 5
	$x_{67} - x_{36} = 0$	点 6
	$0 \le x_{12} \le 3,\ 0 \le x_{13} \le 5,$	
	$0 \le x_{21} \le 5,\ 0 \le x_{24} \le 2,$	

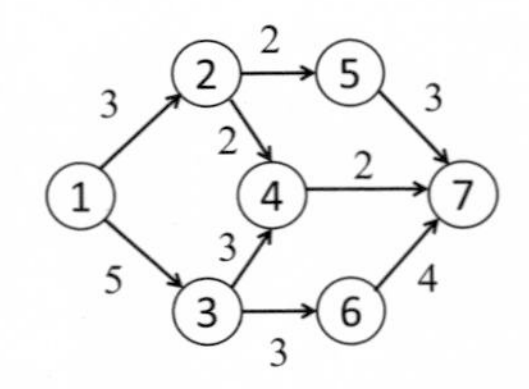

図 3.2　始点へ入る流路，終点から出る流路のない最大流問題

$$
\begin{aligned}
&0 \le x_{25} \le 2,\ 0 \le x_{34} \le 3, \\
&0 \le x_{36} \le 3,\ 0 \le x_{47} \le 2, \\
&0 \le x_{57} \le 3,\ 0 \le x_{67} \le 4, \\
&0 \le x_{74} \le 3 \qquad\qquad\qquad \text{容量制約}
\end{aligned}
$$

図 3.2 に示すような，始点に入る枝，終点から出る枝がないネットワークの場合，最大流問題の定式化は以下のように単純になる．

$$
\begin{aligned}
\text{最大化} \quad & f = \sum_{(s,j)\in E} x_{sj} && \text{流量} \\
\text{制約条件} \quad & \sum_{(i,j)\in E} x_{ij} - \sum_{(j,i)\in E} x_{ji} = 0 && i \in V\backslash\{s,t\} \text{ の出入流量の差} \\
& 0 \le x_{ij} \le u_{ij} \text{ for } (i,j) \in E && \text{容量制約}
\end{aligned}
$$

図 3.2 の問題は次のような線形最適化問題として定式化できる．

$$
\begin{aligned}
\text{最大化} \quad & f = x_{12} + x_{13} && \text{流量} \\
\text{制約条件} \quad & (x_{24} + x_{25}) - x_{12} = 0 && \text{点 2} \\
& (x_{34} + x_{36}) - x_{13} = 0 && \text{点 3} \\
& x_{47} - (x_{24} + x_{34}) = 0 && \text{点 4}
\end{aligned}
$$

$$x_{57} - x_{25} = 0 \qquad \text{点 5}$$

$$x_{67} - x_{36} = 0 \qquad \text{点 6}$$

$$0 \le x_{12} \le 3,\ 0 \le x_{13} \le 5,\ 0 \le x_{24} \le 2,\ 0 \le x_{25} \le 2,$$

$$0 \le x_{34} \le 3,\ 0 \le x_{36} \le 3,\ 0 \le x_{47} \le 2,$$

$$0 \le x_{57} \le 3,\ 0 \le x_{67} \le 4 \qquad \text{容量制約}$$

3.2.2　フロー増加法

最大流問題は問題の構造を利用することでより効率的に解くことができる．そのような方法はいくつか提案されているが，ここでは**フロー増加法**について紹介する．フロー増加法は，適当なフローから始めて，フローを増加させられる限り逐次増加させるという単純な考え方に基づく．幸いなことに，フロー増加法で流量を最大化できることが保証されている．

残余ネットワーク

あるフローが与えられている時，各枝でさらに流せる量を**残余容量**と呼ぶ．**残余ネットワーク**はフローと残余容量を同時に表現する．簡単のため，以降では元のネットワーク $G=(V,E)$ においては，任意の2点 $i, j \in V$ の間に枝 (i,j) と枝 (j,i) の両方が存在することはないと仮定する．図3.3（a）のネットワークにおいて，点3から点6へ1流すと残余容量は2である．図3.3（b）はこれを表す残余ネットワークである．フローと区別しやすいように，残余容量には $*$ を付した．残余容量が0であったり，フローが0である時には，図3.3（c）（d）に示すように，枝を省略する．

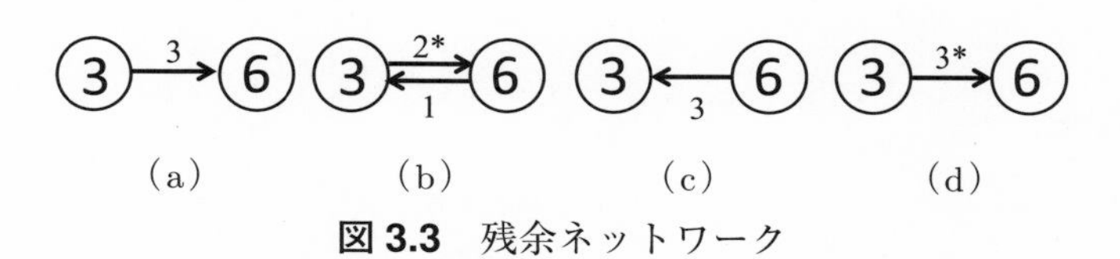

図 3.3　残余ネットワーク

フロー増加法のアルゴリズム

フロー増加法のアルゴリズムは以下のとおりである．

フロー増加法

0）適当なフロー $\{x_{ij}\}$ を定める．例えば，まったくフローがない状態でもよい．

1）残余ネットワークにおいて，始点から終点への経路（フロー増加路）を見つける．フロー増加路がなければ計算終了．

2）フロー増加路に沿って可能な限りのフローを追加し，新しいフロー $\{x_{ij}\}$ を得る．1）に戻る．

ここで，問題となるのは，1）のフロー増加路の発見である．フロー増加路は残余ネットワークにラベリング法を適用することにより発見できる．ラベリング法のアルゴリズムは以下のとおりである．

ラベリング法

0）$L \leftarrow \{s\}$，$S \leftarrow \{\}$ とする．すべての点 $i \in V$ に対して $p(i) \leftarrow 0$ とする．

1）$t \in L$ であればフロー増加路が見つかったので終了．$L = S$ ならフロー増加路が存在しないので終了．そうでないなら，L の中から S の要素でない点 i を一つ選び，S に加える．

2）残余ネットワークにおける点 i を始点とする枝 (i, j) のすべてに対して，$j \notin L$ ならば j を L に加え，$p(j) \leftarrow i$ とする．1）に戻る．

ここで，L は始点から到達可能であることが判明している点の集合を表す．また，$p(j)$ は終点からフロー増加路を逆向きにたどるために用いられる．

フロー増加法により図 3.2 の最大流問題を解く．図 3.4 (a) の残余ネットワークが示すようにフローが得られているとする．ラベリング法によりフローを見つける．

1　0）$L \leftarrow \{1\}$，$S \leftarrow \{\}$，$p(i) \leftarrow 0\ (i = 1, 2, \cdots, 7)$

　1）L にあって S にない要素は 1 なので，$S \leftarrow \{1\}$

　2）点 1 から出る枝は $(1, 3)$ のみであるので，$L \leftarrow \{1, 3\}$，$p(3) \leftarrow 1$

2　$L = \{1, 3\}$，$S = \{1\}$

　1）L にあって S にない要素は 3 なので，$S \leftarrow \{1, 3\}$

　2）点 3 から出る枝は $(3, 1)$，$(3, 4)$，$(3, 6)$ なので，$L \leftarrow \{1, 3, 4, 6\}$，$p(4) \leftarrow 3$，$p(6) \leftarrow 3$

3　$L = \{1, 3, 4, 6\}$，$S = \{1, 3\}$

　1）L にあって S にない要素は 4，6 なので，ここでは 6 を選択し，$S \leftarrow \{1, 3, 6\}$

　2）点 6 から出る枝は $(6, 3)$, $(6, 7)$ なので, $L \leftarrow \{1, 3, 4, 6, 7\}$, $p(7) \leftarrow 6$

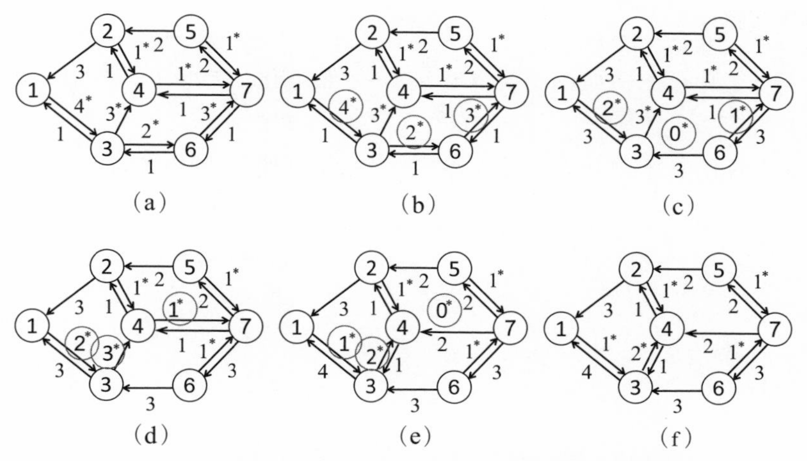

図 3.4　フロー増加法による最大流問題解決の過程

4　$t \in L$ なので終了.

以上により，経路 $1 \to 3 \to 6 \to 7$ を得る（図 3.4（b））．この経路の中で枝 $(3,6)$ が残余容量が 2 で最も小さいので，各枝の流れの大きさが 2 増加するようにフローを追加する（図 3.4（c））.

同様にラベリング法で経路 $1 \to 3 \to 4 \to 7$ を得る（図 3.4（d））．この経路の中で枝 $(4,7)$ が残余容量が 1 で最も小さいので，各枝の流れの大きさが 1 増加するようにフローを追加する（図 3.4（e））．これ以上フロー増加路はないので，図 3.4（f）が最大フローとなる.

3.3 まとめ

本章では，ネットワーク上で特定の目的に関して最適化するネットワーク最適化問題の代表的問題である最短路問題と最大流問題の数理最適化問題としての定式化法，問題の構造を利用した効率的な解法を解説した．ネットワーク最適化問題が広く実社会に存在すること，数理最適化問題として定式化できること，効率的な解法は問題の構造により大きく異なることを理解することが重要である．本章で取り上げられなかった問題は参考文献を参照されたい.

参考文献

1)　繁野麻衣子（2010）『ネットワーク最適化とアルゴリズム』，朝倉書店.

2)　片山直登（2008）『ネットワーク設計問題』，朝倉書店.

演習問題 3

3.1 (A)　下図における，点 1 から点 5 への最短経路を求めることを考える．枝に書かれた数は枝の両端の点間の距離を表す．

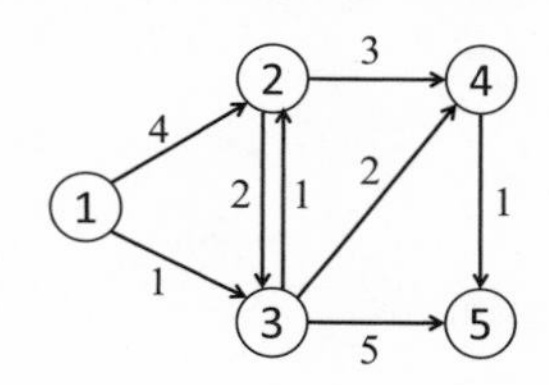

この問題を線形最適化問題として定式化せよ．

3.2 (B)　3.1 の最短路問題にダイクストラ法を適用して最短路を求めよ．

3.3 (A)　下図において，点は地点，枝は道路，枝に振られた数字は道路の容量を表す．地点 1 から地点 5 への通行量を最大にする，各道路の通行量を考える．

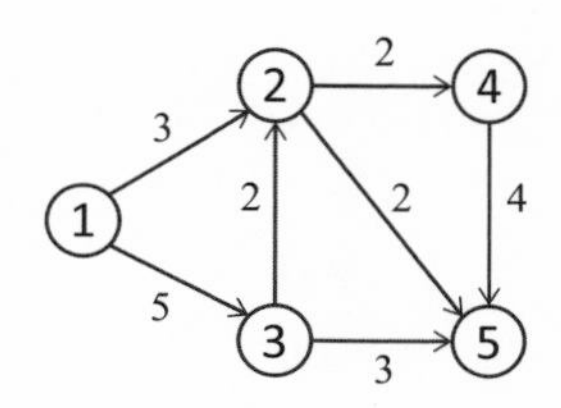

この問題を線形最適化問題として定式化せよ．

3.4 (B)　3.3 の最大流問題にフロー増加法を適用して，各道路の通行量を求めよ．

3.5 (D)　有向グラフ $G=(V,E)$ の各枝 $(i,j)\in E$ に容量 u_{ij} とコスト c_{ij} が，各点 $i\in V$ に正味供給量（正味流出量）b_i が与えられるとする．下図の各枝 $(i,j)\in E$ の数字は「$c_{ij}(u_{ij})$」である．各点 $i\in V$ の数字は $[b_i]$ である．各点の正味供給量を満たし，各枝の容量を満たし，コストを最小にする各枝の流量（フロー）を求める問題は**最小費用流問題**と呼ばれている．

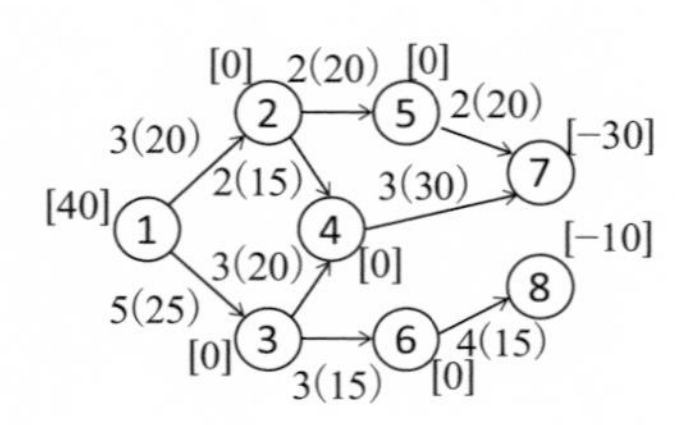

この問題を線形最適化問題として定式化せよ．

4 スケジューリング：プロジェクトの管理

《目標＆ポイント》 プロジェクトとは特定の目的を達成するための作業群のことであり，プロジェクトを構成する各作業時刻を定めた計画をスケジュールと呼ぶ．本章では，プロジェクトを効果的・効率的に遂行するためのスケジュールを作成する方法について解説する．
《キーワード》 プロジェクト，スケジューリング，アロー・ダイアグラム，PERT，CPM

プロジェクト（project）とは特定の目的を達成するための作業群のことであり，プロジェクトを構成する各作業時刻を定めた計画をスケジュール（schedule）と呼び，スケジュールを作成することをスケジューリング（scheduling）と呼ぶ．

4.1 PERT

製品開発など多くの作業からなるプロジェクトでは，目標とする日数でプロジェクトを完了できるようにスケジューリングを行う．ここでは，プロジェクトのスケジューリングの代表的な手法であるPERT（Program Evaluation and Review Technique）について解説する．

4.1.1 アロー・ダイアグラム

例１：ケーキの飾り付けプロジェクト
表4.1に作業リストを示す．飾り付けを完了する最短時間と最短

時間で完了するために遅れが許されない作業を求めよ．ただし，作業には時間的順序関係がある．例えば，スポンジにホイップクリームを塗る作業（作業C）を開始するには，スポンジの整形（作業A）とホイップクリーム作り（作業B）の両方が終了している必要がある[1]．

表 4.1　ケーキの飾り付けの作業リスト

記号	作業内容	所要時間（分）	先行作業
A	スポンジの整形	6	—
B	ホイップクリームを作る	5	—
C	スポンジにホイップクリームを塗る	8	A, B
D	絞り袋にクリームを詰める	2	B
E	クリームを絞り飾り付ける	10	C, D

プロジェクトの作業間の順序関係を明確にする表現法の一つに，作業群を有向グラフで表現する**アロー・ダイアグラム**（arrow diagram）がある．アロー・ダイアグラムは次に示す手順で作成される．

1）アロー・ダイアグラムではプロジェクトの作業を枝（矢印）で表し，作業の開始時刻を表す**開始点**，終了時刻を表す**終了点**を点（○）で表す．図 4.1（a）に示すように作業の開始点と終了点を矢印で結び，その作業を示す記号と作業の所要時間を書き込む．ケーキの飾り付けにおける作業 A は 6 分かかるので，図 4.1（b）のように表す．

2）先行作業の終了点と後続作業の開始点の間を**ダミー作業**と呼ばれる所要時間 0 の作業で結ぶ．ダミー作業は**ダミー枝**と呼ばれる矢破線で表す．ケーキの飾り付けのプロジェクトの作業間の関係は図 4.2（a）に示

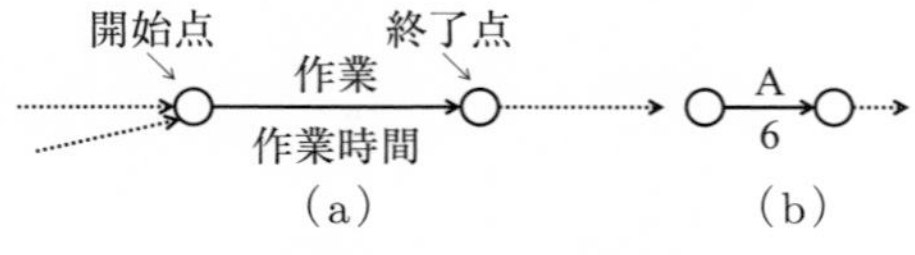

図 4.1　作業の表現

1)　ある作業の直前の作業を**先行作業**，ある作業の直後の作業を**後続作業**と呼ぶ．

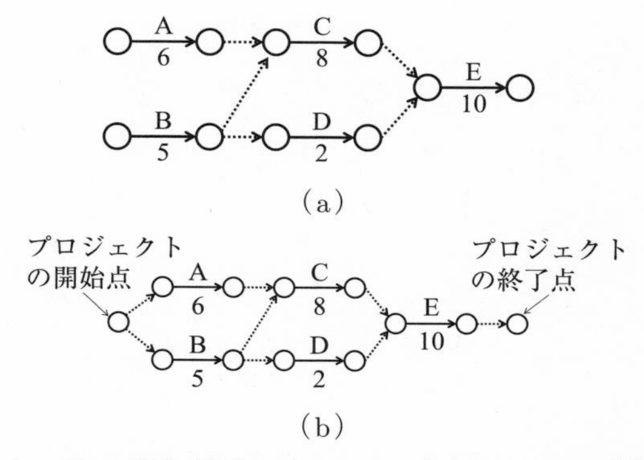

図 4.2　ケーキの飾り付けのアロー・ダイアグラム（単純化前）

すように表される．

さらにプロジェクトの開始点と終了点を加え，プロジェクトの開始点と先行作業のない作業の開始点をダミー枝で結び，後続作業のない作業の終了点とプロジェクトの終了点をダミー枝で結ぶ．これによりアロー・ダイアグラムが一応完成する（図 4.2（b））．

3）ダミー作業は作業間の順序関係を示すために用いられるが，省略しても順序関係に影響のない範囲で省略することによりアロー・ダイアグラムを単純化できる．例えば，図 4.3（a）に示すように，実際の先行作業，ダミー作業，実際の後続作業が直列に結ばれている時，ダミー作業は冗長なので，先行作業の終了点と後続作業の開始点を一つにまとめて，ダミー作業は省略できる．図 4.3（b）に示すように先行作業が複数ある場合も同様である．また，図 4.3（c）に示すように，同じ先行作業群を持つ複数の作業開始点が存在する場合もダミー作業を省略できる．

ただし，2点間を直接結ぶ枝が複数あってはいけないので，図 4.4 のようなダミー作業の省略は許されない．以上の単純化規則に従って図 4.2（b）を単純化すると，最終的に図 4.5 に示すアロー・ダイアグラムが得

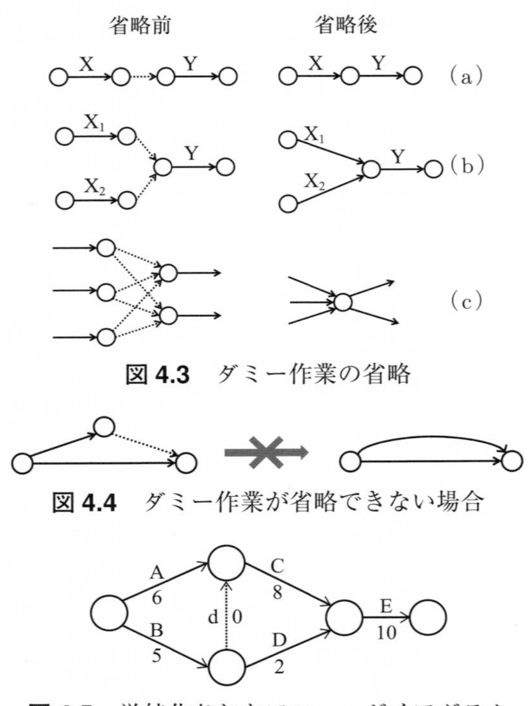

図 4.3　ダミー作業の省略

図 4.4　ダミー作業が省略できない場合

図 4.5　単純化されたアロー・ダイアグラム

られる．

4) 点に以下の方法で番号をつける．まず，先行作業がない点（プロジェクトの開始点）に 1 をつける．以降，番号づけされた点から出ている枝以外に先行作業のない点から順番に番号をつける．途中で先行作業がない点が複数現れた時は，それらの間ではどの順に番号をつけてもよい．このような順序をトポロジカル順という．この方法で図 4.6 に示すように番号がつけられる．

ダミー作業の取り扱いは難しく感じるかもしれない．実は，アロー・ダイ

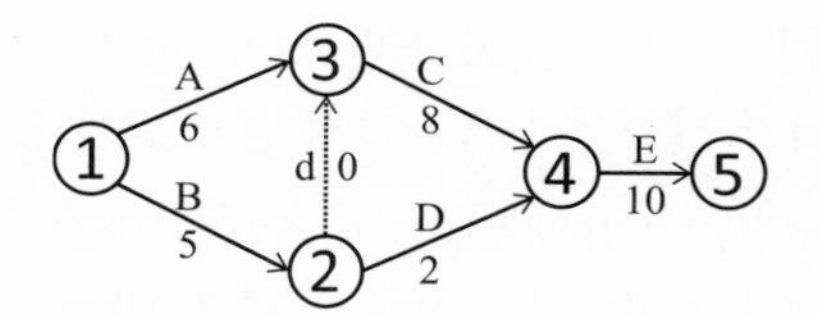

図 4.6　番号づけされたアロー・ダイアグラム

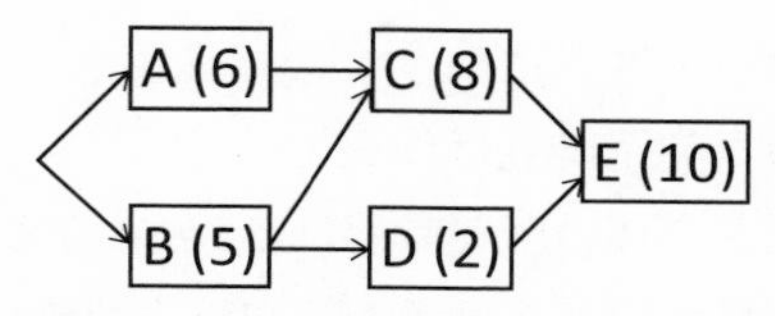

図 4.7　図 4.5 と等価な AON 表現

アグラムは計算機でも取り扱いにくく，スケジューリング用のソフトウェアでは図 4.7 に示すように，作業を枝ではなく点で表す AON（Activity On Node）表現が用いられている．AON 表現ではダミー作業を用いずにプロジェクトを表現できる．しかし，作業を枝で表す AOA（Activity On Arrow）表現は，多くの教科書で用いられているだけでなく，情報処理の資格試験の問題でも用いられているので，本書でも採用している．その点を考慮しても，AOA 表現のアロー・ダイアグラムは読めれば十分である．

4.1.2　指標の算出

PERT にはプロジェクトの時間情報を特徴づける指標がいくつかある．ここでは代表的な指標とその算出法について説明する．

各点において最も早く作業を開始できる時刻を**最早節点時刻**という．開始点の最早節点時刻を 0 とする．各点の最早節点時刻をトポロジカル順に計算する．作業 B が 5 分かかることから点 2 の最早節点時刻は $0 + 5 = 5$（分）となる．点 3 の最早節点時刻は作業 A と作業 B（形式的にはダミー作業 d）の両方が終了した時であるから，$\max\{0+6, 0+5+0\} = 6$（分）となる．同様に点 4 の最早節点時刻は作業 C と作業 D の両方が終了した時であるから，$\max\{6+8, 5+2\} = 14$（分）となる．点 5 の最早節点時刻は作業 E が終了した時であるから，$14+10 = 24$（分）となる．図 4.8 に示すようにアロー・ダイアグラムの各点に 2 つのセルを用意し，左のセルに最早節点時刻を書き込む．

プロジェクトの**最早完了時刻**は作業 E が終了した時であるから 24 分となる．プロジェクト全体の所要時間は 24 分となる．

プロジェクトを最早で完了させるために，各点から開始する作業の少なくとも一つを開始すべき最も遅い時刻を**最遅節点時刻**という．各点の最遅節点時刻はトポロジカル順の逆順に計算する．プロジェクトの最早完了時刻は 24 分であるから，点 5 の最遅節点時刻は 24 分である．点 4 から所要時間 10 分の作業 E が開始されるが，時刻 24 分には終了していなければならないので，点 4 の最遅節点時刻は $24-10 = 14$（分）となる．同様に点 3 の最遅節点時刻は $14-8 = 6$（分）となる．点 2 からダミー作業 d と所要時間 2 分の作業 D が開始されるが，点 3 および点 4 の最遅節点時刻に間に合うためには，$\min\{6-0, 14-2\} = 6$（分）には作業を開始していなければならないので，最遅節点時刻は 6 分である．点 1 から所要時間 6 分の作業 A と所要時間 5 分の作業 B が開始されるが，点 2 と点 3 の最遅節点時刻に間に合うためには，$\min\{6-6, 6-5\} = 0$（分）に作業を開始しなければならないので，点 1 の最遅節点時刻は 0 分

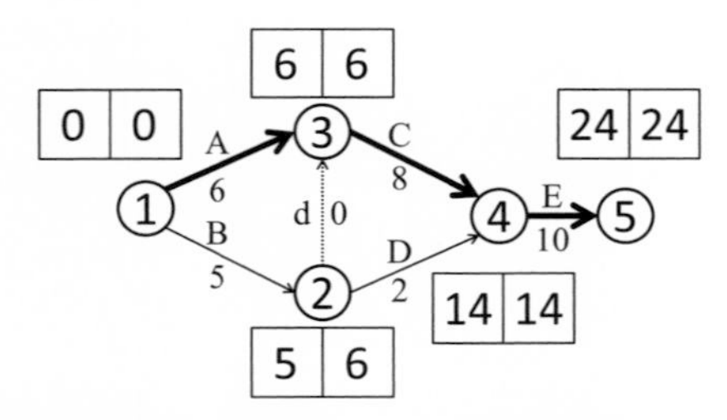

図 4.8　各点の最早節点時刻（左セル）と最遅節点時刻（右セル），太線はクリティカルパス

である．アロー・ダイアグラムの各点の右のセルに最遅節点時刻を書き込む（図 4.8）．

ここまでは，各点に注目し開始時刻を算出したが，今度は各作業の開始時刻に注目する．作業 B は所要時間 5 分で，終了点の点 2 における最遅節点時刻が 6 分であるから，$6-5=1$（分）に作業を開始すれば点 2 の最遅節点時刻に間に合う．このように作業の**最遅開始時刻**は，作業の終了点の最遅節点時刻から作業の所要時間を引いた値になる．作業 D は所要時間が 2 分で，終了点である点 4 の最遅開始時刻が 14 分であるから，作業 D の最遅開始時刻は $14-2=12$（分）である．作業 A，C，E の最遅開始時刻は各々の作業の開始点の最遅節点時刻と一致する．

作業の**最早開始時刻**は作業の開始点の最早節点時刻と一致する．作業の最遅開始時刻と最早開始時刻の差は**余裕時間**と呼ばれる．以上の指標を表 4.2 にまとめる．

アロー・ダイアグラムにおいてプロジェクトの開始点から終了点に至る経路の中で，余裕時間が 0 の作業からなる経路は**クリティカルパス**（critical path）と呼ばれる．この例では，作業 A，C，E の余裕時間が 0 であるので，A → C → E がクリティカルパスである．クリティカルパス上の作業に遅れが生じると，プロジェクトの最早完了時刻が遅れる．クリティカルパス上の作業の所要時間の和はプロジェクトの完了に要する時間に等しい．プロジェクトの完了を遅らせないためには，クリティカルパス上の作業（＝余裕時間 0 の作業）が遅れないようにしなければなら

表 4.2　プロジェクトの指標

作業	A	B	d	C	D	E
開始点と終了点	(1, 3)	(1, 2)	(2, 3)	(3, 4)	(2, 4)	(4, 5)
所要時間	6	5	0	8	2	10
開始点の最早節点時刻 ＝ 最早開始時刻	0	0	5	6	5	14
終了点の最遅節点時刻	6	6	6	14	14	24
最遅開始時刻	0	1	6	6	12	14
余裕時間	0	1	1	0	7	0

ない．また，プロジェクトを最早完了時刻より早く終わらせるには，クリティカルパス上の作業の所要時間を短縮するようにしなければならない．

4.2 CPM

4.2.1 最小費用によるプロジェクトの時間短縮

CPM（Critical Path Method）は PERT とほぼ同時期に開発されたプロジェクトのスケジューリング手法で，追加費用を最小に抑えてプロジェクト完了までの時間を短縮することに主眼がある．両者は類似した手法であることから，PERT/CPM とまとめて表記されることもある．

例 2：最小費用によるプロジェクトの時間短縮

表 4.3 に示すプロジェクトにおいて，各作業に要する標準的な時間は「標準時間」に示すとおりである．各作業は費用をかけることにより「短縮可能時間」の範囲で作業時間を短縮することができる．各作業を 1 時間短縮させるためにかかる費用は「費用/時間」に示すとおりである．例えば，作業 A は標準で 5 時間かかるが，費用をかければ最大 2 時間短縮することができる．すなわち，作業 A は最短でも 3 時間かかる．作業 A の所要時間を 1 時間短縮するには 2 万円がかかる．最小の費用でプロジェクト完了までの時間を 20 時間以内にするために，どの作業をどれだけ短縮するか決定せよ．ただし，短縮時間は 1 時間ごととする．例えば，1.5 時間の短縮は認められない．

表 4.3 プロジェクトの短縮費用

記号	先行作業	標準時間（時間）	短縮可能時間（時間）	費用/時間（万円/時間）
A	—	5	2	2
B	—	6	2	3
C	A	8	2	5
D	A, B	8	1	1
E	C, D	10	1	4

標準時間で作業を行う場合のアロー・ダイアグラム，最早節点時刻と最遅節点時刻を図 4.9 に示す．プロジェクトの最早完了時刻は 24 時間で，クリティカルパスは $\mathrm{B} \rightarrow \mathrm{D} \rightarrow \mathrm{E}$ である．

前節で説明したように，プロジェクト完了までの時間を短縮するには，クリティカルパス上にある作業の所要時間を短縮する必要がある．クリティカルパス上にある短縮可能な作業のうち，時間当たりの費用が最小の作業を短縮することが基本になる．ただし，1 時間作業を短縮すると，別の作業の系列が新たにクリティカルパスに加わることがある．そこで，1 時間作業を短縮するたびに，最早節点時刻と最遅節点時刻を更新して，次に短縮すべき作業を探す．

複数のクリティカルパスが存在する場合には，同時にすべてのクリティカルパスにおいて作業の所要時間を短縮しなければ，プロジェクト完了までの所要時間を短縮することができない．以上のことから，プロジェクト完了までの時間を短縮可能な作業の組み合わせ（**カット**（cut））のうち費用が最小なカット（**最小カット**）の作業時間を 1 時間短縮して，最早節点時刻と最遅節点時刻を更新することを繰り返すことにより，最小費用でプロジェクト完了までの時間を短縮できることがわかる．

この方法を例 2 に適用する．標準時間で作業を行う場合のクリティカルパスは $\mathrm{B} \rightarrow \mathrm{D} \rightarrow \mathrm{E}$ であるので，カットは $(\{\mathrm{B}\}, 3)$, $(\{\mathrm{D}\}, 1)$, $(\{\mathrm{E}\}, 4)$ となる．最小カットは $(\{\mathrm{D}\}, 1)$ なので，費用 1 万円をかけて作業 D を 1 時間短縮する．プロジェクト完了までの時間は 23 時間になる．作業 D の短縮可能時間は 1 時間なので，作業 D はこれ以上短縮できない．

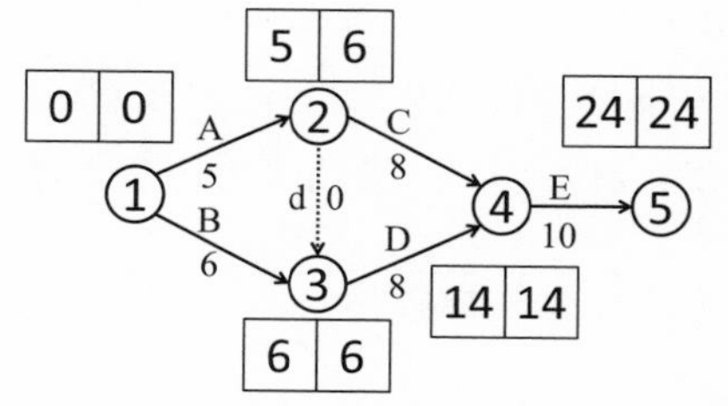

図 4.9　標準時間で作業を行う場合の最早節点時刻と最遅節点時刻

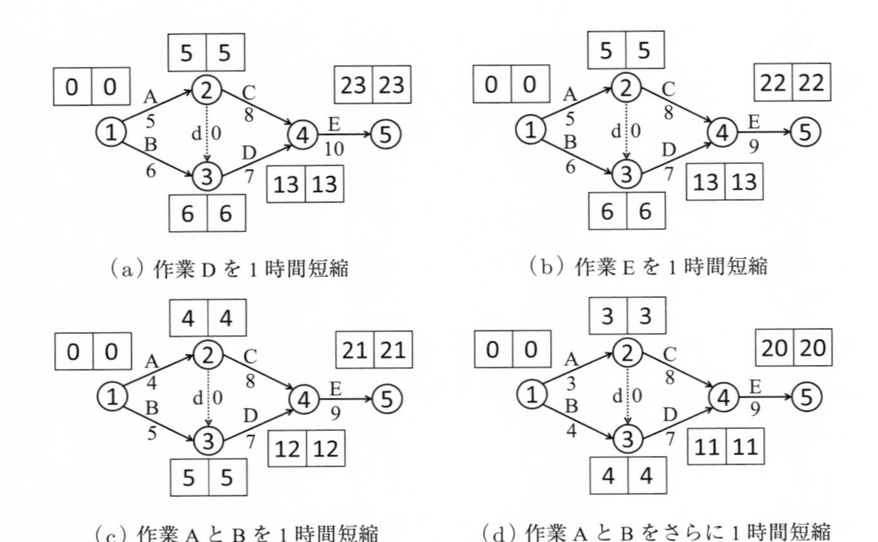

（a）作業 D を 1 時間短縮　　（b）作業 E を 1 時間短縮

（c）作業 A と B を 1 時間短縮　　（d）作業 A と B をさらに 1 時間短縮

図 4.10　作業時間短縮後の最早節点時刻と最遅節点時刻

作業 D を 1 時間短縮した最早節点時刻，最遅節点時刻は図 4.10（a）のとおりである．クリティカルパスは B $\to$ D $\to$ E および A $\to$ C $\to$ E である．カットは $(\{B, A\}, 3+2)$，$(\{B, C\}, 3+5)$，$(\{E\}, 4)$ である [2]．作業 E はどちらのクリティカルパスにも含まれるので，作業 E を短縮すればプロジェクト完了までの所要時間を短縮できる．最小カットは $(\{E\}, 4)$ なので，費用 4 万円をかけて作業 E を 1 時間短縮する．プロジェクト完了までの時間は 22 時間になる．作業 E の短縮可能時間は 1 時間なので，作業 E はこれ以上短縮できない．

作業 E を 1 時間短縮した最早節点時刻，最遅節点時刻は図 4.10（b）のとおりである．クリティカルパスは変わらず，B $\to$ D $\to$ E および A $\to$ C $\to$ E である．カットは $(\{B, A\}, 3+2)$，$(\{B, C\}, 3+5)$ である．最小カットは $(\{B, A\}, 3+2)$ なので，費用 5 万円をかけて作業 B と A を 1

2)　作業 D は短縮できないことに注意．

時間ずつ短縮する．プロジェクト完了までの所要時間は 21 時間になる．作業 B と A を 1 時間ずつ短縮した最早節点時刻，最遅節点時刻は図 4.10 (c) のとおりである．クリティカルパスは変わらず，B $\to$ D $\to$ E および A $\to$ C $\to$ E である．カットは $(\{\mathrm{B}, \mathrm{A}\}, 3+2)$，$(\{\mathrm{B}, \mathrm{C}\}, 3+5)$ である．最小カットは $(\{\mathrm{B}, \mathrm{A}\}, 3+2)$ なので，費用 5 万円をかけて作業 B と A を 1 時間ずつ短縮する．以上で，プロジェクト完了までの所要時間を 20 時間まで短縮できた（図 4.10 (d)）．短縮費用は，$1+4+5+5=15$（万円）である．

4.2.2　線形最適化問題としての定式化

例 3：
例 2 では短縮時間を 1 時間ごととしたが，短縮時間に連続値を許す場合，最小費用でプロジェクト完了までの時間を 20 時間に短縮するために，どの作業をどれだけ短縮するか決定せよ．

この問題を線形最適化問題として定式化する．点 $i \in \{1, 2, 3, 4, 5\}$ の最早節点時刻を x_i，作業 $j \in \{\mathrm{A}, \mathrm{B}, \mathrm{C}, \mathrm{D}, \mathrm{E}\}$ の単位時間当たりの短縮費用を c_j，短縮時間を s_j とすると，短縮費用の合計 z（万円）は

$$z = \sum_j c_j s_j = 2s_\mathrm{A} + 3s_\mathrm{B} + 5s_\mathrm{C} + s_\mathrm{D} + 4s_\mathrm{E} \tag{4.1}$$

となる．点 1 の最早節点時刻は 0 であるから，

$$x_1 = 0 \tag{4.2}$$

である．点 2 の最早節点時刻は，作業 A の所要時間が $5 - s_\mathrm{A}$（時間）で

あることから,

$$x_2 = x_1 + (5 - s_{\mathrm{A}}) \tag{4.3}$$

である．点 3 の最早節点時刻は,

$$x_3 = \max\{x_2, x_1 + (6 - s_{\mathrm{B}})\}$$

であるが，線形最適化問題として定式化するためには,

$$x_3 \geq x_2,\ x_3 \geq x_1 + (6 - s_{\mathrm{B}}) \tag{4.4}$$

とする．同様に点 4 の最早節点時刻は,

$$x_4 \geq x_2 + (8 - s_{\mathrm{C}}),\ x_4 \geq x_3 + (8 - s_{\mathrm{D}}) \tag{4.5}$$

とする．点 5 の最早節点時刻は

$$x_5 = x_4 + (10 - s_{\mathrm{E}}) \tag{4.6}$$

である．プロジェクトは 20 時間で完了しなければいけないから,

$$x_5 \leq 20 \tag{4.7}$$

である．以上をまとめると，次のように線形最適化問題として定式化される.

$$\begin{array}{rl}
\text{最小化} & z = 2s_{\mathrm{A}} + 3s_{\mathrm{B}} + 5s_{\mathrm{C}} + s_{\mathrm{D}} + 4s_{\mathrm{E}} \\
\text{制約条件} & x_1 = 0 \\
& x_2 = x_1 + (5 - s_{\mathrm{A}}) \\
& x_3 \geq x_2,\ x_3 \geq x_1 + (6 - s_{\mathrm{B}}) \\
& x_4 \geq x_2 + (8 - s_{\mathrm{C}}),\ x_4 \geq x_3 + (8 - s_{\mathrm{D}})
\end{array}$$

$$x_5 = x_4 + (10 - s_{\mathrm{E}})$$
$$x_5 \leq 20$$
$$0 \leq s_{\mathrm{A}} \leq 2,\ 0 \leq s_{\mathrm{B}} \leq 2,\ 0 \leq s_{\mathrm{C}} \leq 2,$$
$$0 \leq s_{\mathrm{D}} \leq 1,\ 0 \leq s_{\mathrm{E}} \leq 1$$

4.3 まとめ

本章では，プロジェクトのスケジューリング手法として代表的な PERT と CPM について解説した．スケジューリングにはプロジェクトのスケジューリング以外に，複数の機械で複数の作業を行う場合の効率的な作業順序を決定する生産スケジューリング，病院での看護師の配置に代表される勤務スケジューリングなど様々なタイプのものがある．これらについては参考文献を参照されたい．

参考文献

1)　松井泰子・根本俊男・宇野毅明（2008）『入門オペレーションズ・リサーチ』，東海大学出版会．
アロー・ダイアグラムの描き方を丁寧に説明している．CPM は扱っていない．

2)　大野勝久・中出康一・逆瀬川浩孝（2014）『Excel で学ぶオペレーションズリサーチ』，近代科学社．
PERT，CPM の両方を説明している．

3)　穴井宏和・斉藤努（2015）『今日から使える！　組合せ最適化　離散問題ガイドブック』，講談社．
組み合わせ最適化問題としての生産スケジューリング，勤務スケジューリングに触れている．

演習問題 4

4.1 (A)　表 4.4 に示す実験準備のプロジェクトのアロー・ダイアグラムを作成せよ．AOA 表現でも AON 表現でも構わない．

表 4.4　実験準備の作業リスト

記号	作業内容	標準所要日数	先行作業
A	実験仕様作成	10	—
B	実験制御プログラム作成	6	A
C	データ作成	10	A
D	プログラム動作テスト	2	B, C
E	データ修正	3	C
F	プログラム修正	1	D
G	予備実験	4	E, F

4.2 (A)　表 4.4 に示すプロジェクトのクリティカルパスを求めよ．

4.3 (A)　表 4.4 に示す実験準備のプロジェクトにおける各作業は，表 4.5 に示すように費用をかけることで短縮することができる．最小の費用でプロジェクト完了までの日数を 1 日短縮するために，どの作業をどれだけ短縮するか決定せよ．ただし，短縮時間は 1 日ごととする．

表 4.5　プロジェクトの短縮費用

作業	A	B	C	D	E	F	G
短縮可能日数	3	3	4	1	1	0	3
費用/日（万円）	8	1	6	3	2	—	7

4.4 (A)　前問において，短縮時間に連続値を許す場合，最小費用でプロジェクト完了までの日数を 24 日に短縮するために，どの作業をどれだけ短縮するか決定する問題を線形最適化問題として定式化せよ．

5 在庫管理

《目標＆ポイント》 工場や小売店で在庫を余計に抱えることは，保管コストの増加や時間経過による商品の価値低下を招く．一方，在庫切れは利益を得る機会の損失である．在庫を適切に管理することが経営において重要である．本章では，在庫管理問題とその解法について解説する．
《キーワード》 在庫管理，経済発注量，定量発注方式，定期発注方式，ABC 分析，ロットサイズ決定問題

工場や小売店で在庫を抱えることは，品物を保管する設備が必要になるので，余計な在庫は保管コストの増加や時間経過による商品の価値低下などの問題を招く．一方，在庫切れは生産や販売の機会の損失になる．したがって，在庫を適切に管理することが経営において重要である．

5.1 定期定量発注方式

例 1：需要が一定の場合の在庫管理問題

ある工場で使用する原料は 1 期間で M（トン）である．すなわち 1 期間の需要は M（トン）である．原料は毎日同量ずつ使用され，1 期間で使い切る．原料保管の費用は a（円/(トン・期間)）である．原料を 1 回発注するたびに，発注費用として b（円）かかる．在庫切れすることなく，原料にかかる 1 期間の総費用を最小にする発注量を求めよ．

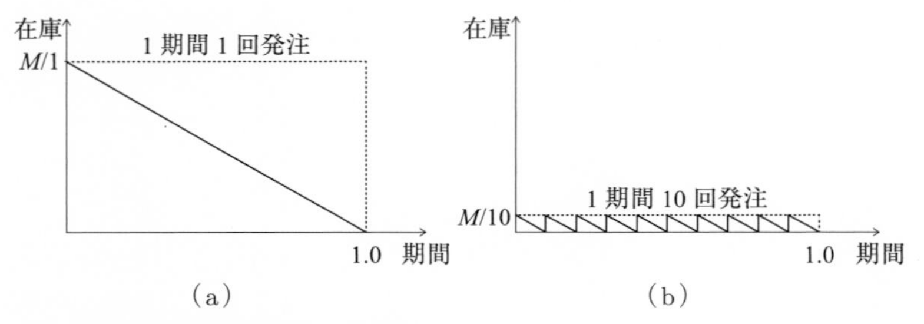

図 5.1 1 期間の在庫の変化
(a) 1 期間の需要 M を 1 回で発注する場合
(b) 1 期間の需要 M を 10 回に分けて発注する場合

まず，保管費用について考える．1 期間の需要 M を一括で発注した場合，在庫は図 5.1（a）に示すように変化する．1 期間の保管費用は $aM/2$（円）となる．1 期間の需要 M を 10 回に分けて $M/10$ ずつ発注した場合，在庫は図 5.1（b）に示すように変化する．1 期間の保管費用は $10a(M/10)(1/10)/2 = aM/20$（円）となる．

一般化すると，1 期間の需要 M を n 回に分けて M/n ずつ発注した場合，1 期間の保管費用は $na(M/n)(1/n)/2 = aM/2n$（円）となる．次に，発注費用について考える．1 期間に n 回発注すると発注費用は bn（円）かかるので，発注回数を増やせば発注費用が増加する．1 期間の在庫管理費用 C は保管費用と発注費用の和であるから，

$$C = a\left(\frac{M}{2n}\right) + bn$$

である．1 回当たりの発注量 M/n を x と書くと，

$$C = a\left(\frac{x}{2}\right) + b\left(\frac{M}{x}\right) \tag{5.1}$$

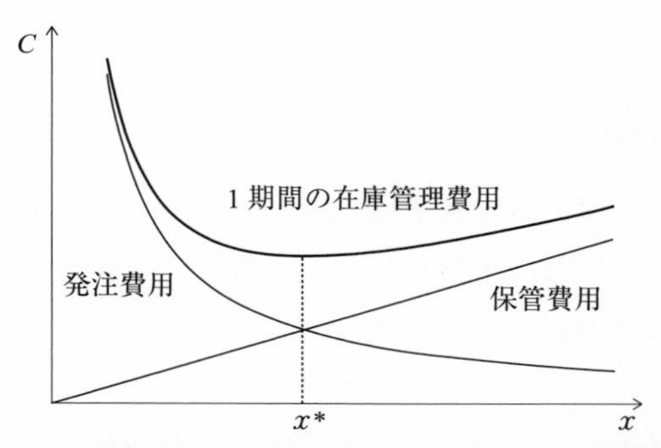

図 5.2　発注量と保管費用，発注費用，1 期間の在庫管理費用の関係（x^* は経済発注量）

である．図 5.2 からわかるように，保管費用と発注費用はトレードオフの関係にある．1 期間の在庫管理費用 C を最小にする発注量 x^* は，

$$\frac{\mathrm{d}C}{\mathrm{d}x} = 0, \quad x \geq 0$$

を解いて，

$$x^* = \sqrt{\frac{2bM}{a}} \tag{5.2}$$

と求めることができる．x^* は**経済発注量**と呼ばれる．また，(5.2) 式は**ウィルソン（Wilson）のロット公式**と呼ばれる．発注から納品までに要する時間（リードタイム）を L とすると，発注は在庫が 0 になる時点の L（日）前に行えばよい．

例 1 は需要が一定で需要を予測する必要がなく，一定の間隔で一定量を発注するのがこの問題における最適な発注である．一定の間隔で一定量を発注するのは**定期定量発注方式**と呼ばれ，最も単純な在庫管理のモデルである．実際には需要が一定であることは稀であるため，発注時期と発注量の一方を固定し，もう一方を調整することで在庫を管理する．

5.2 需要の統計的扱い

通常，需要は一定にはならずにばらつくので，統計的な扱いが必要になる．需要のばらつきは正規分布として扱うことが多い．正規分布は平均 μ とばらつきの指標である分散 σ^2 により形状が定まる関数で，図 5.3 に示すように平均 μ を中心に左右対称に釣鐘状に広がっている [1)]．x は平均付近の値をとることが多く，平均から離れるに従って出現確率が減少する．また，σ^2（ばらつき）が大きくなるほど平坦な形状になる．

x が，特定の範囲 $x_1 \leq x \leq x_2$ の間の値をとる確率は，$x_1 \leq x \leq x_2$ において関数に囲まれる面積である．正規分布においては，μ，σ^2 の値にかかわらず，x が $\mu - \sigma$ と $\mu + \sigma$ の間の値をとる確率は約 0.68 で，$\mu - 2\sigma$ と $\mu + 2\sigma$ の間の値をとる確率は約 0.95 である．なお，σ は標準偏差と呼ばれる．

また，x が特定の値を超える確率 α も μ と σ で決まる．x が $\mu + k(\alpha)\sigma$ より大きい値をとる確率は α である．逆に，x の出現確率が $1 - \alpha$ になる x の上限は $\mu + k(\alpha)\sigma$ となる．$k(\alpha)$ は α により決まる．例えば，需

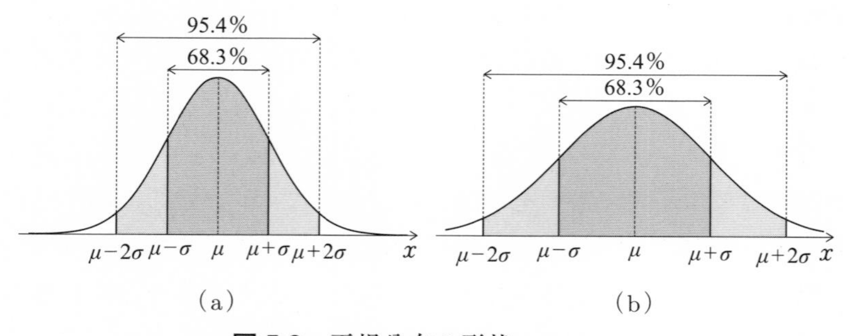

図 5.3　正規分布の形状
(a) $\sigma^2 = 1$，(b) $\sigma^2 = 4$

---

1)　正規分布の確率密度関数は $f(x|\mu, \sigma^2) = \dfrac{1}{\sqrt{2\pi\sigma^2}} \exp\left[-\dfrac{(x-\mu)^2}{2\sigma^2}\right]$ である．

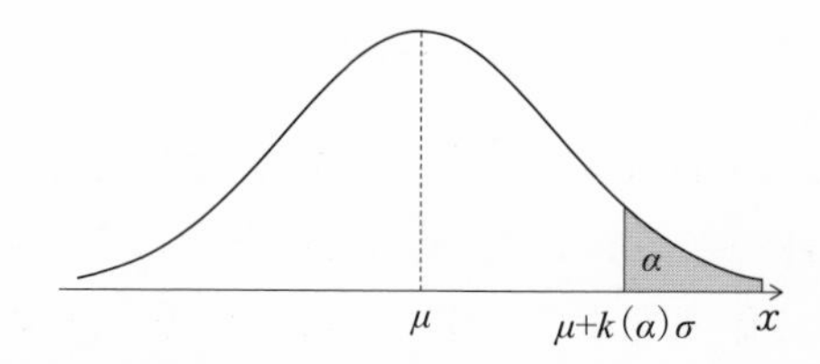

図 5.4　欠品確率 α 以内に抑えるための必要量

要 x が平均 μ，分散 σ^2 の正規分布に従う時，欠品の確率を 5% 以内に抑えるためには，品物を $\mu + 1.65\sigma$ 用意する必要がある（図 5.4）．

5.3 定量発注方式

> **例 2：定量発注の在庫管理問題**
>
> ある工場で使用する原料は 1 期間で平均 M（トン）である．1 日の使用量は平均 μ（トン），標準偏差 σ（トン）の正規分布に従うとする．原料保管の費用は a（円/(トン・期間)）である．原料を 1 回発注するたびに，発注費用として b（円）かかる．在庫が K（トン）まで減ったら一定量を発注する．リードタイムは L（日）とする．在庫切れの確率（欠品率）を α 以内に抑える場合の K（発注点）と発注量を求めよ．

在庫が一定の水準まで下がった時点で一定量の発注を行う発注方式を**定量発注方式**と呼ぶ．原料を 1 回に 100 ケース発注し，残りが 10 ケースになった時点で新たに 100 ケース発注するのは定量発注方式の一例である．

在庫が K まで下がった時点で経済発注量 $x^* = \sqrt{\dfrac{2bM}{a}}$ を発注すればよい．問題は K の決定である．需要が一定量 μ であれば，発注してから納入までに L（日）かかることから，

$$K_\mu = \mu L$$

になった時点で発注すれば，在庫が 0 になるのと同時に x^* 納入される．しかし，需要にばらつきがあると，納入前に欠品になる可能性がある．したがって，欠品する確率を小さくするには，K を K_μ よりも S だけ多く設定する必要がある．S は**安全在庫**と呼ばれる．1 日の需要の標準偏差が σ の時，欠品が起きる確率を α 以内にするには，安全在庫を

$$S = k(\alpha)\sqrt{L}\,\sigma \tag{5.3}$$

とすればよい[2)]．したがって，在庫が

$$K = K_\mu + S = \mu L + k(\alpha)\sqrt{L}\,\sigma \tag{5.4}$$

まで下がった時点で x^* だけ発注すればよい．欠品の発生する確率を 5% 以内にするには $k(\alpha) = 1.65$，1% 以内にするには $k(\alpha) = 2.33$ である．

図 5.5 に定量発注方式における在庫の推移を示す．在庫が K（トン）に達した時点で発注するので，発注の間隔は一定ではない．納入は発注の L（日）後である．発注から納入までの需要が K を超えた場合には欠品になる．

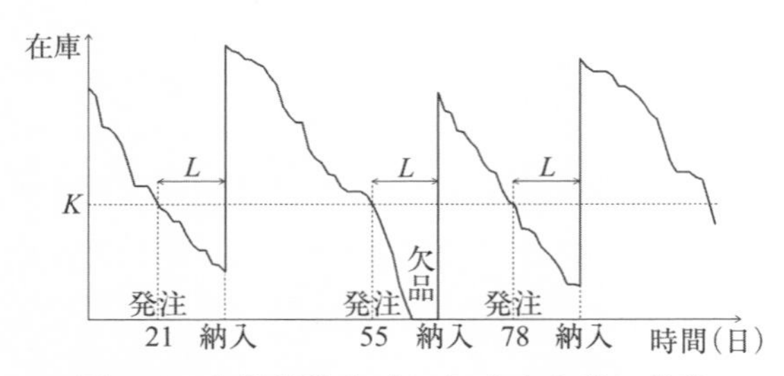

図 5.5　定量発注方式における在庫の推移

---

2)　確率変数 Y_i $(i = 1, 2, \cdots, n)$ が各々平均 μ_i，分散 σ_i^2 の正規分布に従い，各 Y_i が独立である時，$\sum_{i=1}^{n} Y_i$ は平均 $\sum_{i=1}^{n} \mu_i$，分散 $\sum_{i=1}^{n} \sigma_i^2$ の正規分布に従う．したがって，1 日の需要の標準偏差が σ の時，L（日）の需要の標準偏差は $\sqrt{L}\,\sigma$ となる．

5.4 定期発注方式

> **例３：定期発注の在庫管理問題**
> ある工場で使用する原料は１期間で平均 M（トン）である．１日の使用量は平均 μ（トン），標準偏差 σ（トン）の正規分布に従う．原料保管の費用は a（円/(トン・期間)）である．原料を１回発注するたびに，発注費用として b（円）かかる．発注は P（日）間隔として，その時の在庫量と品物が納入されるまでの需要の予測に基づいて発注量を決める．リードタイムは L（日）とする．在庫切れの確率（欠品率）を α 以内に抑える場合の P と発注量を求めよ．

発注する間隔をあらかじめ決めて，発注量を調整する在庫管理の方法を**定期発注方式**と呼ぶ．図 5.6 に定期発注方式における在庫の推移を示す．

これまでと同様，１期間の需要を M（トン），原料保管の費用は a（円/(トン・期間)），発注費用を b（円），１日の使用量の平均を μ（トン），リードタイムを L（日）とする．発注の間隔 P は経済発注量 x^* と１日の使用量の平均 μ から，

$$P = \frac{x^*}{\mu} = \frac{1}{\mu}\sqrt{\frac{2bM}{a}}$$

と決める．定期発注方式では，発注のたびに需要を予測し，きめ細かく

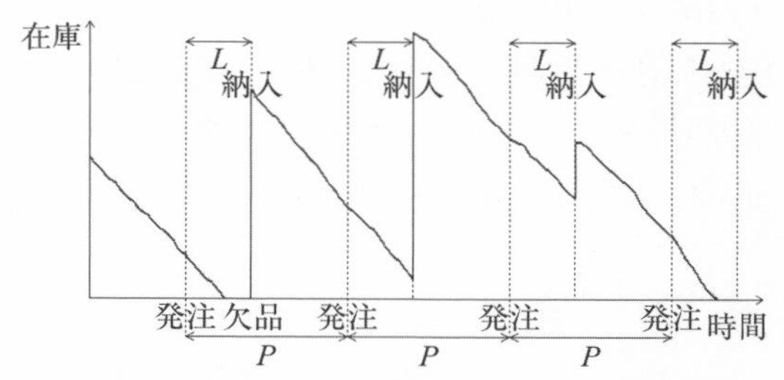

図 5.6　定期発注方式における在庫の推移

在庫管理を行う．発注量を算出するには，まず発注間隔 P とリードタイム L を加えた期間，需要の平均の予測値 $\hat{\mu}$ から，この期間の需要の予測値 $\hat{\mu}(P+L)$ を求める．この値から現在の在庫 q と過去の発注でまだ納入されていない量 x^- を引いた

$$\hat{\mu}(P+L) - (q + x^-)$$

が必要な量の予測値になる．この予測値に安全在庫 S を加えたものが発注量 x となる．安全在庫 S は需要の標準偏差の予測値 $\hat{\sigma}$ を用いて，

$$S = k(\alpha)\sqrt{P+L}\,\hat{\sigma}$$

と求められる．以上をまとめて，欠品の起きる確率を α 以内に抑えるための発注量 x は

$$\begin{aligned} x &= \hat{\mu}(P+L) - (q + x^-) + S \\ &= \hat{\mu}(P+L) - (q + x^-) + k(\alpha)\sqrt{P+L}\,\hat{\sigma} \end{aligned} \tag{5.5}$$

となる．

効果的な在庫管理は需要の予測精度に依存する．需要の予測には統計モデルや機械学習といった手法が用いられる．統計モデルについては第13章で取り上げる．

5.5 ABC 分析

定期発注方式は，発注のたびに需要を予測してきめ細かく在庫管理を行うので，より適切な在庫管理が可能になる．その反面，発注量の調整を行うため，在庫管理の手間がかかる．例えば，食料品のように保存期間が短い品物は定期発注で発注量を細かく調整するほうが有利である．また，保存期間が長くても，在庫管理の手間以上に利益を出す重要な商

品は定期発注のほうが有利である．一方，定量発注方式は在庫が一定の量になった時点で一定量を発注すればよいので，在庫管理の手間が少ない．そのため，定期発注方式の手間以上の利益のない品物は定量発注方式で手間をかけずに在庫管理を行えばよい．

在庫管理の観点から品物の重要度を調べる代表的な方法として**ABC分析**がある．ABC分析の手順は以下のとおりである．まず，在庫管理の対象となる品物を売上金額の大きい順に並べる．ここでは，6種類の品物（i）～（vi）の売上高が，（i）1200，（ii）1100，（iii）800，（iv）500，（v）300，（vi）100（万円）であったとしよう．次に，売上金額の大きい順に累積売上金額をグラフにする（図5.7）．

図5.7に示すように，累積売上金額の曲線の傾きは最初は急で品数が増えるほど平坦になる．これは総売上金額のかなりの部分を少数の品目が占めていることを示している．在庫管理の観点から品物の重要度を分類する目安として，累積売上金額が総売上金額の50%および80%になるところで，品物をA，B，Cの3クラスに分ける．クラスの境界にある品物のクラスは適宜決める．この例では，品物iのみの売上金額は総売上金額の30%で，品物iとiiの売上金額の合計は総売上金額の57.5%であるので，品物iとiiをAクラスとしよう．品物iiiまでの累積売上金額は総売上金額の77.5%であるので，品物iiiをBクラスとして，品物ivからviはCクラスとする．Aクラスの品物は売上が大きい重要な品

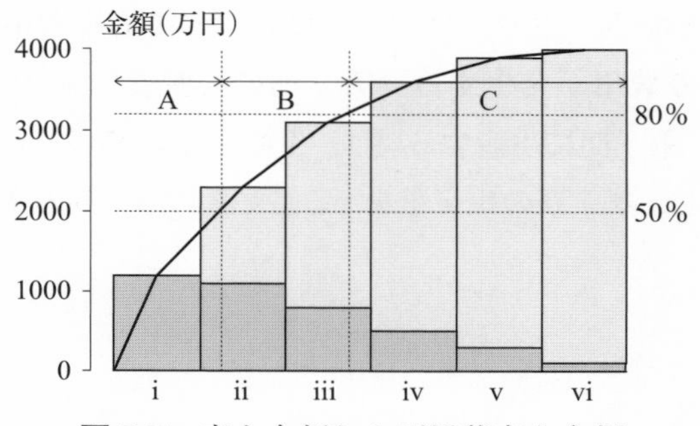

図5.7　売上金額および累積売上金額

物なので，きめ細かい在庫管理が必要である．したがって，定期発注方式を採用すべきである．C クラスの品物は手間がかからない定量発注方式が向いている．B クラスの品物はそれらの中間であるので，状況に応じて決める．

5.6 ロットサイズ決定問題 *

原材料の調達から生産，販売，物流を経て消費者に至る，製品，サービス提供のために行われるビジネス諸活動の一連の流れを**サプライチェーン**と呼ぶ．工場，配送，小売店など個々に生産管理や在庫管理を行うのでなく，サプライチェーン全体での最適化を図る取り組みを**サプライチェーン・マネージメント**と呼ぶ．

ロットサイズ決定問題は，サプライチェーン内の生産施設や保管施設において，変動する需要に対して生産量や在庫を管理する問題である．少量ずつ生産を行えば保管費用が減少するが，生産に要する段取り費用が増加する．保管費用と段取り費用はトレードオフの関係になっているので，段取り費用と保管費用，そして生産量に依存する変動費用の総和を最小化するように生産および在庫計画を行う．ここでは，最も簡単なモデルであるワグナー・ウイッティン（Wagner-Whitin）モデルについて説明する．

ワグナー・ウイッティンモデルでは，需要が期ごとに変動する単一の品物の生産，在庫を N 期にわたって計画する．第 j 期 $(j = 1, 2, \cdots, N)$ の需要を D_j とする．生産には生産量に依存する変動費用と生産量に依存しない段取り費用が発生する．第 j 期の変動費用を P_j，段取り費用を F_j とする．第 j 期に生産する時 1，生産しない時 0 の値をとる変数を $y_j \in \{0, 1\}$ とし，第 j 期の生産量を x_j とする．第 j 期の生産に要する費用は

$$P_j x_j + F_j y_j$$

となる．

在庫保管には在庫に比例した保管費用が発生する．第 j 期の単位当たりの保管費用を S_j，第 j 期の在庫を I_j とする．第 j 期の在庫保管に要する費用は $S_j I_j$ となる．以上から，N 期にわたる生産と在庫保管に要する費用の合計 z は，

$$z = \sum_{j=1}^{N} (P_j x_j + F_j y_j + S_j I_j)$$

となる．ロットサイズ決定問題は z が最小になるように，x_j，y_j，I_j の値を決定する問題である．

次に制約条件について考える．第 j 期における在庫 I_j は，1 期前の在庫 I_{j-1} に生産量 x_j を加え，使用量（需要）D_j を引いた量であるから，

$$I_j = I_{j-1} + x_j - D_j$$

が成り立つ．また，1 期当たりの生産量の上限を C とすると，

$$x_j \leq C y_j$$

が成り立つ．この制約式により，生産を行わない期には $x_j = 0$ となる．以上より，ロットサイズ決定問題は以下のように定式化される．

$$\begin{aligned}
&\text{最小化} \quad z = \sum_{j=1}^{N} (P_j x_j + F_j y_j + S_j I_j) \\
&\text{制約} \quad I_j = I_{j-1} + x_j - D_j \qquad j = 1, 2, \cdots, N \\
&\qquad\quad\; I_0 = i_0 \qquad\qquad\qquad\quad \text{初期の在庫量}
\end{aligned}$$

$$
\begin{aligned}
&x_j \leq C y_j && j = 1, 2, \cdots, N \\
&x_j, I_j \geq 0 && j = 1, 2, \cdots, N \\
&y_j \in \{0, 1\} && j = 1, 2, \cdots, N
\end{aligned}
$$

この問題において，決定変数のうち，x_j と I_j は非負の数，y_j は 0 と 1 の 2 値をとることから，混合整数最適化問題となる．x_j と I_j を非負整数に限定すれば整数最適化問題になる．

5.7 まとめ

本章では，在庫管理の基本的な手法について解説した．本章で取り上げた在庫管理手法は単一の品物を扱うものであったが，実際には複数の品物の在庫を管理する必要がある．また，サプライチェーンにおける最適化は，在庫管理を中心に生産量，配送などを総合的に最適化する必要がある．

参考文献

1) 松井泰子・根本俊男・宇野毅明（2008）『入門オペレーションズ・リサーチ』，東海大学出版会．
在庫管理の基本的なモデルをわかりやすく説明している．

2) 藤澤克樹・後藤順哉・安井雄一郎（2011）『Excel で学ぶ OR』，オーム社．
ロットサイズ決定問題を扱っている．

演習問題 5

5.1 (A)　ある工場で使用する原料は 1 期間で 2000 トンである．原料は毎日同量ずつ使用され，1 期間で使い切る．原料保管の費用は 200 円/(トン・期間）である．原料を 1 回発注するたびに，発注費用として 8000 円かかる．在庫切れすることなく，原料にかかる 1 期間の総費用を最小にする発注量を求めよ．

5.2 (B)　需要 M を 1600 トン，1 期間を 100 日，原料保管の費用 a は 200 円/(トン・期間)，発注費用 b は 10000 円，リードタイム L は 10 日とする．1 日当たりの需要の標準偏差 σ を 8 トンとする．欠品の確率は 0.05 以内とする．定量発注方式で在庫管理を行う場合の発注点と発注量を求めよ．また，リードタイム L を 20 日に変更した場合，発注点と発注量はどのように変化するか．

5.3 (A)　次の図に示すグラフ（A)，(B)，(C）で表される在庫管理方式は次のいずれか答えよ．

1）定期定量発注方式
2）定量発注方式
3）定期発注方式

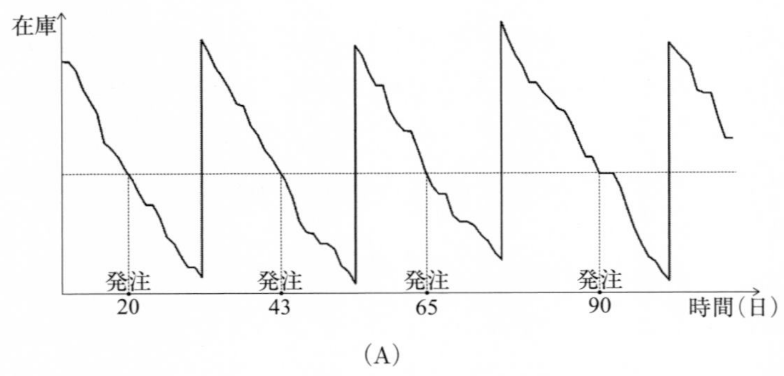
在庫
発注
発注
発注
発注
20
43
65
90
時間（日）

（A）

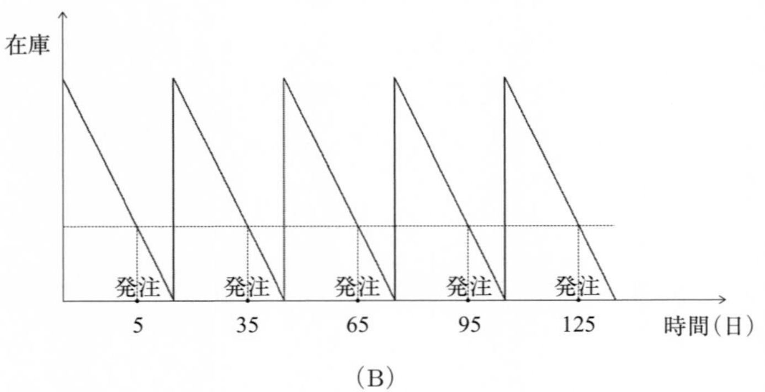
在庫
発注
発注
発注
発注
発注
5
35
65
95
125
時間（日）

（B）

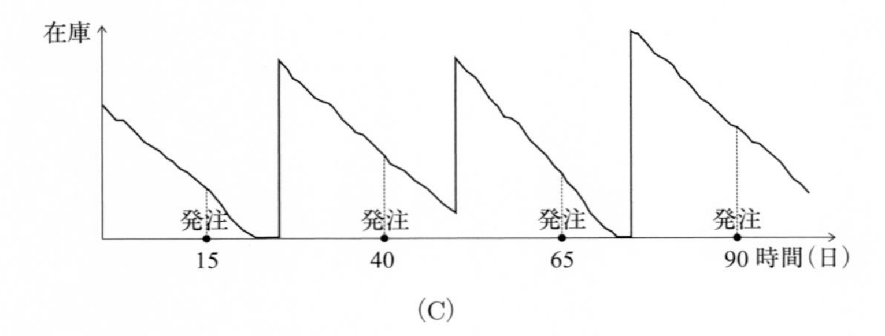
在庫
発注
発注
発注
発注
15
40
65
90
時間（日）

（C）

6 階層分析法：主観と勘を有効活用する意思決定

《目標＆ポイント》 階層分析法（Analytic Hierarchy Process；AHP）は，複数の評価基準からなる代替案の選択問題において，問題を「問題」，「評価基準」，「代替案」の階層に分け，各階層において比較評価を行い，総合評価にまとめる．客観評価ができずに，決定者の主観や勘に頼らざるを得ない場面で特に威力を発揮する．本章では，階層分析法の代表的な方法について解説する．
《キーワード》 階層分析法，AHP（Analytic Hierarchy Process），一対比較

複数の選択肢（**代替案**）から１つを選択する時，様々な要因（**評価基準**）を考慮して選択を行う．例えば，情報機器を購入する際には，機能，デザイン，価格などを考慮して購入する機器を選択する．住宅を購入したり借りたりする時には，立地，広さ，きれいさ，設備，価格などを考慮して選択を行う．選択の際に考慮する複数の評価基準のすべてが最良であるような理想的な代替案が存在することは稀であり，多くの場合，ある評価基準に関しては評価が高く，別の評価基準に関しては評価が低い代替案を比較して，選択をしなくてはならない．

代替案の特定の評価基準の評価値や評価基準の重要度は必ずしも客観的に存在する訳ではなく，選択を行う者ごとに異なる主観的なものであることが少なくない．例えば，情報機器の購入において，機能，デザイン，価格の評価基準のどれを重要視するかも個人ごとに異なる．また，評価基準のうちデザインの評価は明らかに個人の好みにより異なる．

このような選択場面において，**階層分析法**（Analytic Hierarchy Process；**AHP**）と呼ばれる手法が利用されている．AHP は主観や勘

を数値化して，それを系統的に統合して代替案を総合評価する意思決定手法である．AHP による決定手続きの特徴は，階層分析法の名前が示すように，問題を「問題」，「評価基準」，「代替案」の階層に分けて評価を行うことである．階層化を行うことにより評価の複雑性を低減することができる．また，評価基準や代替案の評価に**一対比較法**を用いることも大きな特徴である．一対比較法とは，複数の対象を評価する時に，対象を 2 個ずつ対にして，2 個の対象のどちらがどれだけ好ましいかの判断を繰り返すことにより，すべての対象の好ましさの序列化や尺度化を行う手法である．複数の対象を一度に序列化したり，個々の対象を絶対評価したりするのに比べて，2 つの対象を比較するのは容易なので，一対比較法は主観や勘を数値化するのに適している．

6.1 AHP の手続き

AHP による決定の過程を以下のような賃貸アパートの選択を例に説明する．

例 1：賃貸アパートの選択

郊外に自宅を持つ会社員の X 氏は，この先 1，2 年は仕事が忙しくなるので，勤務先に近い場所にアパートを借りることにした．週末は自宅に帰るので，アパートは寝に帰るだけで，部屋の広さや設備は最低限で構わない．X 氏としては勤務先から近く，できればきれいで，家賃が安い物件を希望している．物件を探した結果，X 氏の要求基準を満たしているものは以下に示す 3 物件のみであった．そこで，これら 3 物件の中から賃貸するアパートを決定する．

	会社からの所要時間	部屋のきれいさ	家賃
物件 A	徒歩 5 分	汚い	10 万円
物件 B	徒歩 10 分	きれい	8 万円
物件 C	徒歩 20 分	普通	6 万円

6.1.1　AHP の手続きの概要

具体的な計算の前に AHP の手続きの概要を示す．

階層化　問題を階層構造に分解する．一般に問題（目標），評価基準，代替案に分解するが，各階層の要素をさらに階層化することもある．

一対比較　問題を除く各階層において要素間の一対比較を行い，一対比較行列を作成する．評価基準の階層では，評価基準同士でその重要性に関して一対比較を行う．代替案の階層では，代替案の評価を評価基準ごとに行うため，代替案同士で一対比較を行う．一対比較が整合的に行われているかを確認し，整合的な評価が行われていない場合には一対比較をやり直す．場合によっては階層化からやり直す．整合性の確認に関しては 6.2.1 項で述べる．

重み（重要度）計算　一対比較行列から各要素の重み（重要度）を計算する．

総合評価　各要素の重要度を統合し，総合的な評価を計算する．

6.1.2　階層化

AHP の手続きの最初は，問題を階層構造に分解することである．図 6.1 に示すように，問題，評価基準，代替案の 3 階層に分解する．最上位の階層は，好ましいアパートの選択という問題（目標）である．その下の階層が評価基準であり，ここでは会社からの所要時間，部屋のきれい

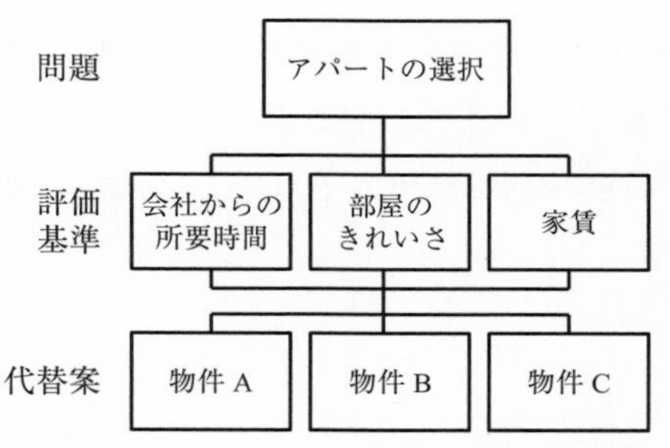

図 6.1　アパートの選択における階層構造

表 6.1 重要度評価の目安（左）と一対比較行列（右）

定義	点
同程度重要	1
やや重要	3
重要	5
非常に重要	7
絶対的に重要	9

2，4，6，8 は中間の評価にあてる

$$\boldsymbol{A} = \begin{bmatrix} 1 & a_{12} & a_{13} \\ 1/a_{12} & 1 & a_{23} \\ 1/a_{13} & 1/a_{23} & 1 \end{bmatrix}$$

さ，家賃である．最下位の階層は代替案であり，ここでは物件 A，B，C である．

6.1.3 一対比較

次に行うのは，評価基準や代替案の一対比較である．同一階層内の 2 つの要素 i と j の重要度を 1 つ上の階層の要素を評価基準として比較評価する．要素 i が j よりどの程度重要かを表 6.1 左欄に示すような目安に基づき評価する．

この一対比較により求まる値を a_{ij} とする．a_{ij} を要素とする行列 $\boldsymbol{A} = [a_{ij}]$ を一対比較行列と呼ぶ．一対比較行列 $\boldsymbol{A}$ において，一般に $a_{ii} = 1$，$a_{ji} = 1/a_{ij}$ である（表 6.1 右欄）．したがって，m 個の要素を一対比較する場合，$m(m-1)/2$ 回の比較を行う必要がある．

評価基準の一対比較

アパートの選択の評価基準を一対比較した結果，次のようになったとすると，表 6.2 に示す一対比較行列が得られる．

- 会社からの所要時間は部屋のきれいさと比べて非常に重要である… 7

表 6.2　評価基準の一対比較行列

	所要時間	きれいさ	家賃
所要時間	1	7	3
きれいさ	1/7	1	1/3
家賃	1/3	3	1

- 会社からの所要時間は家賃と比べてやや重要である…3
- 家賃は部屋のきれいさと比べてやや重要である…3

代替案の一対比較

代替案の一対比較は，3つの評価基準に関して行われる．まず，会社からの所要時間（の短さ）に関して一対比較を行った結果，次のようになったとする．

- 物件Aは物件Bより重要である（評価が高い)…5
- 物件Aは物件Cより非常に重要である…7
- 物件Bは物件Cより重要である…5

部屋のきれいさに関して一対比較を行った結果，次のようになったとする．

- 物件Bは物件Aより重要である…5
- 物件Cは物件Aよりやや重要である…3
- 物件Bは物件Cよりやや重要である…3

家賃に関して一対比較を行った結果，次のようになったとする．

- 物件Bは物件Aよりやや重要である…3
- 物件Cは物件Aより非常に重要である…7
- 物件Cは物件Bより重要である…5

以上の一対比較の結果から表6.3に示す一対比較行列が得られる．

6.1.4 重要度計算

一対比較の結果から重要度を計算する．重要度の計算方法はいくつか提案されているが，ここでは幾何平均に基づく計算法を用いることにする．一般に m 個の値 $x_1, x_2, \cdots, x_m$ の**幾何平均**は $(x_1 \times x_2 \times \cdots \times x_m)^{1/m}$ で与えられる．

一対比較行列の第 i 行は要素 i と他の要素を一対比較により評価した得点からなる．これらを統合して要素 i の重要度とするために，第 i 行の要素の平均値を用いるのは自然な考え方であろう．重要度の計算には幾何平均を用いる．さらに，各行（要素）の重要度の和が 1 となるように，各行の幾何平均の和で各行の幾何平均を除したものを重要度とする．なお，有効桁の取り方により，計算結果は完全には一致しないことがある．例えば，重要度の和が厳密には 1 と一致しないこともあるが，ここでは問題としない．表 6.4 に要素が 3 個の場合の重要度の計算法を示す．

重要度の計算には，要素の和を要素数で除す算術平均でなく，幾何平均を用いるのは，一対比較において要素間の重要度が差ではなく比で評価されているためである．

評価基準の重要度を計算すると表 6.5 に示すようになる．

表 6.3 代替案の一対比較行列

所要時間				きれいさ				家賃			
	A	B	C		A	B	C		A	B	C
物件 A	1	5	7	A	1	1/5	1/3	A	1	1/3	1/7
物件 B	1/5	1	5	B	5	1	3	B	3	1	1/5
物件 C	1/7	1/5	1	C	3	1/3	1	C	7	5	1

表 6.4 重要度の計算法

	要素 1	要素 2	要素 3	幾何平均	重要度
要素 1	1	a_{12}	a_{13}	$(1 \times a_{12} \times a_{13})^{1/3} = \mu_1$	μ_1/μ
要素 2	$1/a_{12}$	1	a_{23}	$(1/a_{12} \times 1 \times a_{23})^{1/3} = \mu_2$	μ_2/μ
要素 3	$1/a_{13}$	$1/a_{23}$	1	$(1/a_{13} \times 1/a_{23} \times 1)^{1/3} = \mu_3$	μ_3/μ
幾何平均の合計				$\mu_1 + \mu_2 + \mu_3 = \mu$	

代替案の重要度は評価基準ごとに計算される．計算方法は評価基準の重要度の計算と同じである．表 6.6 に代替案の重要度の計算結果を示す．

表 6.5　評価基準の重要度

	所要時間	きれいさ	家賃	幾何平均	重要度
所要時間	1	7	3	$(1 \times 7 \times 3)^{1/3} \simeq 2.76$	0.67
きれいさ	1/7	1	1/3	$(1/7 \times 1 \times 1/3)^{1/3} \simeq 0.36$	0.09
家賃	1/3	3	1	$(1/3 \times 3 \times 1)^{1/3} = 1$	0.24
幾何平均の合計				$2.76 + 0.36 + 1 = 4.12$	

表 6.6　代替案の重要度

会社からの所要時間

	A	B	C	幾何平均	重要度
物件 A	1	5	7	$(1 \times 5 \times 7)^{1/3} \simeq 3.27$	0.71
物件 B	1/5	1	5	$(1/5 \times 1 \times 5)^{1/3} = 1$	0.22
物件 C	1/7	1/5	1	$(1/7 \times 1/5 \times 1)^{1/3} \simeq 0.31$	0.07
幾何平均の合計				$3.27 + 1 + 0.31 = 4.58$	

部屋のきれいさ

	A	B	C	幾何平均	重要度
物件 A	1	1/5	1/3	$(1 \times 1/5 \times 1/3)^{1/3} \simeq 0.41$	0.11
物件 B	5	1	3	$(5 \times 1 \times 3)^{1/3} \simeq 2.47$	0.64
物件 C	3	1/3	1	$(3 \times 1/3 \times 1)^{1/3} = 1$	0.26
幾何平均の合計				$0.41 + 2.47 + 1 = 3.88$	

家賃

	A	B	C	幾何平均	重要度
物件 A	1	1/3	1/7	$(1 \times 1/3 \times 1/7)^{1/3} \simeq 0.36$	0.08
物件 B	3	1	1/5	$(3 \times 1 \times 1/5)^{1/3} \simeq 0.84$	0.19
物件 C	7	5	1	$(7 \times 5 \times 1)^{1/3} \simeq 3.27$	0.73
幾何平均の合計				$0.36 + 0.84 + 3.27 = 4.47$	

表 6.7　総合評価

	所要時間 0.67	きれいさ 0.09	家賃 0.24	総合 評価
物件 A	0.71	0.11	0.08	0.5048
	0.67×0.71 $= 0.4757$	0.09×0.11 $= 0.0099$	0.24×0.08 $= 0.0192$	
物件 B	0.22	0.64	0.19	0.2506
	0.67×0.22 $= 0.1474$	0.09×0.64 $= 0.0576$	0.24×0.19 $= 0.0456$	
物件 C	0.07	0.26	0.73	0.2455
	0.67×0.07 $= 0.0469$	0.09×0.26 $= 0.0234$	0.24×0.73 $= 0.1752$	

6.1.5　総合評価

代替案の重要度は評価基準ごとに計算された．これを統合して総合評価とする．総合評価は，代替案の評価基準ごとの重要度を評価基準の重要度で重みづけして和をとることにより行われる．すなわち，代替案 i の評価基準 j $(j = 1, 2, \cdots, m)$ の重要度を p_{ij}，評価基準 j の重要度 w_j とすると，代替案 i の総合評価得点は $w_1 p_{i1} + w_2 p_{i2} + \cdots + w_m p_{im}$ で与えられる．この計算に基づいて求めた総合評価の結果を表 6.7 に示す．

総合評価得点は，物件 A が約 0.50 で最も評価が高く，ついで物件 B が 0.25 強，物件 C の評価は最も低く 0.25 弱となった．すなわち，X 氏にとっては物件 A を選択するのが最も好ましいことが明らかになった．

6.2 判断の整合性の確認と修正

6.2.1　整合性の指標

一対比較では要素 i の要素 j に対する重要度 a_{ij} を評価するが，AHP の仮定する完全に整合的な評価は，要素 i および j の重要度を各々 w_i,

w_j とすると，$a_{ij} = w_i/w_j$ $(i, j = 1, 2, \cdots, m)$ が成り立つことである．すなわち，一対比較行列 $\boldsymbol{A} = [a_{ij}]$ は次のようになる．

$$\boldsymbol{A} = [a_{ij}] = \begin{bmatrix} w_1/w_1 & w_1/w_2 & \cdots & w_1/w_m \\ w_2/w_1 & w_2/w_2 & \cdots & w_2/w_m \\ \vdots & \vdots & \vdots & \vdots \\ w_m/w_1 & w_m/w_2 & \cdots & w_m/w_m \end{bmatrix} \tag{6.1}$$

明らかに $\boldsymbol{A}$ は，$a_{ii} = 1$，$a_{ji} = 1/a_{ij}$ を満たす．また，$a_{ij}a_{jk} = a_{ik}$ が成り立つ．例えば，$a_{12} = 3$，$a_{23} = 3$ と評価された時，完全に整合的な評価を行うと $a_{13} = a_{12}a_{23} = 9$ となる．

完全に整合的な一対比較が行われた場合，一対比較行列 $\boldsymbol{A}$ と重要度 w_i を並べたベクトル $\boldsymbol{w} = [w_1, w_2, \cdots, w_m]^T$ の間には

$$\boldsymbol{Aw} = m\boldsymbol{w} \tag{6.2}$$

が成り立つ[1)]．(6.2) 式から m，$\boldsymbol{w}$ は各々 $\boldsymbol{A}$ の固有値，固有ベクトルであることがわかる．$\boldsymbol{A}$ の階数は 1 となることから，m は唯一の非零固有値で，他の固有値は 0 となる．

実際の一対比較においては，完全に整合的な評価ができるとは限らない．特に，要素の数が増えるに従い，判断の整合性が損なわれることが知られている．一対比較が完全には整合的でない場合，一対比較行列 $\boldsymbol{A}$ の最大固有値 $\lambda_{\max}$ は m より大きくなり，整合性が損なわれる程度が大きくなるに従い $\lambda_{\max}$ は大きくなる．そこで，整合性の指標（Consistency Index；C.I.）を以下のように定義する．

$$\text{C.I.} = \frac{\lambda_{\max} - m}{m - 1}$$

1)　固有値，固有ベクトル未習者は本項の以降を読み飛ばしてよい．なお，行列とその演算については付録 A で簡単に説明している．

評価基準

$$\begin{bmatrix} 1 & 7 & 3 \\ 1/7 & 1 & 1/3 \\ 1/3 & 3 & 1 \end{bmatrix}$$

$\lambda_{\max} = 3.01$

$\text{C.I.} < 0.01$

代替案（所要時間）

$$\begin{bmatrix} 1 & 5 & 7 \\ 1/5 & 1 & 5 \\ 1/7 & 1/5 & 1 \end{bmatrix}$$

$\lambda_{\max} = 3.18$

$\text{C.I.} = 0.09$

代替案（きれいさ）

$$\begin{bmatrix} 1 & 1/5 & 1/3 \\ 5 & 1 & 3 \\ 3 & 1/3 & 1 \end{bmatrix}$$

$\lambda_{\max} = 3.04$

$\text{C.I.} = 0.02$

代替案（家賃）

$$\begin{bmatrix} 1 & 1/3 & 1/7 \\ 3 & 1 & 1/5 \\ 7 & 5 & 1 \end{bmatrix}$$

$\lambda_{\max} = 3.06$

$\text{C.I.} = 0.03$

図 6.2　固有値および C.I.

一対比較行列が完全に整合的である場合は $\text{C.I.} = 0$ であり，C.I. の値が大きいほど整合性が損なわれている．C.I. が 0.1 以下，場合によっては 0.15 以下であれば整合性に問題がないとされる．図 6.2 に，6.1.3 項で示した各一対比較行列の最大固有値および C.I. を示す．いずれの一対比較行列も C.I. の値は 0.1 より小さく，評価は十分に整合的であると判断できる．

6.2.2　不整合部分の発見法

評価が不整合であった場合は，一対比較による評価を修正する必要があるが，どの部分が不整合であるかわからないと検討が難しい．不整合部分の発見を支援する方法の一つとして，次のような方法がある．まず，不整合な一対比較行列 $\boldsymbol{A}$ から重要度 w_i $(i = 1, 2, \cdots, m)$ を求める．次に求めた重要度を用いて，$m_{ij} = w_i/w_j$ を成分とする行列 $\boldsymbol{M} = [m_{ij}]$ を作る．一対比較行列 $\boldsymbol{A}$ が完全に整合的であれば，$\boldsymbol{A}$ と $\boldsymbol{M}$ は一致することから，$\boldsymbol{A}$ と $\boldsymbol{M}$ の各成分を比較し，違いの大きな成分に注目して一

表 6.8　不整合部分の発見と修正

一対比較行列 $\boldsymbol{A}$				重要度	重要度から生成 $\boldsymbol{M}$				修正結果			
1	1	$\underline{1/5}$	1/2	0.13	1	0.56	$\underline{0.59}$	0.30	1	1	$\underline{2}$	1/2
	1	2	1/2	0.23		1	1.05	0.54		1	2	1/2
		1	1/3	0.22			1	0.51			1	1/3
			1	0.43				1				1

$\mathrm{C.I.} = 0.21$　　　　$\mathrm{C.I.} < 0.01$

対比較をやり直す．

表 6.8 の 1 番左の欄は，不整合な一対比較行列で，$\mathrm{C.I.} = 0.21$ である．2 番目の欄はこの行列から計算した重要度である．3 番目の欄は重要度から生成した行列 $\boldsymbol{M}$ である．$\boldsymbol{A}$ と $\boldsymbol{M}$ の成分を比較すると，$(1, 3)$ 成分の違いが大きいことから，要素 1 と要素 3 の比較をやり直し，1 番右欄の一対比較行列に修正すると，$\mathrm{C.I.} < 0.01$ と十分な整合性を持つ評価になった．

6.3 まとめ

本章では，AHP による意思決定の手続きを解説した．AHP は数理モデルに基づいているが，単純でわかりやすい手法で，現実の問題にも適用しやすい．実際，買い物や進路決定など個人的な決定だけでなく，人事，プロジェクト選定，商品開発，都市計画，エネルギー政策，環境政策，紛争処理など企業や行政機関における意思決定にも幅広く利用されている．

今回紹介したのは AHP の最も単純な使い方であり，階層構造を工夫することによりさらに複雑な意思決定問題にも適用できるようになる．また，AHP の様々な拡張が提案されており，AHP の適用範囲はさらに広がっている．なお，AHP は手計算では面倒なので，ソフトウェアを用いることによりその有効性が発揮される．これらについては参考文献を参照されたい．

参考文献

1) 木下栄蔵（2006）『よくわかる AHP：孫子の兵法の戦略モデル』，オーム社
AHP の基礎から，様々な拡張まで述べられている．
2) 高萩栄一郎・中島信之（2018）『Excel で学ぶ AHP 入門 第 2 版』，オーム社
表計算ソフトウェアで AHP を実行する方法が述べられている．

演習問題 6

6.1 (A)　下表の要素 1，要素 2，要素 3 の重要度を求めよ．

	要素 1	要素 2	要素 3
要素 1	1	a_{12}	a_{13}
要素 2	$1/a_{12}$	1	a_{23}
要素 3	$1/a_{13}$	$1/a_{23}$	1

6.2 (C)　3 種類の携帯型音楽プレイヤー A，B，C から 1 機種を選択し購入する．評価基準は，性能，デザイン，価格である．評価基準および代替案の一対比較行列は表 6.9 に示すとおりである．各プレイヤーの総合評価を行い，どのプレイヤーを選択すべきか示せ．

表 6.9　一対比較行列

評価基準

	性能	デザイン	価格
性能	1	4	2
デザイン	1/4	1	1/3
価格	1/2	3	1

代替案（性能）

	A	B	C
A	1	4	3
B	1/4	1	2
C	1/3	1/2	1

代替案（デザイン）

	A	B	C
A	1	1/2	3
B	2	1	5
C	1/3	1/5	1

代替案（価格）

	A	B	C
A	1	1/2	1/2
B	2	1	1
C	2	1	1

6.3 (A)　Y さんは，新たに購入する携帯情報端末の選択のために AHP を利用して分析を行うことにした．Y さんは，デザインを一番重視し，二番目に機能を重視している．価格は重視していない．Y さんが完全に整合的な評価を行ったとする．表 6.10 の一対比較行列の空欄を埋めよ．

表 6.10　一対比較行列

	価格	デザイン	機能
価格	1	[あ]	1/2
デザイン	[い]	1	3
機能	[う]	[え]	1

定義	点
同程度重要	1
やや重要	3
重要	5
非常に重要	7
絶対的に重要	9

2，4，6，8 は中間の評価にあてる

7 ゲーム理論：協調と競合の数理（1）

《目標＆ポイント》 ゲーム理論は，意思決定者間で利害の必ずしも一致しない状況における，合理的意思決定や合理的配分方法を数理的に分析する方法である．政治，経済，軍事，経営，社会など幅広い応用分野を持つ．本章では，ゲーム理論の初歩的な事項について解説する．
《キーワード》 ゲーム理論，非協力ゲーム，プレイヤー，戦略，利得，ナッシュ均衡解，マクシミン戦略，混合戦略

ゲーム理論は，必ずしも利害の一致しない複数の主体が存在し，各主体の意思決定が他の主体の意思決定に影響を与える状況における意思決定を分析する数理的な方法である．ゲーム理論が分析対象とする状況は，家事の分担，市場競争，予算の分配，訴訟，政策決定，条約締結など，個人間から国家間まであらゆる場面に存在する．ゲーム理論の応用は，いわゆる社会科学的分野に限らず，生物進化，通信ネットワーク，機械の制御などにも及ぶ．

ゲームを行う主体は**プレイヤー**と呼ばれる．家事の分担であればプレイヤーは個人，市場競争であればプレイヤーは企業，条約の締結であればプレイヤーは国家である．プレイヤーが行動決定の時点でどの行動を選択するかあらかじめ定めた行動の計画を**戦略**と呼ぶ[1)]．じゃんけんであれば戦略はグー，チョキ，パーであり，商品の価格競争であれば設定し得る価格である．各プレイヤーが戦略を選択した結果に対する各プレイヤーの評価値を**利得**と呼ぶ．例えば，じゃんけんであれば，利得は各々，勝ちは $+1$，あいこは 0，負けは -1 と数値化する．企業間の競争であれ

1) 行動そのものも戦略と呼ぶことがあり，本書でも行動そのものを戦略と呼ぶことがある．

ば，利得は市場でのシェアや利益などである．

ゲーム理論が扱うゲームはいくつかの観点から分類される．以下に代表的な分類の観点を挙げる．

プレイヤーの提携の有無

ゲームのプレイヤー個人が構成単位で，他のプレイヤーと提携することなく戦略を選択（行動）するゲームは**非協力ゲーム**と呼ばれる．一方，3 人以上のプレイヤーがゲームを行う時に，プレイヤー同士で提携を行うゲームは**協力ゲーム**と呼ばれる．非協力ゲームにおいてプレイヤーが協調的に行動することも，協力ゲームにおいて競合が生じることもある．

行動のタイミング，繰り返し

じゃんけんのように，ゲームを行うすべてのプレイヤーが同時に行動するゲームを**標準型ゲーム**ないしは**戦略型ゲーム**と呼ぶ．一方，チェスのように，各プレイヤーが順番に行動するゲームを**展開型ゲーム**と呼ぶ[2)]．また，同じゲームを何度も繰り返すゲームを**繰り返しゲーム**と呼ぶ．

プレイヤーに与えられる情報

ゲームを行う各プレイヤーの利得をすべてのプレイヤーが知っているゲームを**完備情報ゲーム**と呼び，そうでないゲームを**不完備情報ゲーム**と呼ぶ．

また，展開型ゲームにおいて，各プレイヤーのこれまでの行動や状態の履歴をすべてプレイヤーが知っているゲームを**完全情報ゲーム**，そうでないゲームを**不完全情報ゲーム**と呼ぶ．

---

2)　正確には，標準型ゲームと展開型ゲームはゲームの表現形式の分類である．

7.1 支配戦略

次のゲームを考えてみよう．

例 1：回線事業者の事業戦略

携帯電話の回線事業を行う A 社と B 社では，回線の品質向上ないしは回線使用料の値下げを検討している．各社が回線の品質向上ないしは回線使用料の値下げを行った場合の次期の利益増加見込みは下表のとおりである（単位は億円）．

表において，( ) 内の数字は A 社，B 社の利得の組み合わせを表している．例えば，A 社が品質向上，B 社が料金値下げを選択した場合，A 社の利得は 10，B 社の利得は 40 となる．この表のように，各プレイヤーが各戦略を選択した時の利得を並べたものを**利得行列**と呼ぶ．

自社の利益増加を最大にするために各社がとるべき戦略は何か．

		B 社	
		品質向上	料金値下げ
A 社	品質向上	(20, 20)	(10, 40)
	料金値下げ	(40, 10)	(30, 30)

このゲームのプレイヤーは A 社と B 社，各社の戦略は回線の品質向上と料金値下げ，利得は利益の増加額である．

まず，A 社の立場から考える．B 社が品質向上戦略を選択した場合，A 社が品質向上戦略を選択すると A 社の利益増加見込みは 20 億円，A 社が料金値下げ戦略を選択すると A 社の利益増加見込みは 40 億円であるので，B 社が品質向上戦略を選択するならば A 社は料金値下げ戦略を選択するべきである．B 社が料金値下げ戦略を選択した場合，A 社が品質向上戦略を選択すると A 社の利益増加見込みは 10 億円，A 社が料金値下げ戦略を選択すると A 社の利益増加見込みは 30 億円であるので，B 社が料金値下げ戦略を選択する場合も A 社は料金値下げ戦略を選択するべきである．したがって，B 社の戦略にかかわらず A 社は料金値下げ戦略を選択するべきである．このように他のプレイヤーの戦略にかかわらず，自分の戦略で他の戦略に対して絶対的に優位な戦略を**支配戦略**と呼ぶ．

次に，B 社の立場から考える．このゲームでは B 社の支配戦略も料金値下げである（各自確かめよ）．したがって，両社とも料金値下げ戦略を選択するのがこのゲームの解で，ともに 30 億円ずつの利益増加見込みとなる．

7.2 ナッシュ均衡解

例 1 の利得行列を表 7.1 のように変えたゲームを考えてみよう．

先の例と同様にまず，A 社の立場から考える．B 社が品質向上戦略を選択した場合，A 社が品質向上戦略を選択すると A 社の利益増加見込みは 40 億円，A 社が料金値下げ戦略を選択すると A 社の利益増加見込みは 50 億円であるので，B 社が品質向上戦略を選択するならば A 社は料金値下げ戦略を選択するべきである．B 社が料金値下げ戦略を選択した場合，A 社が品質向上戦略を選択すると A 社の利益増加見込みは 30 億円，A 社が料金値下げ戦略を選択すると A 社の利益増加見込みは 20 億円であるので，B 社が料金値下げ戦略を選択するならば A 社は品質向上戦略を選択するべきである．A 社の最適な戦略は B 社の戦略に依存するので，A 社に支配戦略はない．B 社の立場から考えると，B 社にも支配

表 7.1　支配戦略がないゲーム

		B 社	
		品質向上	料金値下げ
A 社	品質向上	(40, 45)	(30, 50)
	料金値下げ	(50, 35)	(20, 25)

戦略はない（各自確かめよ）.

B 社が品質向上戦略を選択するなら，A 社は料金値下げ戦略を選択すべきである．A 社が料金値下げ戦略，B 社が品質向上戦略を選択しているとしたら，B 社は料金値下げ戦略に戦略を変更しても利得は向上しないことから，A 社が料金値下げ戦略，B 社が品質向上戦略の組み合わせは，互いに相手の戦略に対する最適な戦略の選択を行っていることになる．相手の戦略に対して自らの利得を最大にする戦略を，相手の戦略に対する**最適反応戦略**と呼ぶ．このように各プレイヤーのとる戦略が互いに相手の戦略に対する最適反応戦略となるような戦略の組み合わせを**ナッシュ（Nash）均衡解**と呼ぶ．この例題においては，A 社が品質向上戦略，B 社が料金値下げ戦略の組み合わせもナッシュ均衡解になっている．また，他の 2 種類の戦略の組み合わせはナッシュ均衡解ではない（これらについても各自確かめよ）.

7.3 混合戦略

再び例 1 の利得行列を表 7.2 のように変えたゲームを考えてみよう．

B 社が料金値下げを選択しているとすると，A 社の最適反応戦略は品質向上である．その変更に対する B 社の最適反応戦略は品質向上であり，図 7.1 に示すように，どの戦略の組み合わせにおいても，一方のプレイヤーが戦略を変更することにより利得が向上する．すなわち，ナッシュ均衡解は存在しない．

このように最適反応戦略が均衡せず果てしなく続くゲームは，じゃんけんなど多数存在する．このようなナッシュ均衡解が存在しないゲームには，戦略の選択に確率的な要素を取り入れて考える．A 社が確率 p で品質向上，

表 7.2 ナッシュ均衡解がないゲーム

		B 社	
		品質向上	料金値下げ
A 社	品質向上	(25, 35)	(40, 20)
	料金値下げ	(30, 20)	(20, 40)

(品質向上, 料金値下げ) $\xrightarrow{\text{B 変更}}$ (品質向上, 品質向上) $\xrightarrow{\text{A 変更}}$ (料金値下げ, 品質向上) $\xrightarrow{\text{B 変更}}$ (料金値下げ, 料金値下げ) $\xrightarrow{\text{A 変更}}$ (品質向上, 料金値下げ) $\xrightarrow{\text{B 変更}}$ ...

図 7.1　果てのない最適反応の連鎖

$1-p$ で料金値下げを選択し，B 社が確率 q で品質向上，$1-q$ で料金値下げを選択するとする．A 社と B 社の特定の戦略の組み合わせが選択される確率を P(A 社の戦略, B 社の戦略) で表すと，P(品質向上, 品質向上) $= pq$，P(品質向上, 料金値下げ) $= p(1-q)$，P(料金値下げ, 品質向上) $= (1-p)q$，P(料金値下げ, 料金値下げ) $= (1-p)(1-q)$ となる．A 社の利得の期待値 u_{A} は

$$\begin{aligned} u_{\mathrm{A}} &= 25pq + 40p(1-q) + 30(1-p)q + 20(1-p)(1-q) \\ &= (-25q+20)p + 10q + 20 \end{aligned} \tag{7.1}$$

となる．(7.1) 式において，$-25q+20>0$ である場合，すなわち $q<4/5$ であれば，p が大きいほど u_{A} は大きくなるので，A 社は $p=1$ とする，すなわち品質向上が最適反応戦略である．$q>4/5$ であれば，p が大きいほど u_{A} は小さくなるので，A 社は $p=0$ とする，すなわち料金値下げが最適反応戦略である．$q=4/5$ であれば，p にかかわらず，$u_{\mathrm{A}}=28$ となる．

B 社の利得の期待値 u_{B} は

$$\begin{aligned} u_{\mathrm{B}} &= 35pq + 20p(1-q) + 20(1-p)q + 40(1-p)(1-q) \\ &= (35p-20)q - 20p + 40 \end{aligned} \tag{7.2}$$

となる．(7.2) 式において，$35p-20>0$ である場合，すなわち $p>4/7$ であれば，q が大きいほど u_{B} は大きくなるので，B 社は $q=1$ とする，

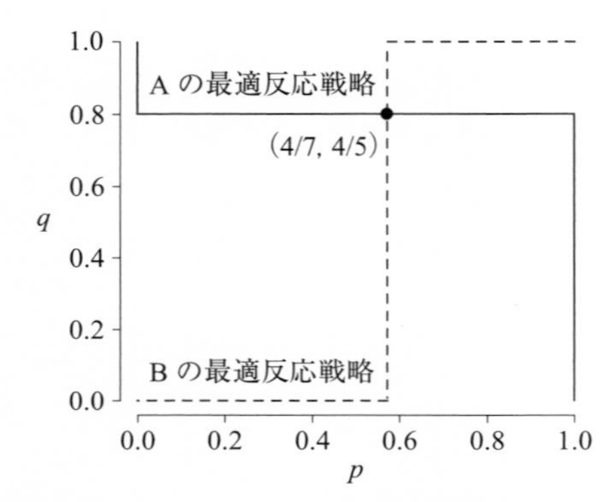

図 7.2 A 社，B 社の最適反応戦略の動き

すなわち品質向上が最適反応戦略である．$p < 4/7$ であれば，q が大きいほど u_{B} は小さくなるので，B 社は $q = 0$ とする，すなわち料金値下げが最適反応戦略である．$p = 4/7$ であれば，q にかかわらず，$u_{\mathrm{B}} \simeq 28.6$ となる．A 社，B 社の最適反応戦略の動きをまとめると図 7.2 のようになる．これらからわかるように，$p = 4/7$，$q = 4/5$ の時のみ互いの最適反応戦略が均衡する．

確率的に行動する戦略を**混合戦略**と呼ぶ．一方，確定的に一つの行動を選択する戦略を**純粋戦略**と呼ぶ．混合戦略まで含めればナッシュ均衡解は必ず存在する．

7.4 マクシミン戦略

自分の利得を相手が最小化するものとして，想定される最小の利得が最大になる戦略をマクシミン（maxmin）**戦略**と呼ぶ．マクシミン戦略はリスクを最小にする戦略と解釈できる．

7.2 節で取り上げたゲームをマクシミン戦略に基づいて考えてみよう．まず，A 社の立場で考える．A 社が品質向上を選択した場合，B 社は A

社の利得が小さい料金値下げを選択し，この場合のA社の利得は30である．A社が料金値下げを選択した場合，B社はA社の利得が小さい料金値下げを選択し，この場合のA社の利得は20である．したがって，A社は品質向上を選択すると利得は30以上，料金値下げを選択すると利得は20以上になるので，A社は利得の最小値がより大きくなる品質向上を選択する．

次に，B社の立場で考える．B社が品質向上を選択した場合，A社はB社の利得が小さい料金値下げを選択し，この場合のB社の利得は35である．B社が料金値下げを選択した場合，A社はB社の利得が小さい料金値下げを選択し，この場合のB社の利得は25である．したがって，B社は品質向上を選択すると35以上，料金値下げを選択すると25以上の利得となるので，B社は利得の最小値がより大きくなる品質向上を選択する．

以上より，両社とも品質向上戦略を選択するのがマクシミン戦略によるこのゲームの解である．この例から明らかなように，一般にマクシミン戦略による解はナッシュ均衡解と一致しない．相手がマクシミン戦略をとることがわかっていれば，自分がマクシミン戦略をとるより大きな利得が得られる戦略が存在することがある（各自確認せよ）．

7.5 2人定和ゲーム

自分と相手の利得の和が一定のゲームを**2人定和ゲーム**，自分と相手の利得の和が常に0となるゲームを**2人ゼロ和ゲーム**と呼ぶ．例えば，じゃんけんは，勝ち，あいこ，負けの利得を各々1，0，-1とおけば2人ゼロ和ゲームである．2人定和ゲームと2人ゼロ和ゲームは利得の原点が異なるだけで数学的には同等のゲームである．

表 7.3　2 人定和ゲーム

		B 社	
		品質向上	料金値下げ
A 社	品質向上	(30, 30)	(40, 20)
	料金値下げ	(20, 40)	(30, 30)

7.5.1　2 人定和ゲームとマクシミン戦略

2 人定和ゲームにおいてはマクシミン戦略により得られる解がナッシュ均衡解と一致することが知られている．また，例 1 の利得行列を表 7.3 のように変えたゲームを考えてみよう．このゲームはいずれの戦略の組み合わせでも両社の利得の和が 60 であるので，2 人定和ゲームである．

まず，マクシミン戦略に基づいて解を求める．A 社が品質向上を選択すると，最小の利得は 30，料金値下げを選択すると最小の利得は 20 なので，A 社は最小の利得が大きい品質向上を選択する．一方，B 社が品質向上を選択すると，最小の利得は 30，料金値下げを選択すると最小の利得は 20 なので，B 社は最小の利得が大きい品質向上を選択する．以上により，両社とも品質向上を選択するのがマクシミン戦略に基づくゲームの解である．

マクシミン戦略に基づくゲームの解から，A 社のみが料金値下げに戦略を変更しても A 社の利得は大きくならない．また，B 社のみが料金値下げに戦略を変更しても B 社の利得は大きくならない．したがって，マクシミン戦略に基づくゲームの解がナッシュ均衡解になっていることがわかる（他の戦略の組み合わせがナッシュ均衡解になっていないことは各自確かめよ）．

7.5.2　混合戦略

マクシミン戦略に関しても混合戦略を考えることができる．次の問題について考えてみよう．

例2：サッカーのペナルティキック

サッカーのペナルティキック（PK）では，キッカーはゴールの右隅か左隅に狙いをつけてボールを蹴る．ゴールキーパー（GK）はキッカーがボールを蹴る方向を予想して飛び，ゴールを防ごうとする．キッカーの利得はゴールする確率，GKの利得はゴールしない確率とする．キッカーの蹴る方向およびGKの飛ぶ方向の組み合わせごとのゴールする確率は下表のとおりである．ただし，GKの飛ぶ方向はキッカーから見た方向である．

		GK 右に飛ぶ	GK 左に飛ぶ
キッカー	右に蹴る	0.4	0.9
キッカー	左に蹴る	0.8	0.4

このゲームは明らかに2人定和ゲームである．まず，キッカーの立場で考える．キッカーが右に蹴る確率をpとおく．GKが右および左に飛んだ時のゴールする確率の期待値は各々，

$$0.4p + 0.8(1-p) = -0.4p + 0.8, \tag{7.3}$$

$$0.9p + 0.4(1-p) = 0.5p + 0.4 \tag{7.4}$$

となる．これらを図示すると図7.3（a）のようになる．(7.3)式の値と(7.4)式の値のうち小さい方の値が最大になるのは，両式の値が等しい時であり，

$$-0.4p + 0.8 = 0.5p + 0.4$$

を解いて，$p = 4/9 \simeq 0.44$を得る．この時のゴールする確率は$-0.4p +$

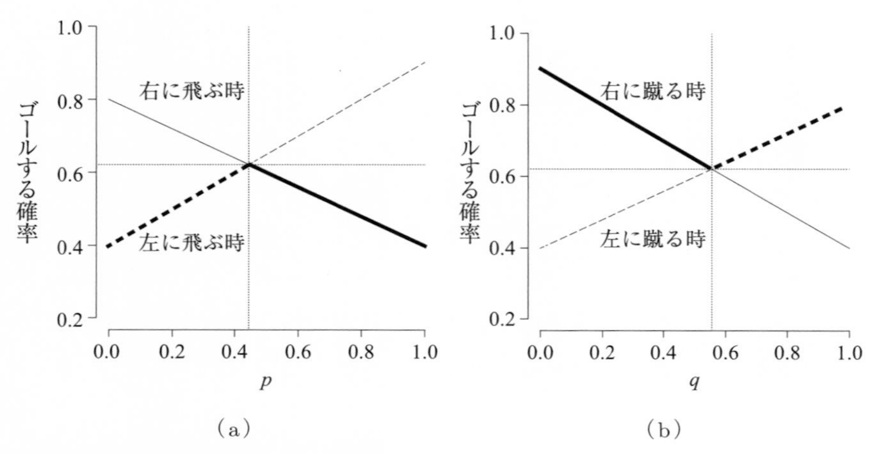

図 7.3 PK における混合戦略
(a) キッカーのマクシミン戦略 (b) GK のミニマックス戦略

$0.8 \simeq 0.62$ である．

次に，GK の立場で考える．GK が右に飛ぶ確率を q とおく．キッカーが右および左に蹴った時のゴールする確率の期待値は各々，

$$0.4q + 0.9(1 - q) = -0.5q + 0.9, \tag{7.5}$$

$$0.8q + 0.4(1 - q) = 0.4q + 0.4 \tag{7.6}$$

となる．これらを図示すると図 7.3 (b) のようになる．(7.5) 式の値と (7.6) 式の値のうち大きい方の値が最小になるのは，両式の値が等しい時であり，

$$-0.5q + 0.9 = 0.4q + 0.4$$

を解いて，$q = 5/9 \simeq 0.56$ を得る．この時のゴールする確率も $-0.5q + 0.9 \simeq 0.62$ で，キッカーのマクシミン戦略に基づくゴールの確率と一致

する．GK のマクシミン戦略をキッカーの利得で考えるとミニマックス（minmax）戦略となる．一般に 2 人定和ゲームにおいて，一方のプレイヤーがマクシミン戦略をとり，もう一方のプレイヤーがミニマックス戦略をとった時の利得は一致する．

参考文献

1)　武藤滋夫（2001）『ゲーム理論入門』，日本経済新聞社．
数式を極力用いない入門書．

2)　渡辺隆裕（2004）『ゲーム理論』，ナツメ社．
文献 1）と似たコンセプトの入門書．電子書籍（Kindle）版が入手しやすい．

3)　岡田章（2008）『ゲーム理論・入門』，有斐閣．
文献 1）と似たコンセプトの入門書．紙版は販売されていないようだが，電子書籍（Kindle）版が販売されている．

4)　岡田章（2011）『ゲーム理論　新版』，有斐閣．
初版（1996 年刊行）はレベルの高いゲーム理論の教科書として高く評価されていた．新版は新しいトピックが加えられている．

演習問題 7

7.1 (A)　囚人のジレンマ

共同で重罪を犯したと思われる 2 人の容疑者 A と B が別件で捕まった．肝心の重罪の証拠はほとんどなく，容疑者は 2 人とも完全黙秘している．そこで警察は容疑者 A と B を順に訪れ，司法取引をもちかけた．司法取引の内容は以下のとおりである．

1）容疑者が2人とも黙秘するなら，2人とも懲役2年とする．

2）一方の容疑者が自白し，もう一方の容疑者が黙秘するなら，自白した容疑者は無罪釈放し，黙秘した容疑者は懲役10年とする．

3）容疑者が2人とも自白するなら，2人とも懲役5年とする．

各容疑者は，懲役を短くするために黙秘すべきか，それとも自白すべきか．

7.2 (A)　合理的なブタ

大きなブタと小さなブタが1匹ずつ同じ小屋に入っている．どちらかのブタが，給餌箱から少し離れたところにあるボタンを鼻で押すと，餌箱から餌が出てくる．小さなブタがボタンを押すと，大きなブタが餌をほとんど食べてしまい，小さなブタはボタンを押しに動くだけ余計に体力を消耗してしまう．大きなブタがボタンを押すと，小さなブタも餌を半分近く食べることができる．利得行列は以下のとおりである．ブタはどう振る舞うか．

		小さなブタ	
		押す	待つ
大きなブタ	押す	(7, 3)	(5, 4)
	待つ	(9, −1)	(0, 0)

7.3 (A)　チキンゲーム

崖に向かって車を猛スピードで走らせ，先に車を止めた方が臆病者とされる度胸試しで，臆病者とされるのは避けたいが，崖から落ちてしまってはそれどころでない．利得行列は以下のようになる．

プレイヤー B

		突進	止まる
プレイヤー A	突進	$(-3, -3)$	$(2, 0)$
	止まる	$(0, 2)$	$(1, 1)$

ナッシュ均衡解とマクシミン戦略に基づく解を求めよ．

8 ゲーム理論：協調と競合の数理（2）

《目標&ポイント》 本章では，繰り返しのあるゲームを中心にゲーム理論の初歩的な事項について解説する．また，ゲーム理論の応用として，ゲーム理論によるオークションの分析例を示す．
《キーワード》 展開型ゲーム，先読み推論（逆向き推論），繰り返しゲーム，協調，オークション

8.1 マクシミン戦略と線形最適化法

7.5.2 項では 2 人のプレイヤーが各々 2 種類の戦略を持つゲームのマクシミン戦略に基づく解を求めたが，線形最適化法を用いれば戦略の数にかかわらず解を求めることができる．2 人定和ゲームについて考える．プレイヤー A は m 種類の戦略を持ち，各戦略を選択する確率分布を $p = (p_1, p_2, \cdots, p_m)$ とする．p は確率分布であることから，$p_1, p_2, \cdots, p_m \geq 0$，$p_1 + p_2 + \cdots + p_m = 1$ を満たす．プレイヤー B は n 種類の戦略を持ち，各戦略を選択する確率分布を $q = (q_1, q_2, \cdots, q_n)$ とする．q も同様に $q_1, q_2, \cdots, q_n \geq 0$，$q_1 + q_2 + \cdots + q_n = 1$ を満たす．また，プレイヤー A から見た利得行列を表 8.1 に示すものとする．

プレイヤー A の立場から考える．プレイヤー B が戦略 j を選択している時，プレイヤー A の利得の期待値は

$$a_{1j}p_1 + a_{2j}p_2 + \cdots + a_{mj}p_m$$

である．プレイヤー B が各戦略 $j = 1, 2, \cdots, n$ を選択している時のプレ

表 8.1　プレイヤー A の利得行列

	プレイヤー B			
プレイヤー A	a_{11}	a_{12}	$\cdots$	a_{1n}
	a_{21}	a_{22}	$\cdots$	a_{2n}
	$\vdots$	$\vdots$	$\ddots$	$\vdots$
	a_{m1}	a_{m2}	$\cdots$	a_{mn}

イヤー A の利得の期待値のうち最小値を λ とおくと，

$$
\begin{aligned}
a_{11}p_1 + a_{21}p_2 + \cdots + a_{m1}p_m &\geq \lambda, \\
a_{12}p_1 + a_{22}p_2 + \cdots + a_{m2}p_m &\geq \lambda, \\
&\vdots \\
a_{1n}p_1 + a_{2n}p_2 + \cdots + a_{mn}p_m &\geq \lambda
\end{aligned}
$$

が成り立つ．マクシミン戦略は利得の期待値の最小値を最大にする戦略であるから，次の線形最適化問題として定式化できる．

$$
\begin{aligned}
\text{最大化}\quad & \lambda \\
\text{制約}\quad & a_{11}p_1 + a_{21}p_2 + \cdots + a_{m1}p_m \geq \lambda \\
& a_{12}p_1 + a_{22}p_2 + \cdots + a_{m2}p_m \geq \lambda \\
& \qquad\vdots \\
& a_{1n}p_1 + a_{2n}p_2 + \cdots + a_{mn}p_m \geq \lambda \\
& p_1 + p_2 + \cdots + p_m = 1 \\
& p_1, p_2, \cdots, p_m \geq 0
\end{aligned}
\tag{8.1}
$$

今度はプレイヤー B の立場から考える．2 人定和ゲームなので，プレイヤーBはプレイヤーAの利得が最小になるようにミニマックス戦略をとる．プレイヤーAが戦略 i を選択している時，プレイヤーAの利得の期待値は

$$a_{i1}q_1 + a_{i2}q_2 + \cdots + a_{in}q_n$$

である．プレイヤーAが各戦略 $i = 1, 2, \cdots, m$ を選択している時のプレイヤーAの利得の期待値のうち最大値を σ とおくと，

$$\begin{gathered} a_{11}q_1 + a_{12}q_2 + \cdots + a_{1n}q_n \leq \sigma, \\ a_{21}q_1 + a_{22}q_2 + \cdots + a_{2n}q_n \leq \sigma, \\ \vdots \\ a_{m1}q_1 + a_{m2}q_2 + \cdots + a_{mn}q_n \leq \sigma \end{gathered}$$

が成り立つ．ミニマックス戦略は相手の利得の期待値の最大値を最小にする戦略であるから，次の線形最適化問題として定式化できる．

$$\begin{array}{rl} \text{最小化} & \sigma \\ \text{制約} & a_{11}q_1 + a_{12}q_2 + \cdots + a_{1n}q_n \leq \sigma \\ & a_{21}q_1 + a_{22}q_2 + \cdots + a_{2n}q_n \leq \sigma \\ & \qquad\qquad \vdots \\ & a_{m1}q_1 + a_{m2}q_2 + \cdots + a_{mn}q_n \leq \sigma \\ & q_1 + q_2 + \cdots + q_n = 1 \\ & q_1, q_2, \cdots, q_n \geq 0 \end{array} \tag{8.2}$$

7.5.2 項で，一般に2人定和ゲームにおいて，一方のプレイヤーがマクシミン戦略をとり，もう一方のプレイヤーがミニマックス戦略をとった時

表 8.2　ゲームの利得行列（表 7.1 の再掲）

		B 社	
		品質向上	料金値下げ
A 社	品質向上	(40, 45)	(30, 50)
	料金値下げ	(50, 35)	(20, 25)

の利得は一致すると述べたように，(8.1) 式の λ の最大値と (8.2) 式の σ の最小値は一致する．

8.2 展開型ゲーム

7.2 節で取り上げたゲームの利得行列を表 8.2 に再掲する．このゲームのナッシュ均衡解は，一方が品質向上，もう一方が料金値下げを選択する戦略の組み合わせである．

ここでは，A 社と B 社が順番に行動する展開型ゲームについて考える．展開型ゲームはゲームの木で表すことができる．一般に**木**とは閉路を含まないグラフのことで，**閉路**とはある点から出発して，再びその点に戻ってくるような経路のことである．ゲームの木の末尾の点はゲームの結果を示す終点で，それ以外の点は特定のプレイヤーが行動を選択する箇所を示す**意思決定点**である．意思決定点は**手番**と呼ばれることもある．枝は意思決定点から各プレイヤーの選択可能な行動ごとに伸びて，次の意思決定点あるいは終点に至る．

図 8.1 は A 社が先に行動するゲームの木である．一番左の点は A 社の意思決定点で，A 社は品質向上か料金値下げを選択する．左から 2 番目の 2 個の点は B 社の意思決定点である．B 社の 2 個の意思決定点のうち上の点では，A 社が品質向上を選択した場合に B 社が品質向上か料金値下げを選択する．下の点では，A 社が料金値下げを選択した場合に B 社が品質向上か料金値下げを選択する．一番右の点は終点で，B 社が行動

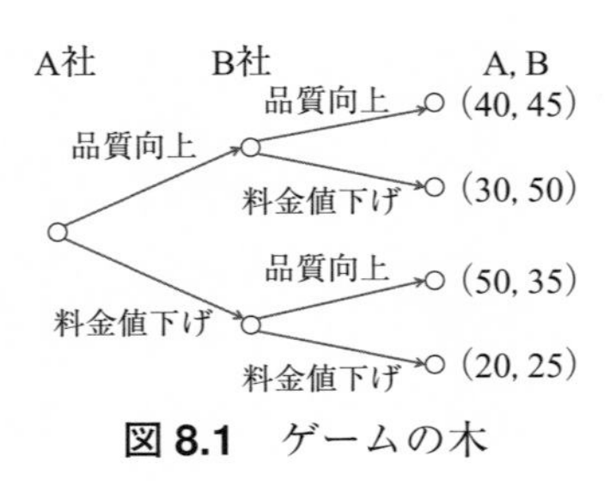

図 8.1　ゲームの木

を選択するとゲームは終わりである．終点にはプレイヤーの利得が表されている．

展開型ゲームは最後の手番から考えていく．このゲームでは A 社と B 社が 1 回ずつ行動するだけなので，B 社の手番を考える．A 社が品質向上を行ったとすると，B 社も品質向上を行うと利得は 45，B 社は料金値下げを行うと利得は 50 であるから，B 社は料金値下げを選択する（図 8.2（a）の上半分）．A 社が料金値下げを行ったとすると，B 社が品質向上を行うと利得は 35，B 社も料金値下げを行うと利得は 25 であるから，B 社は品質向上を選択する（図 8.2（a）の下半分）．B 社は A 社が選択した行動を知ってから行動を選択すればよい．

次に，A 社の手番を考える．A 社が品質向上を行うと，B 社は料金値下げを行うことから，A 社の利得は 30 になる．A 社が料金値下げを行うと，B 社は品質向上を行うことから，A 社の利得は 50 になる．したがって，A 社は料金値下げを選択する（図 8.2（b））．

以上により，A 社が料金値下げ，B 社が品質向上を行い，その結果 A 社は 50，B 社は 35 の利得となる（図 8.2（c））．この解は表 8.2 の利得行列で表される標準型ゲームのナッシュ均衡解の 1 つと一致する．このゲームを B 社が先に選択を行うように変更すると，この場合も標準型ゲームのナッシュ均衡解の 1 つと一致する（各自確認せよ）．このように最後の

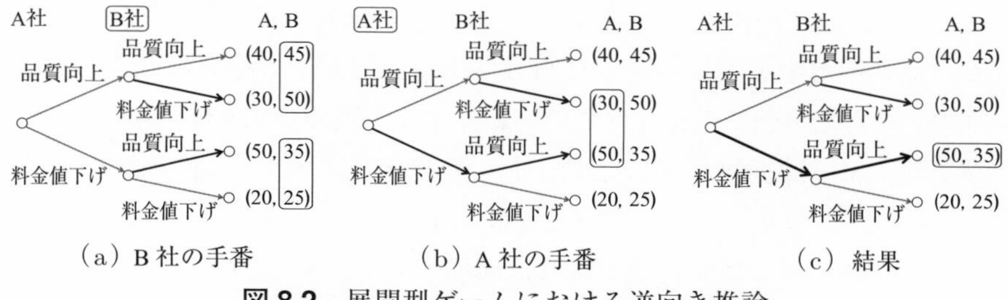

図 8.2　展開型ゲームにおける逆向き推論

表 8.3　囚人のジレンマの利得行列

		プレイヤー B	
		協調	裏切り
プレイヤー A	協調	(6, 6)	(1, 9)
	裏切り	(9, 1)	(3, 3)

手番からプレイの順序とは逆に考えて，解を導出する方法を先読み推論あるいは逆向き推論（backward induction）と呼ぶ.

8.3 繰り返し囚人のジレンマゲームと協調行動

8.3.1　有限回繰り返しゲーム

演習問題 7.1 で取り上げた囚人のジレンマゲームについて再度考える．ここでは少し一般化して，プレイヤーの戦略は協調と裏切りとして，利得行列を表 8.3 に示すとおりとする．このゲームは両プレイヤーとも裏切るのが支配戦略であるので，両者とも利得は 3 である．しかし，この結果は両者が協調する時の利得よりも小さくなってしまう．協調はインセンティブやペナルティを設けてゲームを変えない限り生じない.

ここでは，ゲームを繰り返し行うことを考える．2 回ゲームを繰り返すとする．2 回目のゲームでは，1 回目のゲームの結果が既に出ているので，2 回目のゲームを単独で考えればよい．そうなると裏切りが支配戦略なので，両プレイヤーは裏切る．1 回目のゲームでは，1 回目のゲームでいかなる戦略を選択しても 2 回目は両者裏切りを選択するので，1 回目のゲームを単独で考えればよい．そうなると裏切りが支配戦略なので，両プレイヤーは裏切る．したがって，囚人のジレンマを 2 回繰り返しても，裏切りが繰り返されるだけである．繰り返しを 3 回にしても 10 回にしても，繰り返し数が有限であれば同様である．

8.3.2 無限回繰り返しゲームと割引因子

今度は，無限回ゲームを繰り返すことを考える．無限回繰り返すことは現実的でないが，何回も繰り返し，プレイヤーがゲームの終わりがいつかわからず，逆向き推論ができない状況を無限回の繰り返しゲームで近似的に表現している．無限回繰り返しゲームで，毎回の利得を a とすると，利得の和は $a+a+a+\cdots$ で発散する．

利得の和が発散すると数学的に扱いにくいので，経済学では未来の利得を現在評価する時には，現在の利得より割り引いて評価することが多い．**割引因子**あるいは**割引率** δ $(0 \leq \delta < 1)$ を導入して，毎回の利得を a とする無限回繰り返しゲームにおける割引利得の総和，

$$a + a\delta + a\delta^2 + \cdots = \frac{a}{1-\delta} \tag{8.3}$$

を無限回繰り返しゲームの評価値としようというものである [1)]．

未来の利得を割り引く理由は数学的な扱いの都合だけではない．例えば，現在 a 円を得てそれを年利 r（複利）の口座に預金すれば，n 年後には $a(1+r)^n$ 円になる．したがって，n 年後に得る a 円は現在得る a 円より割り引いて考えるほうが妥当である．利息分を割り引くと，n 年後の a 円は現在の $a/(1+r)^n$ 円と等価になる．

---

1) (8.3) 式は等比数列に関する以下の公式より得られる．初項 r_0，公比 r $(\fallingdotseq 1)$ の等比数列 $r_0, r_0 r, r_0 r^2, \cdots, r_0 r^{n-1}$ の和 S_n は $S_n = \dfrac{r_0(1-r^n)}{1-r}$．$0 \leq r < 1$ の時，$\lim_{n\to\infty} S_n = \dfrac{r_0}{1-r}$．

8.3.3　トリガー戦略と協調の出現

最初は協調し，相手が協調する限り協調を続けるが，相手が一度でも裏切るとそれ以降裏切り続ける戦略をトリガー戦略と呼ぶ．無限回繰り返し囚人のジレンマゲームで，両プレイヤーがトリガー戦略を選択すると，両者は協調を続けるので，割引利得の総和は，

$$6 + 6\delta + 6\delta^2 + \cdots = \frac{6}{1-\delta} \tag{8.4}$$

である．一方が裏切り戦略でもう一方がトリガー戦略であると，最初は一方が協調で一方が裏切り，2 回目以降は両者が裏切り続けるので，割引利得の総和は各々，

$$9 + 3\delta + 3\delta^2 + \cdots = 9 + \frac{3\delta}{1-\delta} = \frac{9-6\delta}{1-\delta}, \tag{8.5}$$

$$1 + 3\delta + 3\delta^2 + \cdots = 1 + \frac{3\delta}{1-\delta} = \frac{1+2\delta}{1-\delta} \tag{8.6}$$

となる．

トリガー戦略同士のゲームにおけるプレイヤーの割引利得の総和が，一方が裏切り戦略でもう一方がトリガー戦略のゲームにおける裏切り戦略のプレイヤーの割引利得の総和と同等以上であれば，プレイヤーは裏切らず協調し続ける．その条件は，(8.4) 式と (8.5) 式を比較して，

$$\frac{6}{1-\delta} \geq \frac{9-6\delta}{1-\delta}$$

が成り立つことである．すなわち，$\delta \geq 1/2$ であれば，裏切ることにより割引利得の総和は大きくならないので，両者がトリガー戦略を選択することがナッシュ均衡解になる．一方，$\delta < 1/2$ であれば，裏切ることによ

り割引利得の総和は大きくなる．すなわち，裏切りによる短期的な利得の増加が長期的な利得の損失より大きくなれば裏切る．

この例は，囚人のジレンマゲームを無限回繰り返しゲームにすると，プレイヤーは自らの割引利得の総和を最大にするように利己的に振る舞っているにもかかわらず，協調的な行動が現れることがあることを示している．有限回繰り返しゲームでは協調的な行動がまったく現れなかったことと比較すると一層興味深い．

8.4 オークション

オークションの方式（プロトコル）には様々なものがある．魚市場やオークションハウスで行われる，価格が競り上がっていくイングリッシュオークション，バナナの叩き売りや花市場で行われる，価格が下がっていくダッチオークションは，入札が繰り返し行われ，入札額が公開される公開オークションである．

裁判所の不動産競売などでは，入札者が入札額を封印して入札し，他の入札者の価格はわからない封印入札である．最高額入札者が落札する．落札者の入札額で売買が行われるファーストプライス・オークションが一般的であるが，2 番目の入札額で売買が行われるセカンドプライス・オークションというプロトコルもある．

まず，セカンドプライス・オークションについて考えてみよう．自分は財を v_{A} と評価しているとする．入札額を v_{A} より小さい x_{AL}，v_{A}，v_{A} より大きい x_{AH} に分けて，他に最高額をつけている相手の入札額 x_{B} による利得の変化を表 8.4 に示す．セカンドプライス・オークションでは，入札者は自分の評価値で入札すれば，相手の入札額にかかわらず，他の戦略と同等以上の利得になる．

次にイングリッシュオークションについて考えてみよう．互いに相手

表 8.4　セカンドプライス・オークションの利得行列

自分の入札額 ＼ 相手の入札額 x_B	$x_B < x_{AL}$	$x_{AL} < x_B < v_A$	$v_A < x_B < x_{AH}$	$x_{AH} < x_B$
$x_{AL} < v_A$	$v_A - x_B$	0	0	0
v_A	$v_A - x_B$	$v_A - x_B$	0	0
$x_{AH} > v_A$	$v_A - x_B$	$v_A - x_B$	$-(x_B - v_A)$	0

表 8.5　イングリッシュオークションの利得行列

自分の入札額 ＼ 他者が入札を降りる最高額 x_B	$x_B < x_{AL}$	$x_{AL} < x_B < v_A$	$v_A < x_B < x_{AH}$	$x_{AH} < x_B$
$x_{AL} < v_A$	$v_A - x_B - \Delta$	0	0	0
v_A	$v_A - x_B - \Delta$	$v_A - x_B - \Delta$	0	0
$x_{AH} > v_A$	$v_A - x_B - \Delta$	$v_A - x_B - \Delta$	$-(x_B - v_A) - \Delta$	0

よりわずかに高い金額で入札を繰り返し，自分の設定した入札額の上限を超えた時点で入札を降りる．最高額の入札者が落札して，落札者の入札額で購入するファーストプライス・オークションである．

自分は財を v_A と評価しているとする．入札が続いた場合に自分が降りる額を v_A より小さい x_{AL}，v_A，v_A より大きい x_{AH} に分けて，自分以外で入札を降りる最高額 x_B による利得の変化を表 8.5 に示す．ここで，Δ は相手の入札額よりわずかに積み上げた金額を表している．

イングリッシュオークションにおいて，自分が財につけた評価値 v_A に達した時に降りるのが，相手の戦略にかかわらず，他の戦略と同等以上の利得になる．つまり，自分が財につけた評価値 v_A に達するまで入札を続け，入札額が v_A を超えたら降りるのが最適な戦略である．自分が落札した場合の購入額は 2 番目に高い入札額 x_B とほぼ同じで，$x_B + \Delta$ である．

以上の分析から，イングリッシュオークションとセカンドプライス・

オークションではほぼ同じ購入額になることがわかる．また，両プロトコルとも入札者が相手の戦略を気にせず最適な戦略を選択できる，すなわち支配戦略があるという好ましい性質を備えている．オークションのプロトコルには不正行為の影響を受けないなど他にも望まれる性質があり，より望ましいオークションのプロトコルを設計する研究が盛んに行われている．ゲーム理論はオークションの理論的基盤として欠かせないツールである．

8.5 まとめ

前章と本章では完備情報の下での非協力ゲームの理論の初歩と応用例を解説した．本書で紹介できたのはゲーム理論の一端に過ぎない．ゲーム理論の詳細や応用に関しては参考文献を参照されたい．

参考文献

1) R. アクセルロッド（松田裕之訳）(1998)『つきあい方の科学：バクテリアから国際関係まで』，ミネルヴァ書房．
8.3 節では取り上げられなかった，有名な「繰り返し囚人のジレンマゲームのコンピュータ選手権」など協調の成立に関して論じている．
2) 横尾真（2006)『オークション理論の基礎：ゲーム理論と情報科学の先端領域』，東京電機大学出版局．
オークション理論を平易に解説している．

演習問題 8

8.1 (A)　7.5.2 項で取り上げた PK ゲームを線形最適化問題として定式化せよ．

8.2 (A)　3 人のプレイヤー A，B，C が順番に 1 回ずつカードの表か裏を出すゲームを考える．ゲームの木は下図のとおりである．各プレイヤーはどのように振る舞うべきか．

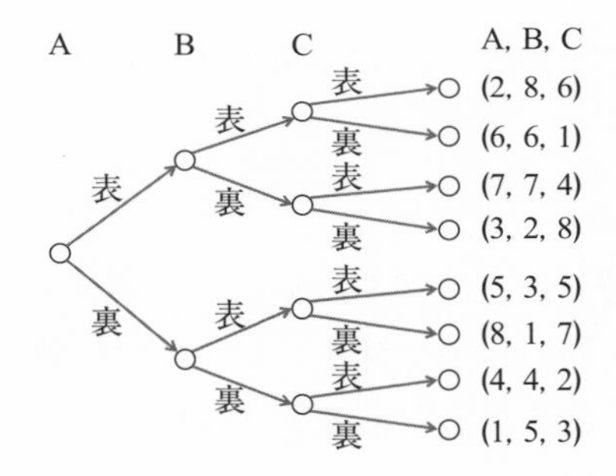

8.3 (A)　下表の利得行列を持つ囚人のジレンマゲームを無限回繰り返す時，両プレイヤーがトリガー戦略を選択してナッシュ均衡解になるための割引率の範囲を求めよ．

		プレイヤー B	
		協調	裏切り
プレイヤー A	協調	(5, 5)	(0, 7)
	裏切り	(7, 0)	(1, 1)

9 統計的決定：不確実状況下での決定

《目標＆ポイント》 現実世界では，決定に関わる状況に不確実性が伴うことが多い．不確実性が伴う状況で合理的に決定を行うためには，統計的なアプローチが必要である．本章では，統計的決定法として期待効用最大化原理について解説する．続いて，パタン認識と信号の検出について統計的決定の観点から解説する．
《キーワード》 効用，主観確率，期待効用最大化原理，パタン認識，信号検出理論

意思決定を行う時に決定に関わる状況に不確実性が伴うことが多い．天候，為替の変動，取引相手やライバル会社の行動，成員の能力，売上等々，意思決定に影響を与える不確実性は枚挙にいとまがない．このような不確実性が伴う状況において，合理的に決定を行うためには統計的な考え方が有効である．

9.1 期待効用最大化原理

9.1.1 期待効用最大化に基づく決定

例 1：

これから出かけるが，出かけている間に雨が降る確率が 50% である．傘を持たずに出かけて雨に降られるのは最悪だが，傘を持って出かけて，雨が降らないのは不愉快である．

意思決定により起こった結果の望ましさを数値化したものを効用

と呼ぶ．意思決定の結果に対する効用は以下のとおりとする．

- 傘を持って外出して，雨が降った場合の効用は 40
- 傘を持って外出して，雨が降らなかった場合の効用は 20
- 傘を持たずに外出して，雨が降った場合の効用は 0
- 傘を持たずに外出して，雨が降らなかった場合の効用は 100

傘を持って出かけるべきか，傘を持たずに出かけるべきか．

例 1 の行動と結果の関係を表すために図 9.1 に示す**決定木**が用いられる[1]．決定木は展開型ゲームをゲームの木で表すのと似た要領で意思決定を表すことができる．図中の□は**決定ノード**と呼ばれ，意思決定者が行動を選択する．◯は**チャンスノード**と呼ばれ，起こり得る状態のどれかが確率的に起こり，どの状態が起こるかには意思決定者は関与できない．チャンスノードから出る枝にはその状態が起こる確率を記す．決定木の末端は**結果ノード**と呼ばれ，決定の結果と効用を記す．

天気は意思で動かすことはできず，雨が降るか否かについて事前には確率的にしかわからない．意思決定において，起こり得る結果の効用をその結果が起こる確率で重みづけして，各行動を選択した時の効用の期待値である**期待効用**を計算し，期待効用が最大になる行動を選択するのが**期待効用最大化原理**と呼ばれる戦略である．期待効用最大化原理は数

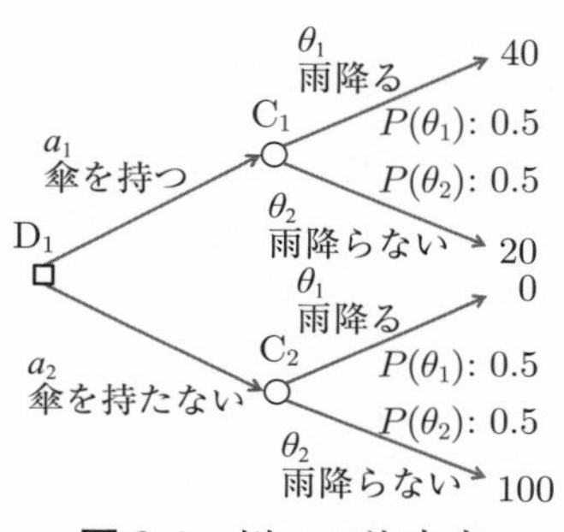

図 9.1　例 1 の決定木

1)　英語の Decision Tree をそのまま用いてディシジョントゥリーと呼ばれることも多い．

理的に合理的であることが示されている．ただし，期待効用最大化が合理的であるためにはいくつか前提条件がある．それらの前提条件については後で説明することにして，まずはこの問題の期待効用を求めてみよう．

傘を持って出かけること（a_1）を選択した時，雨が降る（θ_1）と，その結果 $y(a_1, \theta_1)$ の効用 $U(y(a_1, \theta_1))$ は 40 で，雨が降る確率 $P(\theta_1)$ は 0.5 である．雨が降らない（θ_2）と，その結果 $y(a_1, \theta_2)$ の効用 $U(y(a_1, \theta_2))$ は 20 で，雨が降らない確率 $P(\theta_2)$ は 0.5 である．これらのことから，傘を持って出かける（a_1）を選択した時の期待効用は，

$$
\begin{aligned}
\mathrm{E}[U(y(a_1, \theta_*))] &= P(\theta_1)U(y(a_1, \theta_1)) + P(\theta_2)U(y(a_1, \theta_2)) \\
&= 0.5 \times 40 + 0.5 \times 20 = 30
\end{aligned}
$$

である．ここで，θ_* は行動 a_1 をとった場合に起こり得る状態のすべてを表す．

同様に，傘を持たずに出かけること（a_2）を選択した時，雨が降る（θ_1）と，その結果 $y(a_2, \theta_1)$ の効用 $U(y(a_2, \theta_1))$ は 0 で，雨が降る確率 $P(\theta_1)$ は 0.5 である．雨が降らない（θ_2）と，その結果 $y(a_2, \theta_2)$ の効用 $U(y(a_2, \theta_2))$ は 100 で，雨が降らない確率 $P(\theta_2)$ は 0.5 である．これらのことから，傘を持たずに出かける（a_2）を選択した時の期待効用は，

$$
\begin{aligned}
\mathrm{E}[U(y(a_2, \theta_*))] &= P(\theta_1)U(y(a_2, \theta_1)) + P(\theta_2)U(y(a_2, \theta_2)) \\
&= 0.5 \times 0 + 0.5 \times 100 = 50
\end{aligned}
$$

である．したがって，傘を持たずに出かけるのが期待効用を最大にする決定である．

例 2：多段階決定

資源の採掘に成功したら，1000 億円の収入を得るが，資源の採掘を断念したら，200 億円のペナルティを支払わなければならない．

- 採掘法 A は 400 億円の費用がかかり，採掘成功の確率は 0.7 である．
- 採掘法 B は 500 億円の費用がかかり，採掘成功の確率は 0.9 である．
- 採掘法 A に失敗してから採掘法 B を採用することができる．その場合，採掘法 B の発掘成功の確率は 0.9 である．
- 採掘法 A に失敗してから再度採掘法 A を採用しても成功しない．
- 採掘法 B に失敗してから，採掘法 A を採用しても再度採掘法 B を採用しても成功しない．

このような条件の下で，どのような採掘を行えばよいか．

この問題では，まず費用の安い採掘法 A を採用して，失敗したら採掘法 B を採用するという選択肢が存在するので，2 段階の決定問題と言える．2 段階以上の多段階決定問題でも，図 9.2 に示すように決定木で表現することができる（D_1 と D_2 の 2 つの決定ノードを持つ）．

このように多段階の決定を含む問題を解くには，展開型ゲームを先読み推論で解くのと同様に，末尾から逆向きに解いていく．この問題では，決定ノード D_2 から考える．決定ノード D_2 には，採掘法 A で採掘に失敗した結果至るが，それまでの経緯とは独立に考える．採掘を断念した（a_3）場合には 200 億円のペナルティを支払う．採掘法 B を採用（a_4）すれば，さらに 500 億円の費用を支払うが，採掘に成功（θ_3）すれば 1000 億円の収入を得て，成功の確率は 0.9 である．採掘法 B でも採掘に失敗

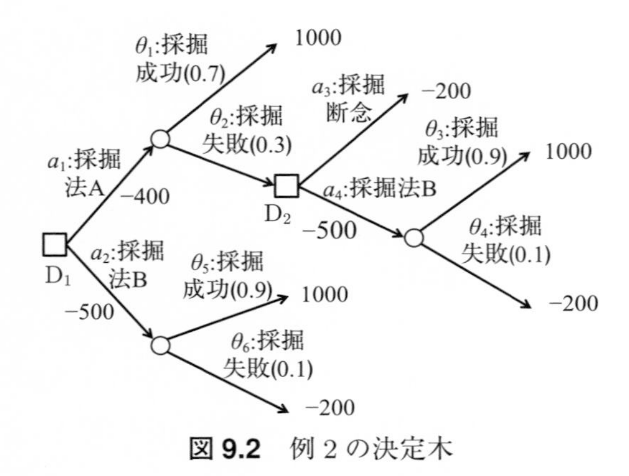

図 9.2　例 2 の決定木

(θ_4) すれば，ペナルティ 200 億円を支払う．したがって，決定ノード D_2 において採掘法 B を採用した場合の期待効用は，

$$\begin{aligned}\mathrm{E}[U(y(a_4,\theta_*)|\mathrm{D}_2)] &= P(\theta_3)U(y(a_4,\theta_3)) + P(\theta_4)U(y(a_4,\theta_4)) \\ &= 0.9\times(-500+1000) + 0.1\times(-500-200) \\ &= 380\ (\text{億円})\end{aligned}$$

となる．したがって，決定ノード D_2 において，採掘を断念するより，採掘法 B で採掘するほうが期待効用が大きい．

次に，決定ノード D_1 について考える．採掘法 A を採用（a_1）すれば，400 億円の費用を支払うが，採掘に成功（θ_1）すれば 1000 億円の収入を得て，成功の確率は 0.7 である．確率 0.3 で採掘に失敗（θ_2）するが，決定ノード D_2 において採掘法 B を採用することにより期待値として 380 億円の収入を得る．したがって，決定ノード D_1 において採掘法 A を採用した場合の期待効用は，

$$\mathrm{E}[U(y(a_1,\theta_*)|\mathrm{D}_1)] = P(\theta_1)U(y(a_1,\theta_1)) + P(\theta_2)\mathrm{E}[U(y(a_4,\theta_*)|\mathrm{D}_2)]$$

$$= 0.7 \times (-400 + 1000) + 0.3 \times (-400 + 380)$$
$$= 414 \text{（億円）}$$

となる．

決定ノード D_1 において採掘法 B を採用（a_2）した場合の期待効用は，決定ノード D_2 において採掘法 B を採用した場合の期待効用と同じ計算で，380 億円となる．したがって，最初に採掘法 A を採用し，採掘に失敗したら採掘法 B を採用するのが期待効用を最大化する．

9.1.2　選好と効用

期待効用最大化に基づく決定の例を挙げた．期待効用を最大にする決定がそれほど悪くない決定であることは直観的であるが，最適な決定であるというのは必ずしも直観的ではない．しかし，以下に挙げる仮定を満たす場合，期待効用最大化に基づく決定が最適な決定であることが数学的に証明されている [2)]．

対象の好ましさを比較するために次の記号を導入する [3)]．

$x \succeq y$　　y が x より好ましくはない

$x \sim y$　　$x \succeq y$ かつ $y \succeq x$

$x \succ y$　　$x \succeq y$ であって $y \succeq x$ でない

不確実状況下での決定であり，行動と状態は各々 2 種類以上存在することから，結果の集合は 4 つ以上の異なる結果を含むことを前提とする（**多様性公理**）．

確率 p で結果 y_1，確率 $1-p$ で結果 y_2 が起こるくじ $(y_1 : p, y_2 : 1-p)$

---

2)　以下の議論が難しければ深追いする必要はないが，ここに挙げる仮定が満たされれば，期待効用を最大化する決定が最適な決定であることが数学的に証明されるという事実は知っておくべきである．

3)　適宜 $\preceq$ や $\prec$ も使用する．

を導入する．くじ $(y_1 : p_1, y_2 : 1-p_1)$ が確率 q で起こり，くじ $(y_3 : p_2, y_4 : 1-p_2)$ が確率 $1-q$ で起こる複合的なくじも考えることができる．この複合的なくじにおける各結果とその結果が起こる確率を並べて $(y_1 : p_1 q, y_2 : (1-p_1)q, y_3 : p_2(1-q), y_4 : (1-p_2)(1-q))$ のように書くことにする．同様に，結果 $y_1, y_2, \cdots, y_n$ が各々 $p_1, p_2, \cdots, p_n$ で起こるくじを $(y_1 : p_1, y_2 : p_2, \cdots, y_n : p_n)$ と書くことにする．

すべての結果やくじ x，y，z に対して次が成り立つ（**弱順序公理**）．

反射律　$x \sim x$

推移律　$x \succeq y$，$y \succeq z$ ならば $x \succeq z$

完備性　$x \succeq y$ または $y \succeq x$ の少なくとも一方が成り立つ

これらは任意の結果やくじの間で好ましさの比較ができること，「三すくみ」のような循環が生じたりしないことを意味する．また，x，y，z の間に $x \succ y \succ z$ が成り立つならば，

$$(x : p, z : 1-p) \sim y$$

を満たす $0 < p < 1$ が存在する（**連続性の公理**）．これは効用が連続関数であることを保証するための要請により設けられた前提である．さらに，$x \sim y$ ならば，任意の z と任意の $0 \leq p \leq 1$ に対して，

$$(x : p, z : 1-p) \sim (y : p, z : 1-p)$$

が成り立つ（**独立性の公理**）．これは効用の線形性のための要請より設けられた前提である．x と y の比較は z の存在に左右されないことを意味する．

結果やくじ x，y の選好関係が以上の前提を満たす時，

$$x \succeq y \Longleftrightarrow u(x) \geq u(y) \tag{9.1}$$

を満たす効用関数 $u(x)$ が存在する．$u(x)$ は原点とスケールの選び方を除けば一意に定まる [4]．また，任意の確率 p と結果やくじ x，y に対して，

$$u((x:p, y:1-p)) = p\,u(x) + (1-p)\,u(y) \tag{9.2}$$

が成り立つ．

行動を $a_1, a_2, \cdots, a_n$，起こり得る状態を $e_1, e_2, \cdots, e_m$，各状態が起こる確率を $p_1, p_2, \cdots, p_m$，行動 a_i を選択して状態が e_j である時の結果を y_{ij} とする．意思決定者が行動 a_i を選択することは，くじ $(y_{i1}:p_1, y_{i2}:p_2, \cdots, y_{im}:p_m)$ を選択することを意味する．このくじの効用は (9.2) 式を繰り返し適用することにより，

$$\begin{aligned} &u((y_{i1}:p_1, y_{i2}:p_2, \cdots, y_{im}:p_m)) \\ &= p_1\,u(y_{i1}) + p_2\,u(y_{i2}) + \cdots + p_m\,u(y_{im}) \end{aligned}$$

となる．これが行動 a_i を選択した場合の期待効用である．(9.1) 式より期待効用がより大きい行動を選択するのが望ましい．すなわち，期待効用が最も大きい行動を選択するのが最適な決定である [5]．

9.1.3　主観確率

「A 氏は新製品が 10 万台以上売れる確率は 0.7 と考えている」とする．新製品が 10 万台以上売れる確率は A 氏の主観に基づくものである．そもそも新製品はまだ売り出していないので，10 万台以上売れる確率を頻度に基づいて客観的に定めることはできない．このような頻度に基づかない主観的な確率を**主観確率**と呼ぶ．意思決定において考慮される事象が起こる確率は多くの場合は主観的なものである．

---

4)　$u(x)$ 以外に (9.1) 式を満たす関数 $v(x)$ は $a > 0$ と b により $v(x) = a\,u(x) + b$ と表すことができる．例えば，最良の結果の効用を 1，最悪の結果の効用を 0 と決めておけば，効用関数は一意に決まる．

5)　ここに挙げた以外の導出法もある．

主観確率も確率である以上，確率が満たすべき性質（公理）を満たす必要がある．以下に確率が満たすべき性質を簡単に説明しておく．n 個の事象 $E_1, E_2, \cdots, E_n$ に関して，

1）事象のどれかが必ず起こる．すなわち，必ず起こる事象（全事象）を Ω とすると，$E_1 \cup E_2 \cup \cdots \cup E_n = \Omega$

2）異なる事象は同時に起こらない．すなわち，決して起こらない事象（空事象）を ϕ とすると，$E_i \cap E_j = \phi \quad (i \fallingdotseq j)$

と仮定する．事象 E に対して実数 $P(E)$ を対応させる関数で，

1）任意の事象 E に対して，$P(E) \geq 0$

2）$P(\Omega) = 1$

3）$E_i \cap E_j = \phi \quad (i \fallingdotseq j)$ であれば $P(E_i \cup E_j) = P(E_i) + P(E_j)$

を満たす時，関数 P を確率と呼ぶ．

確率は事象（命題と解釈できることもある）の関数であるが，事象に1つの実数 x を対応させる．ある事象が起こるか起こらないか（命題が真であるかないか）が観測するまで確定できないために不確実性を持つ時，対応する x も不確実性を持つので，事象の起こる確率により x が起こる確率を定義することができる．このような x の全体 X を確率変数と呼ぶ．観測された特定の値 x は実現値と呼ばれる．特定の値 x が起こる確率を $P(X = x)$ と書く．ただし，表記を簡単にするために $P(x)$ と書くことがしばしばある．

事象 E と F が同時に起こる確率（同時確率）を $P(E \cap F)$ と書く時，E が起こったことが既知という条件の下で，F が起こる確率（条件つき確率）$P(F|E)$ は次のように定義される．

$$P(F|E) = \frac{P(E \cap F)}{P(E)}$$

この定義から，$E_1, E_2, \cdots, E_n$ が排反な事象で，$P(E_1) + P(E_2) + \cdots + P(E_n) = 1$ である時，

$$P(E_i|F) = \frac{P(E_i)P(F|E_i)}{\sum_{j=1}^{n} P(E_j)P(F|E_j)} \tag{9.3}$$

が成り立つ．(9.3) 式はベイズ（Bayes）の定理と呼ばれる．

9.2 パタン認識

パタン認識とは認識の対象をその特徴からカテゴリ（クラスともいう）に分類することである．手書き文字の認識，携帯情報端末の音声入力で使用される音声認識などはパタン認識の代表例である．例えば，顔画像からその顔の性別や年齢層を推定する問題は，顔の骨格，しわ，たるみなどの特徴を手がかりにして，女性・20 歳代，男性・40 歳代といったカテゴリのうち，どのカテゴリに属するかを決定する問題と捉えることができる．同じ年齢でも老け顔もあれば童顔もあるし，男女の判別が難しい顔もあることから，これらの特徴からまったく誤りのない推定を行うのはまず不可能である．この様な問題に対する 1 つの考え方として期待効用最大化原理に基づく方法を取り上げる [6]．

ところで，前節で取り上げた期待効用の計算と，画像等のパタンデータがどう結びつくか想像がつかないかもしれない．図 9.3 に白黒画像を数値化するイメージを示す．ここでは画像を 5×5 の 2 次元格子（画素とみなしてよい）に分け，その格子が白い場合は 0，黒い場合は 1 と数値を割り当てる．2 次元格子を行ごとにばらして 1 次元に連結すれば 25 次元ベクトルとして画像を表現することができる．

分類の手がかりとして p 個の特徴を使うこととし，特徴の p 次元ベク

---

6)　ここでは，期待効用最大化に沿ったパタン認識の考え方を示すのが目的であり，実用上の問題は考慮していない．

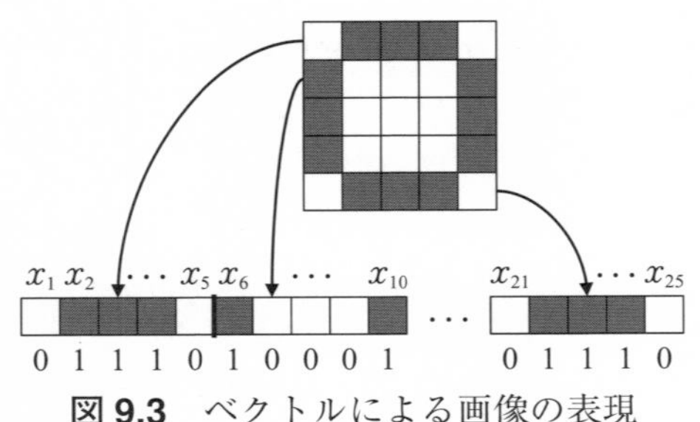

図 9.3 ベクトルによる画像の表現

トルを $\boldsymbol{x}$ と表す．直前に説明した画像をベクトルで表したものは，その一例である．対象は m 種類のカテゴリ θ_j $(j=1,2,\cdots,m)$ のうちのいずれか 1 つに分類されるとする．分類の対象 i は特徴ベクトル $\boldsymbol{x}_i$ として扱う．対象 i の特徴ベクトル $\boldsymbol{x}_i$ を得て対象 i がカテゴリ θ_j に属する確率を $P(\theta_j|\boldsymbol{x}_i)$ と書く．実際はカテゴリ θ_k に属する対象をカテゴリ θ_j に分類した時の効用を u_{jk} と書くことにする．$j=k$ であれば正分類で，$j \neq k$ であれば誤分類である．ここでは，最も単純に

$$u_{jk} = \begin{cases} 1, & j=k \\ 0, & j \neq k \end{cases}$$

とする．$\boldsymbol{x}_i$ をカテゴリ θ_j に分類した時の期待効用は，

$$\mathrm{E}[u_{jk}|\boldsymbol{x}_i] = P(\theta_1|\boldsymbol{x}_i)u_{j1} + P(\theta_2|\boldsymbol{x}_i)u_{j2} + \cdots + P(\theta_m|\boldsymbol{x}_i)u_{jm}$$

であるが，効用 u_{jk} の定義から，

$$\mathrm{E}[u_{jk}|\boldsymbol{x}_i] = P(\theta_j|\boldsymbol{x}_i)u_{jj} = P(\theta_j|\boldsymbol{x}_i) \tag{9.4}$$

となる．結局，$P(\theta_j|\boldsymbol{x}_i)$ が最大になるカテゴリ θ_j に分類することが期待効用，すなわち正分類の確率を最大にすることがわかる．ところで，

$P(\theta_j|\boldsymbol{x}_i)$ は $\boldsymbol{x}_i$ を観測した後の対象 i がカテゴリ θ_j に属する確率，すなわち事後確率である．対象を観測する前に対象がカテゴリ θ_j に属する確率，すなわち事前確率を $P(\theta_j)$，カテゴリ θ_j に属することがわかっている対象が $\boldsymbol{x}$ という特徴を持つ確率（$\boldsymbol{x}$ が連続量なら確率密度）を $f(\boldsymbol{x}|\theta_j)$ と書くと，対象 i の特徴 $\boldsymbol{x}_i$ を観測してその対象がカテゴリ θ_j に属する確率は，ベイズの定理により，

$$P(\theta_j|\boldsymbol{x}_i) = \frac{P(\theta_j)f(\boldsymbol{x}_i|\theta_j)}{\displaystyle\sum_{k=1}^{m} P(\theta_k)f(\boldsymbol{x}_i|\theta_k)}$$

と求められる．

対象が各カテゴリに属する事前確率 $P(\theta_j)$ は，年齢や性別がカテゴリであれば，人口比を利用して推定することができる．また，尤度 $f(\boldsymbol{x}|\theta_j)$ はカテゴリ θ_j に属することがわかっている人の顔画像を多数集めて，各画像の特徴 $\boldsymbol{x}$ を調べ，その相対頻度から推定することができる．

9.3 信号の検出と判断

雑音の中に信号が含まれているか，あるいは雑音だけかを判断する問題を考える．雑音や信号は音である必要はなく，信号はターゲットとなる情報，雑音はターゲット以外の情報のことである．例えば，煙を感知してアラームを発する火災報知器は水蒸気にも反応することがある．この場合，信号は煙で，雑音は水蒸気である．信号や雑音を検知し反応するのが生体（人間）の場合，信号や雑音を刺激と呼ぶ．本章では，検知・反応の主体が生体であるか否かにかかわらず，刺激と呼ぶことにする．

通常，水蒸気よりも煙のほうが刺激が何らかの意味で強いため，刺激の強度がしきい値を超えたらアラームを発すればよいが，時には水蒸気

の強度がしきい値を超えてしまい，煙が出ていなくてもアラームを発してしまうこともある．逆に，気流の影響などで煙がセンサに届かず，火災が検知されないこともある．あるいは，火災報知器のセンサの精度が低かったり，人間の感覚の揺らぎのために，同じ物理刺激に対しても毎回異なる強度として検知されるために，信号の検出，判断が正しくできないこともある．**信号検出理論**は，このような状況における信号の検出と判断を期待効用最大化に基づきモデル化したものである．

信号検出理論における刺激と判断の関係を図 9.4 に示す．雑音のみの刺激 N は，平均 μ_N，標準偏差 σ_N の正規分布 $f_N(x)$ に従う x の強度でセンサに受け取られるとする．同様に，雑音に信号が含まれる刺激 S は，平均 μ_S，標準偏差 σ_S の正規分布 $f_S(x)$ に従う x の強度でセンサに受け取られるとする．ただし，$\mu_N < \mu_S$ とする．

受け取られた刺激の強度 x がしきい値 c を超えたら，信号あり（Yes）と反応し，x が c 以下であれば信号なし（No）と反応するものとする．刺激 N に対して No および Yes と反応する確率 $P_c(No|N)$，$P_c(Yes|N)$ は各々，

$$P_c(No|N) = \int_{-\infty}^{c} f_N(x)\mathrm{d}x, \quad P_c(Yes|N) = 1 - P_c(No|N) \qquad (9.5)$$

である．同様に，刺激 S に対して No および Yes と反応する確率

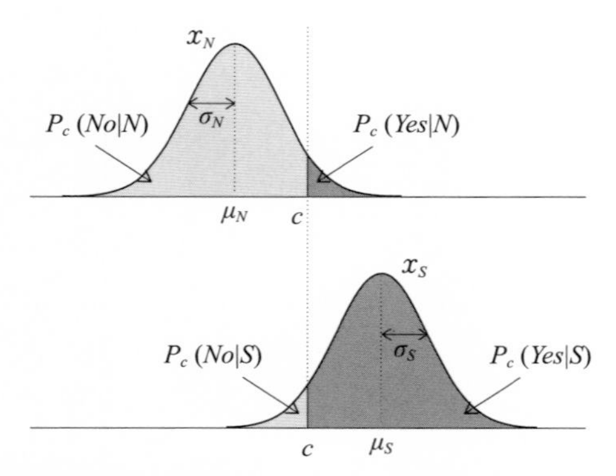

図 9.4　信号検出理論における刺激と判断の関係

$P_c(No|S)$, $P_c(Yes|S)$ は各々，

$$P_c(No|S) = \int_{-\infty}^{c} f_S(x)\mathrm{d}x, \quad P_c(Yes|S) = 1 - P_c(No|S) \tag{9.6}$$

である．図 9.4 からもわかるように，c を大きくすると $P_c(Yes|N)$ が小さくなるが $P_c(No|S)$ が大きくなり，両者を同時に最小にすることはできない．

刺激が N である確率を $P(N)$，刺激が S である確率を $P(S)$ とすると，刺激が N でその刺激に対して No と反応する確率，刺激が N でその刺激に対して Yes と反応する確率，刺激が S でその刺激に対して No と反応する確率，刺激が S でその刺激に対して Yes と反応する確率は，各々 $P_c(No, N) = P(N)P_c(No|N)$，$P_c(Yes, N) = P(N)P_c(Yes|N)$，$P_c(No, S) = P(S)P_c(No|S)$，$P_c(Yes, S) = P(S)P_c(Yes|S)$ である．

刺激 N に対して No および Yes と反応した時の効用を各々，$u_N(No)$，$u_N(Yes)$，刺激 S に対して No および Yes と反応した時の効用を各々，$u_S(No)$，$u_S(Yes)$ とする．刺激 N に対しては No と反応するのが望ましく，刺激 S に対しては Yes と反応するのが望ましいので，$u_N(No) > u_N(Yes)$，$u_S(Yes) > u_S(No)$ である．しきい値を c とする時の判断の期待効用 EU_c は，

$$\begin{aligned} EU_c = {} & P_c(No, N)u_N(No) + P_c(Yes, N)u_N(Yes) \\ & + P_c(No, S)u_S(No) + P_c(Yes, S)u_S(Yes) \end{aligned} \tag{9.7}$$

である．(9.7) 式は以下のように変形できる [7)]．

$$\begin{aligned} EU_c = {} & P(N)P_c(No|N)u_N(No) + P(N)P_c(Yes|N)u_N(Yes) \\ & + P(S)P_c(No|S)u_S(No) + P(S)P_c(Yes|S)u_S(Yes) \end{aligned}$$

7)　以下の式の展開は難しければ，読み飛ばしてもよい．

$$
\begin{aligned}
&= P(N)P_c(No|N)u_N(No) + P(N)(1 - P_c(No|N))u_N(Yes) \\
&\quad + (1 - P(N))P_c(No|S)u_S(No) \\
&\quad + (1 - P(N))(1 - P_c(No|S))u_S(Yes) \\
&= P(N)P_c(No|N)(u_N(No) - u_N(Yes)) + P(N)u_N(Yes) \\
&\quad + (1 - P(N))P_c(No|S)(u_S(No) - u_S(Yes)) \\
&\quad + (1 - P(N))u_S(Yes) \\
&= P(N)P_c(No|N)(u_N(No) - u_N(Yes)) + P(N)u_N(Yes) \\
&\quad - (1 - P(N))P_c(No|S)(u_S(Yes) - u_S(No)) \\
&\quad + (1 - P(N))u_S(Yes) \qquad (9.8)
\end{aligned}
$$

となる．期待効用 EU_c を最大にする c を求めるには，EU_c を c で微分して 0 になる c を求めればよい．(9.8) 式中で c の関数になっているのは，$P_c(No|N)$，$P_c(No|S)$ である．(9.5) 式および (9.6) 式において微分と積分の関係から，$P'_c(No|N) = f_N(c)$，$P'_c(No|S) = f_S(c)$ であることがわかる [8]．したがって，EU_c を最大にするには

$$
\begin{aligned}
\frac{\mathrm{d}EU_c}{\mathrm{d}c} &= P(N)f_N(c)(u_N(No) - u_N(Yes)) \\
&\quad - (1 - P(N))f_S(c)(u_S(Yes) - u_S(No))
\end{aligned}
$$

が成り立つ必要がある．したがって，

$$
\frac{f_S(c)}{f_N(c)} = \frac{P(N)(u_N(No) - u_N(Yes))}{(1 - P(N))(u_S(Yes) - u_S(No))} \qquad (9.9)
$$

となる c をしきい値とすれば EU_c が最大になる．

8) $\frac{\mathrm{d}}{\mathrm{d}x}\int_{-\infty}^{x} f(y)\mathrm{d}y = f(x)$ が成り立つ．

9.4 まとめ

本章では，不確実状況下における統計的決定の理論である期待効用最大化原理について説明した．さらに，統計的パタン認識と雑音からの信号検出を期待効用最大化の観点から説明した．統計的決定は様々な問題に当てはまる．

期待効用最大化原理は，前提を受け入れる限り最適な決定法であることに疑いの余地はない．しかし，期待効用最大化原理への反論は少なからずあり，異なる理論も提案されている．この議論は数理的にも心理学的にも興味深いが，紙幅の制約で割愛した．興味ある読者は参考文献を参照されたい．

参考文献

1)　西崎一郎（2017）『意思決定の数理：最適な案を選択するための理論と手法』，森北出版．

演習問題 9

9.1 (A)　出かける際に雨傘を持っていくか迷っている．起こり得る結果とその効用は下表のとおりである．期待効用最大化原理に従えば，どうするべきか．

	雨が降る	雨が降らない
傘を持っていく	4	2
傘を持っていかない	0	10

9.2 (A)　P 社はプロジェクトの実施を検討している．いずれの方式でも成功すれば 10 億円の収入になるが，失敗すれば収入はなく，さらにプロジェクト撤退のために 3 億円の費用を支払わなければならない．P 社が実行可能な代替案は以下の 3 つである．

方式 A　5.5 億円の費用がかかり，成功の確率は 0.9 である．

方式 B　3 億円の費用がかかり，成功の確率は 0.7 である．

実施しない　収支は ±0 円である．

収支を効用とすると，どの代替案を選択すべきか．

9.3 (A)　例 2 の問題を，「採掘法 B を採用して採掘に失敗した場合，再度採掘法 B を採用すると，採掘成功の確率は 0.8 である」と変更した場合，期待効用を最大化する決定はどうなるか．

10 問題の状態空間モデルと探索

《目標＆ポイント》 問題解決は，状態空間を探索して初期状態からゴールへ至る系列を発見することと定式化することもできる．状態空間モデルにより，最適化問題としては定式化しにくい問題を定式化することができることもある．パズルやゲームなどを状態空間の探索により解くことは，人工知能の最初期からの研究課題であったが，探索技法はパズルやゲームに限らず，様々な問題解決のツールとして利用できる．本章では状態空間モデルと探索法について解説する．
《キーワード》 状態空間モデル，系統的探索，ヒューリスティック探索

10.1 状態空間モデル

状態空間モデルでは，問題は状態の集合，**作用素**（オペレータ）の集合，**初期状態**，**目標状態**の集合により定式化される．状態とは問題が解かれていく各ステップの状況を表現したものである．作用素とはある状態から別の状態へ遷移するための手段である．初期状態は最初に与えられた状態である．目標状態は達成すべきゴールの状態である．目標状態は複数の場合もあるが，初期状態は１つである．問題解決は，初期状態から作用素を適用して状態を遷移して目標状態に到達するまでの作用素の系列を見出すことである．

以上の説明は抽象的なので，次の問題を例に説明する．

例１：ハノイの塔

３本の柱と，中央に穴の開いた大きさの異なる複数の円盤から構成される．最初はすべての円盤が左端の柱に小さいものが上になるように順に積み重ねられている（下図（a)）．円盤を１回に１枚ずつ別の柱に移動させることができるが，小さな円盤の上に大きな円盤を載せることはできない．すべての円盤が右端の柱に重ねられた状態（下図（b)）にするには，どのように円盤を移動すればよいか．

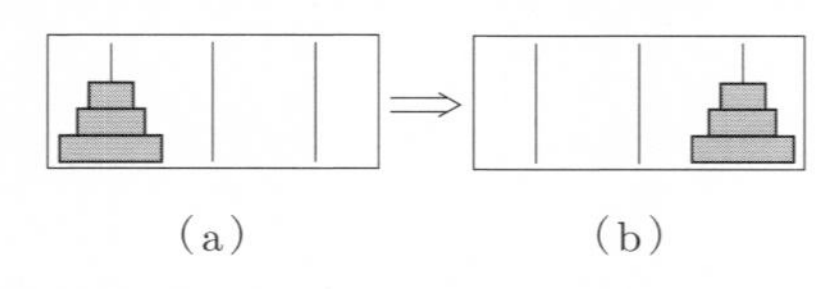

（a）　　　（b）

ハノイの塔における状態は，円盤の置かれ方の記述である．例えば，「大きい円盤の置かれている柱，中間の円盤の置かれている柱，小さい円盤が置かれている柱」という記述は円盤の置かれ方を一意に表現できる．円盤が左，中央，右の柱に置かれていることを各々 L，C，R で表すとする．例えば，大きい円盤が左の柱，中間の円盤が右の柱，小さい円盤が中央の柱に置かれている時は，(L, R, C) と表される．また，すべての円盤が左の柱に置かれている状態は (L, L, L) で，この状態が初期状態である．すべての円盤が右に置かれている状態は (R, R, R) でこの状態が（唯一の）目標状態である．作用素で構造化された全状態の集合は**状態空間**と呼ばれる．図 10.1 はハノイの塔の状態空間である．

作用素は円盤の移動の仕方の記述である．例えば，ある柱の一番上に置かれている円盤を別の柱に移す（ただし，規則に抵触しない場合のみ）という記述の仕方が考えられる．例えば，初期状態（図 10.1 の状態 20）から一番小さい円盤を中央の柱に移動するという作用素は LC と表され，

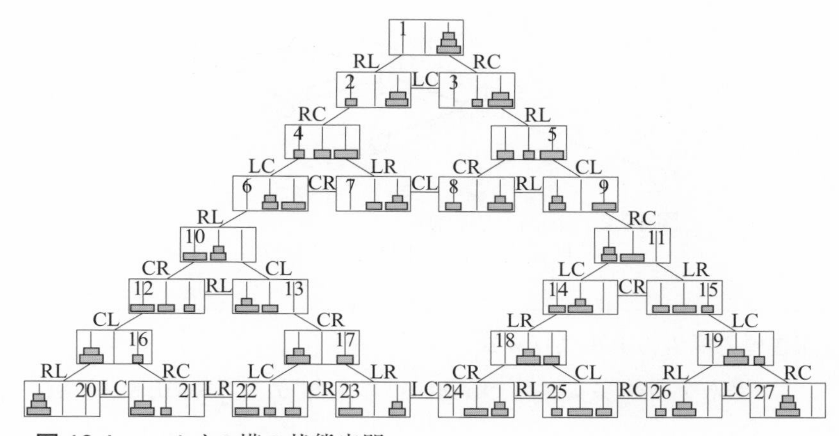

図 10.1　ハノイの塔の状態空間
作用素は番号の若い状態から遷移する方向で記述されている.

作用素を適用した結果，状態 21 に遷移する.

10.2 系統的探索

状態空間は，状態を点，作用素を枝とするグラフとして表現される．問題解決はグラフ上の探索に帰着される．ここでは，問題に関する知識を用いず悉皆的に探索する系統的探索について説明する.

10.2.1 深さ優先探索

深さ優先探索（縦型探索）は図 10.2 に示すように，深く伸びていく方向に探索を行い，最深の点に行き着いても目標状態に相当する点（目標点）が見つからない時は，最も近くの未探索の点を探索する.

深さ優先探索を行うには，探索する対象となる点を入れるリスト（OpenList）と，探索を終えた点を入れるリスト（ClosedList）を用意する．以下に深さ優先探索のアルゴリズムを示す.

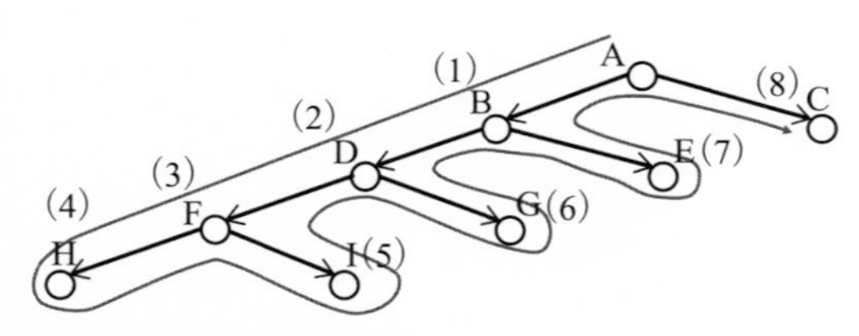

図 10.2 深さ優先探索
括弧内の数字は探索する順序を示す.

深さ優先探索のアルゴリズム

1) 探索を開始する点を OpenList に入れる. ClosedList は空にする.

2) OpenList が空なら探索は失敗（解がない）して終了.

3) OpenList の先頭の点 n を取り除き, ClosedList に入れる.

4) n が目標点であるなら探索は成功して終了.

5) n から 1 ステップで移れる点のうち, OpenList にも ClosedList にも含まれていないものがあれば, それらすべてを OpenList の先頭に入れて 2) へ. なければ, そのまま 2) へ.

深さ優先探索のアルゴリズムを図 10.2 のグラフに適用した過程を表 10.1 に示す. ここでは点 I を目標点とした.

深さ優先探索は, OpenList に記憶する点の数が, 次項で説明する幅優先探索に比較するとはるかに少なく, 計算機のメモリをあまり消費しないため, 大きな状態空間の探索に適している. ただし, 目標点が探索の開始点から近くにあっても, 探索量が多くなる可能性がある. また, 無限に深く点が続く場合には目標点に到達できないこともある.

表 10.1　深さ優先探索の探索過程

繰り返し数	ステップ	n	OpenList	ClosedList
1	1)		[A]	[]
	3)	A	[]	[A]
	5)	A	[BC]	[A]
2	3)	B	[C]	[AB]
	5)	B	[DEC]	[AB]
3	3)	D	[EC]	[ABD]
	5)	D	[FGEC]	[ABD]
4	3)	F	[GEC]	[ABDF]
	5)	F	[HIGEC]	[ABDF]
5	3)	H	[IGEC]	[ABDFH]
	5)	H	[IGEC]	[ABDFH]
6	3)	I	[GEC]	[ABDFHI]
	4)	I	[GEC]	[ABDFHI]

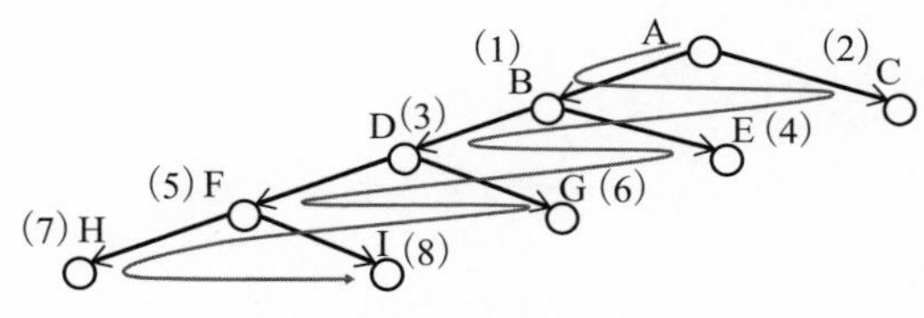

図 10.3　幅優先探索

10.2.2　幅優先探索

幅優先探索（横型探索）は図 10.3 に示すように，浅い点から順に探索していく．

以下に幅優先探索のアルゴリズムを示す．

幅優先探索のアルゴリズム

1) 探索を開始する点を OpenList に入れる．ClosedList は空にする．

2）OpenList が空なら探索は失敗（解がない）して終了.
3）OpenList の先頭の点 n を取り除き，ClosedList に入れる.
4）n が目標点であるなら探索は成功して終了.
5）n から 1 ステップで移れる点のうち，OpenList にも ClosedList にも含まれていないものがあれば，それらすべてを OpenList の末尾に入れて 2）へ．なければ，そのまま 2）へ.

幅優先探索のアルゴリズムを図 10.3 のグラフに適用した過程を表 10.2 に示す．ここでは点 F を目標点とした.

幅優先探索は，開始点の近くから探索するので，開始点の近くにある目標点を効率的に探索するのに適している．また，点からの枝分かれが有限であれば，深さが無限の状態空間でも目標点に到達できる．ただし，点からの枝分かれが多い場合，OpenList に記憶する点の数が多くなり，計算機のメモリを多く消費する.

表 10.2　幅優先探索の探索過程

繰り返し数	ステップ	n	OpenList	ClosedList
1	1）		[A]	[]
	3）	A	[]	[A]
	5）	A	[BC]	[A]
2	3）	B	[C]	[AB]
	5）	B	[CDE]	[AB]
3	3）	C	[DE]	[ABC]
	5）	C	[DE]	[ABC]
4	3）	D	[E]	[ABCD]
	5）	D	[EFG]	[ABCD]
5	3）	E	[FG]	[ABCDE]
	5）	E	[FG]	[ABCDE]
6	3）	F	[G]	[ABCDEF]
	4）	F	[G]	[ABCDEF]

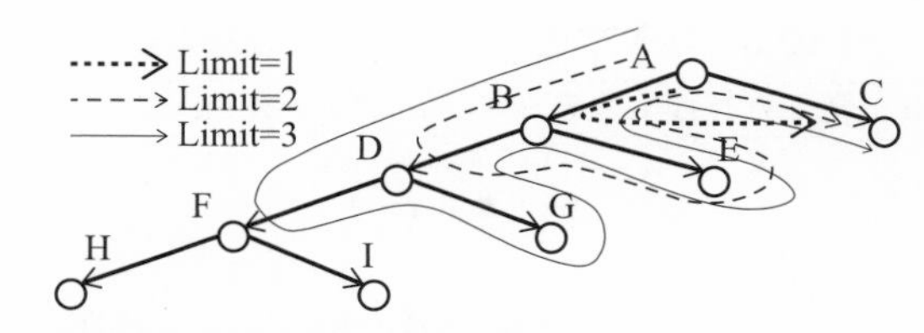

図 10.4　反復深化深さ優先探索
Limit=4 の時は深さ優先探索と一致する．

10.2.3　反復深化深さ優先探索

反復深化深さ優先探索は，深さの制限を設定して深さ優先探索を行う．最初は深さの制限を小さく（通常 1）として，制限を徐々に増大させ，最終的に目標状態の深さになるまで反復するものである．反復深化深さ優先探索の過程は図 10.4 に示すように，深さ優先探索と幅優先探索の中間的な振る舞いになる．

以下に反復深化深さ優先探索のアルゴリズムを示す．

反復深化深さ優先探索のアルゴリズム

0）探索する深さの制限 Limit を 1 とする．
1）探索を開始する点を OpenList に入れる．ClosedList は空にする．
2）OpenList が空なら，Limit を 1 大きくし，1）へ．
3）OpenList の先頭の点 n を取り除き，ClosedList に入れる．
4）n が目標点であるなら探索は成功して終了．
5）n の深さが Limit より小さい場合，n から 1 ステップで移れる点のうち，OpenList にも ClosedList にも含まれていないものがあれば，それらすべてを OpenList の先頭に入れて 2）へ．それ以外の場合は，そのまま 2）へ．

表 10.3　反復深化深さ優先探索の探索過程

Limit	繰り返し数	ステップ	n	OpenList	ClosedList
1	1	1)		[A]	[]
		3)	A	[]	[A]
		5)	A	[BC]	[A]
	2	3)	B	[C]	[AB]
		5)	B	[C]	[AB]
	3	3)	C	[]	[ABC]
		5)	C	[]	[ABC]
	4	2)	C	[]	[ABC]
2	1	1)		[A]	[]
		3)	A	[]	[A]
		5)	A	[BC]	[A]
	2	3)	B	[C]	[AB]
		5)	B	[DEC]	[AB]
	3	3)	D	[EC]	[ABD]
		5)	D	[EC]	[ABD]
	4	3)	E	[C]	[ABDE]
		4)	E	[C]	[ABDE]

反復深化深さ優先探索のアルゴリズムを図 10.4 のグラフに適用した過程を表 10.3 に示す．ここでは点 E を目標点とした．

反復深化深さ優先探索は，深さ優先探索と幅優先探索の両者の利点を併せ持つ．すなわち，計算機のメモリをあまり消費せず，開始点から近くにある目標点の探索に時間がかかることもない．反復のたびに既に探索した点を再探索するが，冗長な探索量はそれほど大きくならない．

反復の初期には問題の構造に関する大まかな情報が素早く得られ，反復のたびに得られる情報が洗練化されるので，これを利用して発見的探索を効率化させることができる．

10.3 発見的探索

系統的探索は悉皆的な探索であるので解の発見は保証される．しかし，状態空間が大きくなると探索量が非常に大きくなる．これに対して，問題に関する知識を利用して，効率の向上を図る探索を**発見的探索**（ヒューリスティック探索）と呼ぶ．問題に関する知識は経験的知識を含み，必ずしも最適解に導くという意味で正しいものではなく，一般には最適解が得られる保証はない．発見的探索においては，状態空間の各状態を**評価関数**により評価して，評価値の順に探索を行う．問題に関する知識は評価関数として定式化する．

10.3.1 山登り法

山登り法は，現在の状態からより評価値の高い状態へ探索を進める方法である．アルゴリズムは単純で実際によく利用されるが，図 10.5 に示すように，開始点から目標点（最適解）までの経路の各点において，その点から 1 ステップで進める点のうち，経路上の点の評価値が最も良くなければ，最適解には達しない．

以下に山登り法のアルゴリズムを示す．

山登り法のアルゴリズム

点 n の評価関数を $f(n)$ とする．

1）開始点を探索対象の点 n とする．

2）もし，点 n に適用可能な作用素がなければ，点 n を解として出力して，探索を終了．

3）点 n から 1 ステップで移れる点のうち，評価値が $f(n)$ より良い点が存在しなければ，点 n を解として出力して，探索を終了．

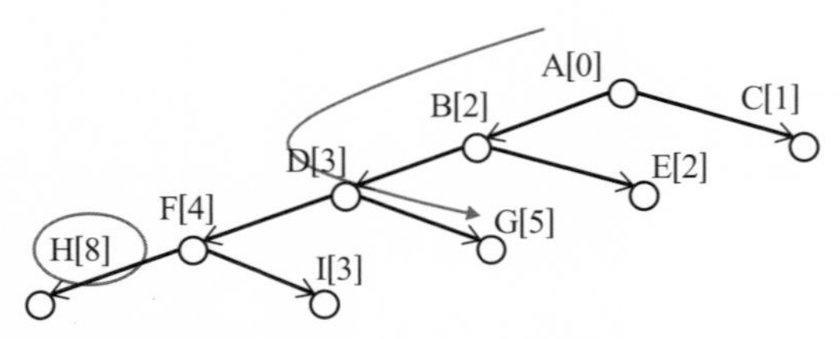

図 10.5 山登り法による探索
[] 内の数字は状態の評価値.

表 10.4 山登り法の探索過程

繰り返し数	ステップ	n	$f(n)$
1	1)	A	0
	3)	B	2
2	3)	D	3
3	3)	G	5
4	2)	G	5

評価値が $f(n)$ より良い点が存在すれば，評価値が最も良い点を n として，2）へ.

山登り法のアルゴリズムを図 10.5 のグラフに適用した過程を表 10.4 に示す．この例では，最適解である H には到達しない.

10.3.2 A* アルゴリズム *

最短路問題については 3.1 節で取り上げ，最短路問題を効率的に解くアルゴリズムとしてダイクストラ法を紹介した．**A* アルゴリズム**は，各点 n から目標点までの距離の推定値 $h^*(n)$ を利用して最短路問題を効率的に探索するアルゴリズムである.

開始点から点 n を通り目標点に到達する時の最短路の距離 $f(n)$，開

始点から点 n までの最短路の距離 $g(n)$，n から目標点への最短路の距離 $h(n)$ の間には，

$$f(n) = g(n) + h(n)$$

が成り立つ．通常，事前に $f(n)$，$g(n)$，$h(n)$ を知ることはできないので，各々の推定値 $f^*(n)$，$g^*(n)$，$h^*(n)$ を使用する．

以下に A^* アルゴリズムを示す．

A* アルゴリズム

1）探索を開始する点 n を OpenList に入れる．ClosedList を空にする．この時 $g^*(n) = 0$ であり，$f^*(n) = h^*(n)$ である．

2）OpenList が空なら探索は失敗して終了（開始点から目標点への経路は存在しない）．

3）OpenList 内の点のうち，$f^*(n)$ が最小になる点 n を取り出す．

4）n が目標点なら，7）へ．そうでなければ n を ClosedList に入れる．

5）n から 1 ステップで移れるすべての点 m に対して，枝 (n, m) の距離を w_{nm} として，

(a) $f'(m) \leftarrow g^*(n) + h^*(m) + w_{nm}$ とする．

(b) m の状態に応じて以下の操作を行う．

i. m が OpenList にも ClosedList にも含まれない場合，$f^*(m) \leftarrow f'(m)$ として，m を OpenList に入れる．$p(m) \leftarrow n$ とする．

ii. m が OpenList にある場合，$f'(m) < f^*(m)$ であるなら，$f^*(m) \leftarrow f'(m)$，$p(m) \leftarrow n$ とする．

iii. m が ClosedList にある場合，$f'(m) < f^*(m)$ であるなら，

$f^*(m) \leftarrow f'(m), p(m) \leftarrow n$ とする．また，m を OpenList に移動する．

(c) $g^*(m) \leftarrow f^*(m) - h^*(m)$ とする．

6) 2) へ．

7) 目標点から $p(m)$ をたどって，開始点から目標点までの最短路を得る．

A* アルゴリズムを図 10.6 のグラフに適用した過程を以下に示す．ただし，$f^*(\mathrm{A}) = h^*(\mathrm{A}) = 3$，$f^*(\mathrm{B}) = h^*(\mathrm{B}) = 2$，$f^*(\mathrm{C}) = h^*(\mathrm{C}) = 2$，$f^*(\mathrm{D}) = h^*(\mathrm{D}) = 0$，$g^*(\mathrm{A}) = g^*(\mathrm{B}) = g^*(\mathrm{C}) = g^*(\mathrm{D}) = 0$ とする．

1

1) $\mathrm{OpenList} = [\mathrm{A}]$, $\mathrm{ClosedList} = []$, $g^*(\mathrm{A}) = 0$, $f^*(\mathrm{A}) = h^*(\mathrm{A}) = 3$

3) $n = \mathrm{A}$

4) $\mathrm{OpenList} = []$, $\mathrm{ClosedList} = [\mathrm{A}]$

5)

(a) $f'(\mathrm{B}) = g^*(\mathrm{A}) + h^*(\mathrm{B}) + 1 = 0 + 2 + 1 = 3$, $f'(\mathrm{C}) = g^*(\mathrm{A}) + h^*(\mathrm{C}) + 2 = 0 + 2 + 2 = 4$

(b) $f^*(\mathrm{B}) = f'(\mathrm{B}) = 3$, $\mathrm{OpenList} = [\mathrm{B}]$, $\mathrm{ClosedList} = [\mathrm{A}]$, $p(\mathrm{B}) = \mathrm{A}$, $f^*(\mathrm{C}) = f'(\mathrm{C}) = 4$, $\mathrm{OpenList} = [\mathrm{B}, \mathrm{C}]$, $\mathrm{ClosedList} = [\mathrm{A}]$, $p(\mathrm{C}) = \mathrm{A}$

(c) $g^*(\mathrm{B}) = f^*(\mathrm{B}) - h^*(\mathrm{B}) = 3 - 2 = 1$, $g^*(\mathrm{C}) = f^*(\mathrm{C}) - h^*(\mathrm{C}) = 4 - 2 = 2$

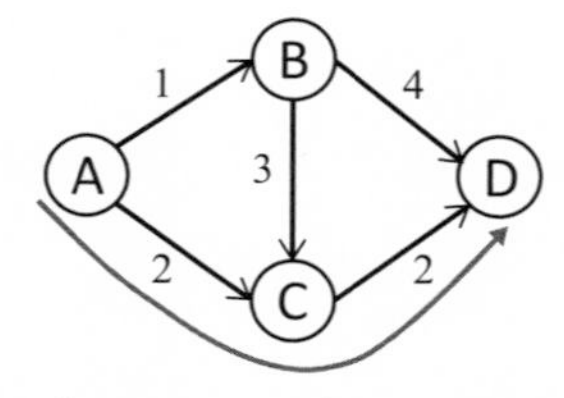

図 10.6　A* アルゴリズムによる最短路探索

2

3）$n = \mathrm{B}$

4）OpenList = [C], ClosedList = [A, B]

5）

(a) $f'(\mathrm{C}) = g^*(\mathrm{B}) + h^*(\mathrm{C}) + 3 = 1 + 2 + 3 = 6$, $f'(\mathrm{D}) = g^*(\mathrm{B}) + h^*(\mathrm{D}) + 4 = 1 + 0 + 4 = 5$

(b) $f^*(\mathrm{D}) = f'(\mathrm{D}) = 5$, OpenList = [C, D], ClosedList = [A, B], $p(\mathrm{D}) = \mathrm{B}$

(c) $g^*(\mathrm{D}) = f^*(\mathrm{D}) - h^*(\mathrm{D}) = 5 - 0 = 5$

3

3）$n = \mathrm{C}$

4）OpenList = [D], ClosedList = [A, B, C]

5）

(a) $f'(\mathrm{D}) = g^*(\mathrm{C}) + h^*(\mathrm{D}) + 2 = 2 + 0 + 2 = 4$

(b) $f^*(\mathrm{D}) = f'(\mathrm{D}) = 4$, OpenList = [D], ClosedList = [A, B, C], $p(\mathrm{D}) = \mathrm{C}$

(c) $g^*(\mathrm{D}) = f^*(\mathrm{D}) - h^*(\mathrm{D}) = 4 - 0 = 4$

4

3）$n = \mathrm{D}$

4）D は目標点

7）$p(\mathrm{D}) = \mathrm{C}, p(\mathrm{C}) = \mathrm{A}$ であるから，$\mathrm{A} \to \mathrm{C} \to \mathrm{D}$ が最短路で $f(\mathrm{D}) = 4$

すべての点 n に対して，

$$0 \leq h^*(n) \leq h(n)$$

を満たす時，A* アルゴリズムにより得られた経路が最短路であることが保証される．この時，$h^*(n)$ が $h(n)$ に近いほど探索が効率的になる．すべての点 n に対して，$h^*(n)=0$ ならダイクストラ法と一致する．

10.4 ゲームの木の探索

五目並べやチェス等の 2 人のプレイヤーが交互に手を指し勝敗を競うゲームは，人工知能の初期からの研究テーマである．1990 年代後半には，コンピュータプログラムがチェスの世界チャンピオンに勝利し，さらに複雑なゲームである将棋や囲碁においてもプロに勝利するようなレベルにあることは広く知られている．これらのゲームは 8.2 節で説明した展開型ゲームに分類されることから，**ゲームの木**で表現することができ，先読み推論で解くことができる．また，これらのゲームは 2 人ゼロ和ゲームとして扱うことができることから，マクシミン戦略で最適解を得ることができる．2 人ゼロ和ゲームのゲームの木の探索法はミニマックス（minmax）法で行うことができる．

10.4.1 ミニマックス法

図 10.7 に示すゲームの木を考える．このゲームで先手，後手，先手と 3 手を読む．点 B と C は後手の意思決定点で，他の点は先手の意思決定点である．下の数字は各状況における先手の評価値を表していて，数字が大きいほど先手にとって良い状況である．

先手の立場で考えることにする．3 手先を読んで先読み推論を行う．（先手後手合わせて）3 手目の各意思決定点（点 D〜G）を，例えば点 A から深さ優先探索で辿る．まず，点 D を訪れたとする．点 D において H を選択すれば評価値は 3，I を選択すれば評価値は 4 なので，点 D において先手は I を選択すべきである．次に，点 E を訪れたとすると，先手は J，K，L のうち最も評価値の高い L を選択すべきことがわかる．

次に，後手の意思決定点である点 B を訪れたとする．後手が点 D に至る選択をすると，先手は I を選択するから評価値は 4 である．一方，後手が点 E に至る選択をすると，先手は L を選択するから評価値は 6 である．後手にとっては小さな評価値が良い状況であるので，点 B において後手は点 D に至る選択を行う．

木の右半分についても同様である．点 F において先手は M を選択し，点 G において先手は Q を選択する．点 C において，後手は点 F に至る選択をすると評価値は 3，点 G に至る選択をすると評価値は 7 となるから，点 C において後手は点 F に至る選択を行う．

以上のことから，先手は，点 A において点 B に至る選択をすると評価値は 4，点 C に至る選択をすると評価値は 3 となることから，先手は点 B に至る選択をするべきである．その結果，先手の評価値は 4 となる．

10.4.2　αβ法

ミニマックス法を効率化した探索法として**αβ法**が知られている．$\alpha\beta$ 法は，決定に影響しない部分の探索を省略する枝刈りを行い，探索の効率化を図る．

図 10.7 の例で，点 D において先手は I を選択し，評価値が 4 であるところまで探索したとする．次に，点 E において，J を探索して評価値が 5 であることがわかった時点で，後手は点 D に至る選択をすべきであるということが決まるので，K，L について探索を省くことができる．こ

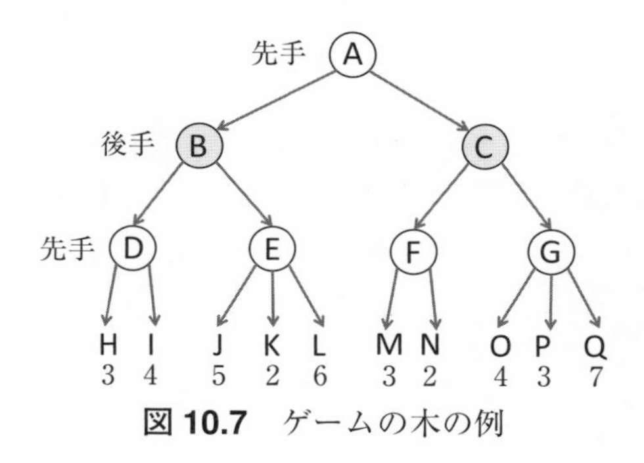

図 10.7　ゲームの木の例

れを β カットと呼ぶ.

木の右側に移り，点 F において先手は M を選択し，評価値が 3 であるところまで探索したとする．この時点で，後手は点 C で評価値を 3 以下にできることが決まる．したがって，先手は評価値が 3 以下になる点 C に至る選択でなく，評価値が 4 になる点 B に至る選択をすべきであることが決まる．これにより，O，P，Q についての探索を省くことができる．これを α カットと呼ぶ.

$\alpha\beta$ 法はミニマックス法と同じ結果になることが保証されていて，探索量を減らすことができる．将棋や囲碁などの複雑なゲームでは，$\alpha\beta$ 法でも計算量が大き過ぎるので，有望そうな領域のみを探索するための評価関数を棋譜や自己対戦により学習したり，現在の局面から乱数を用いて対局のシミュレーションを行い，その勝率から次の手を決めたりする等の手法がとられている.

10.5 まとめ

本章では，まず状態空間モデルによる問題の定式化を取り上げた．パズルを例に説明したが，状態空間モデルはパズルや幾何的な実体を持つ対象に限らず，様々な問題の定式化に利用できる．次に，状態空間，より一般的にはグラフの探索法の代表的なものを解説した．探索技法はパズルに限らず，様々な問題解決のツールとして利用できる．さらに，ゲームの木の探索法について簡単に説明した.

参考文献

1) 小林一郎（2008）『人工知能の基礎』，サイエンス社.
古典的な人工知能の教科書で，探索についてわかりやすく説明している.

2)　Seal Software（2003）『リバーシのアルゴリズム C++&Java 対応：「探索アルゴリズム」「評価関数」の設計と実装』，工学社.
リバーシ（オセロゲーム）を対象にアルゴリズムとその実装法について説明している.

演習問題 10

10.1 (A)　ハノイの塔の状態の別の表現法を考案せよ.

10.2 (B)　図 10.2 の点 C を目標点とした場合の深さ優先探索の過程を示せ.

10.3 (B)　図 10.3 の点 I を目標点とした場合の幅優先探索の過程を示せ.

10.4 (A)　下図のゲームの木で表されるゲームの手をミニマックス法（$\alpha\beta$ 法）で求めよ.

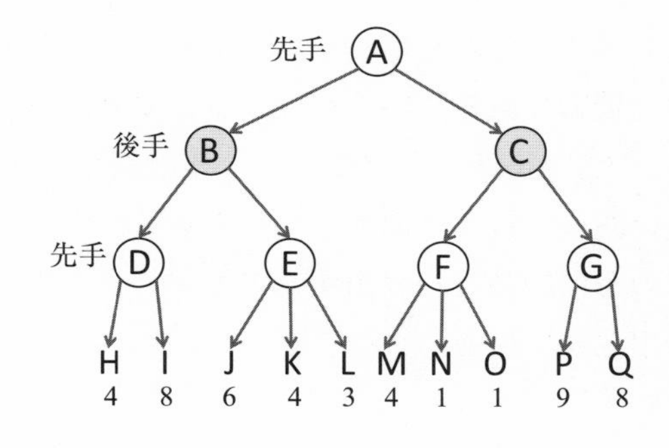

11 待ち行列理論：待ちの数理

《目標＆ポイント》 待ち行列理論とは，店舗におけるレジ待ちの行列や電話回線の混雑による着信拒否といった現象を確率論に基づくモデルにより解析するための理論である．初歩的な待ち行列モデルと解析法について解説する．
《キーワード》 待ち行列，ケンドールの記号，M/M/c システム，リトルの公式

11.1 待ち行列システム

人気ラーメン店の行列，銀行の窓口やスーパーマーケットのレジの順番待ち，人気アイドルのイベントのチケット予約の電話がなかなかつながらない……等々，待つこと（待たされること）は日常生活の至るところに現れる．また，計算機内ではジョブの処理待ち，通信ネットワークにおけるルータ内でのパケットの処理待ちと，待つことは機械内でも生じる．

このような待ちの現象を，確率論を用いてモデル化して分析するための理論が待ち行列理論である．待ち行列理論により，ラーメン店の行列に並んでからラーメンが供されるまでにかかる時間，行列に並ぶ人数，電話がつながらない確率，待ち時間や行列の人数を一定以内に抑えるのに必要なサービスの窓口の数等を算出することができるので，サービスの評価や設計に応用されている．

11.1.1　待ち行列システムとケンドールの記号

待ち行列理論で扱う待ち行列のモデルを店のレジを例に定義する（図11.1）．レジに客が会計に来ることを**到着**と呼び，レジのことを**窓口**，またはサーバと呼ぶ．レジにおける購入商品の入力，支払いと釣銭のやり取り等の処理をサービスと呼び，サービスに要する時間をサービス時間と呼ぶ．すべての窓口が客でふさがっている時，サービスを待つ場所を待ち室と呼ぶ．待ち室に入っている客の数のことを**行列の長さ**と呼ぶ．窓口と待ち室を合わせてシステム（系）と呼ぶ．

待ち行列システムは以下に示す6つの要素からなる確率モデルである．6つの要素からなる待ち行列システムを簡潔に記述するためにケンドール（Kendall）の記号がよく用いられる．ケンドールの記号では，待ち行列システムをA/B/C/K/N/Zのように表す．各要素と記号の意味は以下のとおりである．

A 到着過程　客の到着の様子を，客の到着の時間間隔の分布としてモデル化する．客がランダムにやってくる場合は，到着の時間間隔は指数分布に従う．指数分布は無記憶性，あるいはマルコフ性（Markovian）という性質を持つので，その頭文字をとってMという記号が当てられる．

到着の時間間隔が指数分布に従うことは，到着の頻度がポアソン分布に従うことを意味するので，到着過程を「客の到着頻度がポアソン分布に従う」，「客の到着がポアソン過程に従う」等と表現す

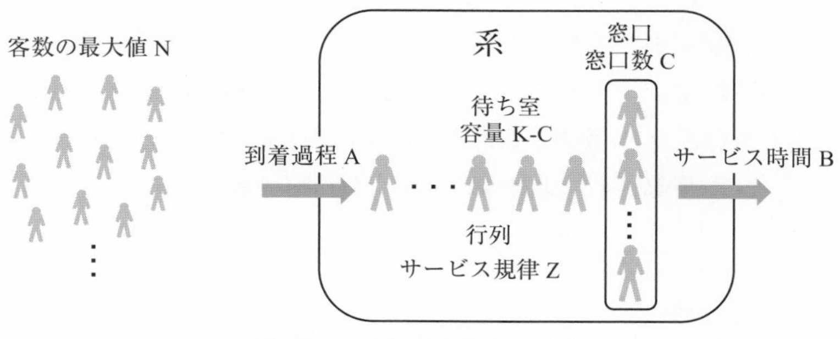

図11.1　待ち行列システム

る場合もある．ポアソン分布，指数分布については，各々 11.1.2 項，11.1.3 項で説明する．

到着の時間間隔が一定時間の場合は，一定分布に従い，D という記号が当てられる．特定の分布に限定せず，独立性も仮定しない一般の分布（一般分布）を考える場合は G という記号が当てられる．また，一般の分布を考えるが，客の到着に独立性を仮定する場合は GI という記号を当てる．

B サービス時間　サービスを提供する窓口においてサービスの処理に要する時間の分布．分布の種類により到着過程と同様の記号を当てる．

C 窓口数　サービスを提供する窓口の数．

K 系の容量　系に入れる客の最大数，窓口の数と待ち室に入れる客の最大数（容量）の和となる．待ち室の容量は 0 の場合，有限の場合，無限の場合のいずれかを仮定する．

N 客数の最大数　来店する可能性のある客数の最大値．実際には有限の場合でも，簡単のために無限大を仮定することがある．

Z サービス規律　客にサービスをする順番．先着順の場合は，FIFO (First In First Out)，または FCFS (First Come First Served) という記号を当てる．後着順の場合は，LIFO (Last In First Out)，または LCFS (Last Come First Served) という記号を当てる．

ケンドールの記号を用いることにより待ち行列システムを簡潔に表現することができる．例えば，客の到着過程が M，サービス時間も M，窓口数が 2，系の容量が 10，客の最大数が 1000，サービス規律が先着順の待ち行列システムは，ケンドールの記号で M/M/2/10/1000/FCFS と表される．

A/B/C/K/N/Z のうち，K，N，Z は省略可能で，K が省略された場合は ∞，N が省略された場合は ∞，Z が省略された場合は FCFS であるとされる．例えば，GI/G/c は GI/G/c/∞/∞/FCFS のことである．また，A/B/c/k を A/B/$c(k-c)$，A/B/c/k/n を A(n)/B/$c(k-c)$ と表すこともある．

11.1.2　ポアソン過程とポアソン分布

待ちを分析するには，客の来店や電話がかかってくる等の事象をモデル化する必要がある．これらの事象のモデル化では，どれくらいの頻度で事象が起こるかに着目する．最も簡単なモデルは，事象がでたらめ（ランダム）に起こるというものである．以下の3つの条件を満たす事象の確率過程モデルをポアソン過程という．

定常性　事象が起こる確率はどの時間帯でも同一である．

無記憶性　任意の時間区間 (t_0, t_0+t) に k 回の事象が起こる確率は，時刻 t_0 以前の事象が起こった回数に依存しない．

希少性　微小時間 Δ の間に事象が2回以上起こる確率は $o(\Delta)$ である[1]．これは，Δ の間に事象が2回以上起こる確率は無視できるほど小さいことを意味する．

時刻0から t までに事象が n 回起こる確率を $P_n(t)$ とする．微小時間 Δ に事象が1回起こる確率を $\lambda\Delta$ とすると[2]，

$$P_n(t+\Delta) = P_{n-1}(t)(\lambda\Delta) + P_n(t)(1-\lambda\Delta) \tag{11.1}$$

となる．(11.1) 式は，時刻 $t+\Delta$ までの事象の発生数が n 回となるのは，時刻 t までの発生数が $n-1$ 回で，それから Δ の間にさらに1回起こるか，時刻 t までの発生数が n 回で，それから Δ の間に事象が起こらないかのどちらかであることを表している．時刻 t までの発生数が $n-2$ 回以下で，それから Δ の間に事象が2回以上起こる確率は $o(\Delta)$ なので，無視して (11.1) 式からも省いてある．(11.1) 式を変形すると，

---

1)　$o(\Delta)$ は $\lim_{\Delta\to 0} \dfrac{o(\Delta)}{\Delta} = 0$ が成り立つことを表す．

2)　実際は，上記の3条件から導かれる性質である．

$$\frac{P_n(t+\Delta)-P_n(t)}{\Delta}=\lambda(-P_n(t)+P_{n-1}(t))$$

となる．ここで，$\Delta \to 0$ とすると，

$$\frac{\mathrm{d}P_n(t)}{\mathrm{d}t}=\lambda(-P_n(t)+P_{n-1}(t)) \quad (n=0,1,2,\cdots) \tag{11.2}$$

となる[3]．ただし，$P_{-1}(t)=0$ とする．この微分方程式を解くと，

$$P_n(t)=\frac{(\lambda t)^n}{n!}e^{-\lambda t} \quad (n=0,1,2,\cdots) \tag{11.3}$$

が得られる（導出の詳細は付録 C.1 を参照）．(11.3) 式はポアソン分布と呼ばれる．

例 1：

1 時間当たり平均 2.5 人のポアソン分布に従う客の来店がある店で，2 時間の間に来店する客が 2 人以下である確率を求めよ．

到着率 λ は 2.5（人/時間），時間 t は 2 時間であるから，$\lambda t=5$（人）．2 時間の間に来店する客が 2 人以内である確率は，

$$\sum_{n=0}^{2}\frac{(\lambda t)^n}{n!}e^{-\lambda t}=\sum_{n=0}^{2}\frac{5^n}{n!}e^{-5}=\frac{5^0}{0!}e^{-5}+\frac{5^1}{1!}e^{-5}+\frac{5^2}{2!}e^{-5}=0.125$$

である．

事象が (11.3) 式に従い発生する時，時間間隔 t の間に起こる事象の回数の平均値と分散はともに λt である（導出は付録 C.2 を参照）．単位時間当たりに起こる事象の回数の平均値である λ は**生起率**，または**到着率**と呼ばれる．

3) 本章ではモデルを一貫して微分方程式から導出している．微分方程式を未習の読者もいると思われるが，重要なのは微分方程式の解き方ではなく，現象の捉え方を表している微分方程式自体，あるいは極限をとる前の式（例えば (11.1) 式）である．

例 2：

1 時間当たり平均 6 人のポアソン分布に従う客の来店がある店における 10 分間に到着する客の平均値を求めよ.

10 分間に到着する客の平均値は $6 \times 10/60 = 1$（人）である.

11.1.3　指数分布

ポアソン分布 (11.3) 式に従い事象が起こる時，事象が起きてから次に事象が起きるまでの時間間隔を考える．事象が起きた時刻を 0 として，時刻 t において事象が次に起きる確率密度関数を $f(t)$ とする．Δ を微小時間とし，時刻 t から $t+\Delta$ の間に事象が起こる確率は確率密度の定義から $f(t)\Delta$ である．また，時刻 t から $t+\Delta$ の間に事象が起こる確率とは，時刻 t まで事象が起こらず，その後 Δ の間に事象が起こる確率のことであるから，

$$\left(1 - \int_0^t f(\tau)\mathrm{d}\tau\right)(\lambda\Delta)$$

である．これらのことから，

$$f(t)\Delta = \left(1 - \int_0^t f(\tau)\mathrm{d}\tau\right)(\lambda\Delta)$$

が成り立つ．両辺を Δ で割って，さらに t で微分すると，

$$f'(t) = -\lambda f(t) \tag{11.4}$$

となる．この微分方程式を解くと，$f(t) = Ce^{-\lambda t}$ となる (C は定数)．$f(t)$

は確率密度関数なので，$\displaystyle\int_0^\infty f(t)\mathrm{d}t = 1$ を満たすことから，$C = \lambda$ となり，

$$f(t) = \lambda e^{-\lambda t} \tag{11.5}$$

が得られる．(11.5) 式で表される分布を**指数分布**という．ただし，$t < 0$ においては，$f(t) = 0$ とする．

ポアソン分布はランダムな事象の生起回数の分布，指数分布はランダムな事象が生起する時間間隔の分布であり，表裏の関係にある．指数分布の平均値は $1/\lambda$，分散は $1/\lambda^2$ である（導出は付録 C.3 参照）．(11.3) 式で表されるポアソン分布と (11.5) 式で表される指数分布の平均値が逆数の関係になるのは直観的と思われる．次の例で確かめてみよう．

例 3：

1 時間当たり平均 6 人のポアソン分布に従う客の来店がある店における，客の到着の時間間隔の平均値を求めよ．

平均時間間隔は 1/6（時間）である．

平均値 $1/\lambda$ の指数分布に従う確率変数 T が t より大きくなる確率，すなわち事象間の時間間隔が t より大きくなる確率は

$$P(T > t) = 1 - \int_0^t \lambda e^{-\lambda\tau}\mathrm{d}\tau = e^{-\lambda t}$$

である．この時，

$$P(T > t + s | T > t) = \frac{P(T > t + s)}{P(T > t)} = \frac{e^{-\lambda(t+s)}}{e^{-\lambda t}} = e^{-\lambda s} = P(T > s) \tag{11.6}$$

が成り立つ．t の間事象が起こらなかったという条件の下，さらに s の間事象が起こらない確率は，t の大きさ，すなわち，それまでにどれだけ事象が起こらなかったかに依存しないということである．例えば，街中でタクシーを待つ場合，待ち始めからタクシーに乗るまでの待ち時間も，待ち始めてから 10 分経ってもタクシーが来ないで，その時点からタクシーに乗るまでの待ち時間も待ち時間の分布は変わらないということになる．一見奇妙なこの性質を**無記憶性**，あるいは**マルコフ性**という．

11.2 M/M/c システム

M/M/c システムは，客の到着がポアソン過程で，サービス時間が指数分布に従い，サービスの窓口が c 個あり，待ち室の容量が無限大で，客数の最大数が無限大で，サービス規律が FCFS の待ち行列システムである．M/M/c システムは最も基本的な待ち行列システムで，理論解析が可能なことから，重要なモデルである．

11.2.1　M/M/1 システム

M/M/1 システムはサービスの窓口が 1 個の最も単純な M/M/c システムである．客の到着は生起率 λ のポアソン分布，サービス時間は平均 $1/\mu$ の指数分布に従うとする．単位時間当たり平均 λ（人）の客が到着し，単位時間当たり平均 μ（人）分のサービスが完了する．$a = \lambda/\mu$ を**トラフィック強度**という．

証明は省略するが，$a \geq 1$ だとサービス処理が客の到着に追いつかず，待ち行列が発散しまう．$a < 1$ であれば，待ち行列は発散せず，十分な時間が経過すれば，系内の客数の分布は一定（定常状態）になる [4]．

トラフィック強度が 1 以上でも，窓口を増やすことにより待ち行列の発散を防ぐことができる．単位時間当たり平均 μ（人）分のサービスを

4)　客数の分布が一定になるのであって，系内の客数自体は一定ではなく増減する．

処理する窓口が c（個）ある時，$\rho=\lambda/(c\mu)$ を利用率という．$\rho<1$ であれば待ち行列は発散しない．ここでは，$\rho<1$ の場合を扱う．

M/M/1 システムの定常分布

時刻 t において，システム内に客が n（人）いる確率を $P_n(t)$ $(n=0,1,2,\cdots)$ とする．時刻 t から微小時間 Δ 後にシステム内に客が n（人）いる事象は，次の 3 通りしかない．

1）時刻 t において，システム内の客は n（人）で，その後 Δ の間に，客の到着も客の退出もなかった．

2）時刻 t において，システム内の客は $n-1$（人）で，その後 Δ の間に 1 人客が到着した．客の退出はなかった．ただし，$n=1,2,\cdots$ とする．

3）時刻 t において，システム内の客は $n+1$（人）で，その後 Δ の間に，客が 1 人退出した．客の到着はなかった．

2 人以上の客の到着や退出，1 人到着して 1 人退出する確率は，希少性の仮定から $o(\Delta)$ であるので無視すると，

$$\left\{\begin{aligned} P_0(t+\Delta) &= (1-\lambda\Delta)P_0(t)+(\mu\Delta)P_1(t) \\ P_n(t+\Delta) &= (\lambda\Delta)P_{n-1}(t)+(1-\lambda\Delta)(1-\mu\Delta)P_n(t) \\ &\quad +(\mu\Delta)P_{n+1}(t) \\ &\simeq (\lambda\Delta)P_{n-1}(t)+(1-\lambda\Delta-\mu\Delta)P_n(t) \\ &\quad +(\mu\Delta)P_{n+1}(t) \quad (n=1,2,\cdots) \end{aligned}\right. \tag{11.7}$$

が成り立つ．これを変形すると，

$$\begin{cases} \dfrac{P_0(t+\Delta)-P_0(t)}{\Delta} = -\lambda P_0(t) + \mu P_1(t) \\ \dfrac{P_n(t+\Delta)-P_n(t)}{\Delta} = \lambda P_{n-1}(t) - (\lambda+\mu)P_n(t) + \mu P_{n+1}(t) \\ \hfill (n=1,2,\cdots) \end{cases}$$

$\Delta \to 0$ とすると，微分方程式

$$\begin{cases} \dfrac{\mathrm{d}P_0(t)}{\mathrm{d}t} = -\lambda P_0(t) + \mu P_1(t) \\ \dfrac{\mathrm{d}P_n(t)}{\mathrm{d}t} = \lambda P_{n-1}(t) - (\lambda+\mu)P_n(t) + \mu P_{n+1}(t) \quad (n=1,2,\cdots) \end{cases} \tag{11.8}$$

が得られる．微分方程式 (11.8) をそのまま解くのは難しいので，

$$\lim_{t\to\infty} P_n(t) = P_n$$

というように一定の分布（定常状態）になるとする．定常状態では (11.8) 式の左辺は 0 になる，すなわち $t \to \infty$ において

$$\begin{cases} -\lambda P_0 + \mu P_1 = 0 \\ \lambda P_{n-1} - (\lambda+\mu)P_n + \mu P_{n+1} = 0 \quad (n=1,2,\cdots) \end{cases}$$

となる．これを変形すると，

$$P_1 = \rho P_0 \tag{11.9}$$

$$P_{n+1} = (1+\rho)P_n - \rho P_{n-1} \quad (n=1,2,\cdots) \tag{11.10}$$

となる．ここで，$\rho = \lambda/\mu$ である．(11.10) 式を $n=1$ の場合に適用すると，

$$P_2 = (1+\rho)P_1 - \rho P_0 = (1+\rho)P_1 - P_1 = \rho P_1$$

となる．$n=2$ 以降も順次 (11.10) 式を適用すると，

$$P_n = \rho^n P_0 \tag{11.11}$$

となることがわかる[5]．また，$\sum_{n=0}^{\infty} P_n = 1$ なので，

$$\sum_{n=0}^{\infty} P_n = \sum_{n=0}^{\infty} \rho^n P_0 = \frac{P_0}{1-\rho} = 1$$

から，$P_0 = 1-\rho$ を得る．以上のことより，

$$P_n = (1-\rho)\rho^n \tag{11.12}$$

が得られる．(11.12) 式は幾何分布と呼ばれる分布である．

M/M/1 システムの性能評価

系内の客数は，窓口でサービスを受けている客の数（M/M/c システムでは最大 c）と待ち室でサービスを待っている客の数の和である．待ち室でサービスを待っている客の数は行列の長さに相当する．定常状態における系内の平均客数を L，待ち室でサービスを待っている平均客数を L_q で表すとする．

時間に注目すると，系内に滞在する時間は，窓口でサービスを受ける時間と待ち室で窓口が空くのを待つ時間の和である．系内の平均滞在時間を W，待ち室での平均待ち時間を W_q で表すとする．L，L_q，W，W_q は待ち行列システムの性能を示す代表的な指標である．

定常状態における系内の平均客数 L は，

---

5) 厳密には数学的帰納法により示される．

$$L = \sum_{n=0}^{\infty} nP_n = (1-\rho)\sum_{n=0}^{\infty} n\rho^n = \frac{\rho}{1-\rho} \tag{11.13}$$

である．ここで，

$$\sum_{n=0}^{\infty} n\rho^n = \frac{\rho}{(1-\rho)^2}$$

を利用した [6]．

また，客が到着した時，系内に先客が n 人いたとする．1 人当たりの平均サービス時間は $1/\mu$ であるから，n/μ だけ待たされて，自身がサービスを受ける平均時間は $1/\mu$ である．したがって，先客が n 人いた時に，客が到着してから退出するまでの平均時間は $(n+1)/\mu$ である．以上のことから，客が到着してから退出するまでの平均時間，すなわち系内の平均滞在時間 W は

$$W = \sum_{n=0}^{\infty} P_n \frac{n+1}{\mu} = \frac{L+1}{\mu} = \frac{1}{1-\rho}\frac{1}{\mu} \tag{11.14}$$

となる．(11.13) 式と (11.14) 式を比較すると，

$$L = \lambda W \tag{11.15}$$

の関係が成り立っている．証明は省くが，この関係は M/M/1 システムに限らず，待ち行列システム一般に成り立つ．(11.15) 式はリトル（Little）の公式と呼ばれている．

今度は，定常状態における待ち行列の平均長（待ち室内の平均客数）L_q を求めると，

6)　この公式は $\sum_{n=0}^{N} n\rho^n = \sum_{n=0}^{N} \rho\frac{\mathrm{d}}{\mathrm{d}\rho}\rho^n = \rho\frac{\mathrm{d}}{\mathrm{d}\rho}\sum_{n=0}^{N}\rho^n$ を利用することで導かれる．

$$
\begin{aligned}
L_q &= \sum_{n=1}^{\infty}(n-1)P_n = \rho\sum_{n=1}^{\infty}(n-1)P_{n-1} \\
&= \rho\sum_{n=0}^{\infty}nP_n = \rho L = \frac{\rho^2}{1-\rho} = L-\rho
\end{aligned}
\tag{11.16}
$$

となる．待ち時間 W_q は,

$$
W_q = \sum_{n=0}^{\infty}P_n\frac{n}{\mu} = \frac{L}{\mu} = \frac{\rho}{1-\rho}\frac{1}{\mu} = W - \frac{1}{\mu} \tag{11.17}
$$

となる．(11.16) 式と (11.17) 式を比較すると,

$$
L_q = \lambda W_q \tag{11.18}
$$

の関係が成り立っている．このように待ち室内においてもリトルの公式が成り立つ.

例 4：

ATM が 1 台のみ設置されたある ATM コーナーでは，1 時間当たり平均 15 人のポアソン分布に従い客が到着する．ATM の使用は，1 件当たり平均 2 分の指数分布に従う．この ATM コーナーで待たずに ATM を使用できる確率，コーナー内の平均客数，平均滞在時間，待ち行列の平均長，平均待ち時間を求めよ.

この ATM コーナーは M/M/1 システムとみなせる．到着率は $\lambda = 15/60 = 1/4$，平均サービス時間は $1/\mu = 2$ であることから，利用率は $\rho = \lambda/\mu = 1/2$ である．待たずに ATM を使用できる確率は (11.12) 式から $P_0 = 1-\rho = 1-1/2 = 1/2$，コーナー内の平均客数は (11.13) 式から

$L = \rho/(1-\rho) = (1/2)/(1-1/2) = 1$（人），平均滞在時間は (11.14) 式から $W = \dfrac{1}{1-\rho}\dfrac{1}{\mu} = \dfrac{1}{1-1/2}\dfrac{1}{1/2} = 4$ (分)，待ち行列の平均長は (11.16) 式から $L_q = \rho^2/(1-\rho) = (1/2)^2/(1-1/2) = 1/2$（人），平均待ち時間は (11.17) 式から $W_q = \dfrac{\rho}{1-\rho}\dfrac{1}{\mu} = \dfrac{1/2}{1-1/2}\dfrac{1}{1/2} = 2$（分）である．

11.2.2　M/M/*c* システム

M/M/*c* システムの定常分布

窓口の数が c の M/M/c システムも考え方は同じである．客は 1 列で並んでサービスを待ち，最初に空いた窓口でサービスを受ける．ここでも，待ち行列が発散しない $\rho = \lambda/(c\mu) < 1$ の場合を扱う．

時刻 t において，システム内に客が n（人）いる確率を $P_n(t)$ $(n = 0, 1, 2, \cdots)$ とする．時刻 t から微小時間 Δ 後にシステム内に客が n（人）いる事象は，次の 3 通りしかない．

1）時刻 t において，システム内の客は n（人）で，その後 Δ の間に，客の到着も客の退出もなかった．

2）時刻 t において，システム内の客は $n-1$（人）で，その後 Δ の間に 1 人客が到着した．客の退出はなかった．ただし，$n = 1, 2, \cdots$ とする．

3）時刻 t において，システム内の客は $n+1$（人）で，その後 Δ の間に，窓口でサービスを受けていた最大 c（人）の客のうち 1 人が退出した．客の到着はなかった．

2 人以上の客の到着や退出，1 人到着して 1 人退出する確率は $o(\Delta)$ であるので無視する．以上のことから

$$\begin{cases} P_0(t+\Delta) = (1-\lambda\Delta)P_0(t) + \mu\Delta P_1(t) \\ P_n(t+\Delta) = \begin{cases} \lambda\Delta P_{n-1}(t) + (1-\lambda\Delta-(n+1)\mu\Delta)P_n(t) \\ \quad + (n+1)\mu\Delta P_{n+1}(t) \quad (n=1,2,\cdots,c-1) \\ \lambda\Delta P_{n-1}(t) + (1-\lambda\Delta-c\mu\Delta)P_n(t) \\ \quad + c\mu\Delta P_{n+1}(t) \quad (n=c,c+1,\cdots) \end{cases} \end{cases} \tag{11.19}$$

が成り立つ．(11.19) 式の 2 番目の式は，窓口に空きがある状態，3 番目の式は窓口に空きがない状態である．これらの式の右辺第 3 項は，窓口でサービスを受けている客のうち 1 人が退出する確率を表している．各窓口におけるサービスの終了は独立なので，窓口でサービスを受けている客のうち 1 人が退出する確率は，窓口でサービスを受けている特定の 1 人の客のサービスが終了する確率 $\mu\Delta$ の和となる．(11.19) 式を変形して，$\Delta \to 0$ とすると，

$$\begin{cases} \dfrac{\mathrm{d}P_0(t)}{\mathrm{d}t} = -\lambda P_0(t) + \mu P_1(t) \\ \dfrac{\mathrm{d}P_n(t)}{\mathrm{d}t} = \begin{cases} \lambda P_{n-1}(t) - (\lambda+n\mu)P_n(t) + (n+1)\mu P_{n+1}(t) \\ \qquad\qquad (n=1,2,\cdots,c-1) \\ \lambda P_{n-1}(t) - (\lambda+c\mu)P_n(t) + c\mu P_{n+1}(t) \\ \qquad\qquad (n=c,c+1,\cdots) \end{cases} \end{cases} \tag{11.20}$$

が得られる．M/M/1 システムの場合と同様に定常状態を考える．(11.20) 式の左辺を 0 とおいて整理すると，

$$\begin{cases} P_1 = aP_0 \\ P_{n+1} = \begin{cases} -\dfrac{a}{n+1}P_{n-1} + \left(\dfrac{a}{n+1} + \dfrac{n}{n+1}\right)P_n \\ \qquad\qquad\qquad\qquad (n = 1, 2, \cdots, c-1) \\ -\dfrac{a}{c}P_{n-1} + \left(\dfrac{a}{c} + 1\right)P_n \qquad (n = c, c+1, \cdots) \end{cases} \end{cases} \tag{11.21}$$

ここで，$a = \lambda/\mu$ である．$c \geq 2$ として，$n = 1$ の場合に (11.21) 式の 2 番目の式を適用すると，

$$P_2 = -\frac{a}{2}P_0 + \left(\frac{a}{2} + \frac{1}{2}\right)P_1 = -\frac{1}{2}P_1 + \left(\frac{a}{2} + \frac{1}{2}\right)P_1 = \frac{a}{2}P_1$$

となる．$n = 2$ 以降も $n = c - 1$ まで (11.21) 式の 2 番目の式を順次適用することにより

$$P_{n+1} = \frac{a}{n+1}P_n$$

が得られることから，$n = 1, 2, \cdots, c-1$ においては，

$$P_n = \frac{a^n}{n!}P_0 \tag{11.22}$$

となる．$n = c$ において，(11.21) 式の 3 番目の式を適用すると，

$$P_{c+1} = -\frac{a}{c}P_{c-1} + \left(\frac{a}{c} + 1\right)P_c = -P_c + \left(\frac{a}{c} + 1\right)P_c = \frac{a}{c}P_c$$

$n = c + 1$ 以降も (11.21) 式の 3 番目の式を順次適用することにより

$$P_{n+1} = \frac{a}{c}P_n$$

が得られることから，$n = c + 1, c + 2, \cdots$ においては，

$$P_n = \frac{a^{n-c}}{c^{n-c}} P_c = \frac{a^{n-c}}{c^{n-c}} \left(\frac{a^c}{c!} P_0 \right) = \frac{a^n}{c^{n-c} c!} P_0 \tag{11.23}$$

となる．P_0 は，

$$\begin{aligned}
\sum_{n=0}^{\infty} P_n &= \sum_{n=0}^{c-1} P_n + \sum_{n=c}^{\infty} P_n = \sum_{n=0}^{c-1} \frac{a^n}{n!} P_0 + \sum_{n=c}^{\infty} \frac{a^n}{c^{n-c} c!} P_0 \\
&= P_0 \sum_{n=0}^{c-1} \frac{a^n}{n!} + P_0 \frac{a^c}{c!} \sum_{n=c}^{\infty} \frac{a^{n-c}}{c^{n-c}} = P_0 \sum_{n=0}^{c-1} \frac{a^n}{n!} + P_0 \frac{a^c}{c!} \sum_{n=c}^{\infty} \rho^{n-c} \\
&= P_0 \sum_{n=0}^{c-1} \frac{a^n}{n!} + P_0 \frac{a^c}{c!} \frac{1}{1-\rho} = 1
\end{aligned} \tag{11.24}$$

より

$$P_0 = \left\{ \sum_{n=0}^{c-1} \frac{a^n}{n!} + \frac{a^c}{c!} \frac{1}{1-\rho} \right\}^{-1} \tag{11.25}$$

となる．ここで，$\rho = \lambda/(c\mu)$ である．以上のことから，

$$\begin{cases}
P_0 = \left\{ \displaystyle\sum_{n=0}^{c-1} \frac{a^n}{n!} + \frac{a^c}{c!} \frac{1}{1-\rho} \right\}^{-1} \\
P_n = \begin{cases} \dfrac{a^n}{n!} P_0 & (n = 1, \cdots, c) \\ \dfrac{a^n}{c^{n-c} c!} P_0 & (n = c+1, c+2, \cdots) \end{cases} \\
a = \dfrac{\lambda}{\mu}, \ \rho = \dfrac{\lambda}{c\mu}
\end{cases} \tag{11.26}$$

が得られる．

M/M/c システムの性能評価

M/M/c システムにおいて，c 個の窓口がすべてふさがっている確率 $C(c,a)$ は，

$$C(c,a) = \sum_{n=c}^{\infty} P_n = \sum_{n=c}^{\infty} \left(\frac{a}{c}\right)^{n-c} P_c = \sum_{n=0}^{\infty} \left(\frac{a}{c}\right)^{n} P_c = \frac{c}{c-a} P_c$$

$$= \frac{c}{c-a}\frac{a^c}{c!} P_0 = \frac{\dfrac{c}{c-a}\dfrac{a^c}{c!}}{\displaystyle\sum_{n=0}^{c-1} \frac{a^n}{n!} + \frac{a^c}{c!}\frac{c}{c-a}} \tag{11.27}$$

となる．(11.27) 式はアーラン（Erlang）C 式と呼ばれる．

M/M/c システムの定常状態における待ち行列の平均長 L_q は，

$$L_q = \sum_{n=c+1}^{\infty} (n-c) P_n = \sum_{n=c+1}^{\infty} (n-c) \frac{a^n}{c^{n-c} c!} P_0$$

$$= P_0 \frac{a^c}{c!} \sum_{n=c+1}^{\infty} (n-c) \left(\frac{a}{c}\right)^{n-c} = P_0 \frac{a^c}{c!} \sum_{n=1}^{\infty} n \left(\frac{a}{c}\right)^{n}$$

$$= P_0 \frac{a^c}{c!} \frac{a/c}{\{1-(a/c)\}^2} = C(c,a) \frac{a}{c-a} \tag{11.28}$$

である．定常状態における系内の平均客数 L は，

$$L = \sum_{n=0}^{\infty} nP_n = \sum_{n=0}^{c} nP_n + \sum_{n=c+1}^{\infty} nP_n$$

$$= \sum_{n=0}^{c} nP_n + \sum_{n=c+1}^{\infty} (n-c)P_n + \sum_{n=c+1}^{\infty} cP_n$$

$$
\begin{aligned}
&= \sum_{n=1}^{c} n \frac{a^n}{n!} P_0 + L_q + c\{C(c,a) - P_c\} \\
&= a \sum_{n=1}^{c} \frac{a^{n-1}}{(n-1)!} P_0 + L_q + c\{C(c,a) - P_c\} \\
&= a \sum_{n=0}^{c-1} P_n + L_q + c\{C(c,a) - P_c\} \\
&= a\{1 - C(c,a)\} + L_q + c\{C(c,a) - P_c\} \\
&= a\left(1 - \frac{cP_c}{c-a}\right) + L_q + c\left(\frac{cP_c}{c-a} - P_c\right) \\
&= L_q + a \qquad (11.29)
\end{aligned}
$$

待ち時間 W_q はリトルの公式より，

$$
W_q = \frac{L_q}{\lambda} = C(c,a)\frac{1/\mu}{c-a} \qquad (11.30)
$$

となる．また，系内の平均滞在時間 W もリトルの公式より，

$$
W = \frac{L}{\lambda} = \frac{L_q + a}{\lambda} = W_q + \frac{1}{\mu} \qquad (11.31)
$$

となる．アーラン C 式はコールセンターの人員配置等に応用されている．

例 5：

2 台の ATM が設置されたある ATM コーナーでは，1 時間当たり平均 30 人のポアソン分布に従い客が到着する．ATM の使用は，1 件当たり平均 2 分の指数分布に従う．到着した客は 1 列に並び，列の先頭の客から空いた ATM を使用する．この ATM コーナーで待たずに ATM を使用できる確率，待ち行列の平均長，平均待ち時間，

コーナー内の平均客数，平均滞在時間を求めよ．

この系は M/M/2 システムである．到着率は $\lambda = 30/60 = 1/2$, 平均サービス時間は $1/\mu = 2$ であることから，トラフィック強度は $a = \lambda/\mu = 1$, 利用率は $\rho = a/c = 1/2$ である．例 4 と比べると，到着率が 2 倍，平均サービス時間は同じ，窓口数が 2 倍で利用率も同じである．

待たずに ATM を使用できる確率は $1 - C(c, a)$ である．(11.27) 式から

$$C(2,1) = \frac{\dfrac{2}{2-1}\dfrac{1^2}{2!}}{\displaystyle\sum_{n=0}^{2-1}\frac{1^n}{n!} + \frac{1^2}{2!}\frac{2}{2-1}} = \frac{1}{\displaystyle\sum_{n=0}^{1}\frac{1}{n!} + 1} = \frac{1}{\dfrac{1}{0!} + \dfrac{1}{1!} + 1} = \frac{1}{3}$$

が得られるので，待たずに ATM を使用できる確率は 2/3 である．

待ち行列の平均長は (11.28) 式から $L_q = C(c,a)\dfrac{a}{c-a} = C(2,1)\dfrac{1}{2-1}$ $= 1/3$（人），平均待ち時間は (11.30) 式から $W_q = L_q/\lambda = \dfrac{1/3}{1/2} = 2/3$（分）である．

コーナー内の平均客数は (11.29) 式から $L = L_q + a = 1/3 + 1 = 4/3$（人），平均滞在時間は (11.31) 式から $W = L/\lambda = \dfrac{4/3}{1/2} = 8/3$（分）である．

11.3 まとめ

本章では，待ち行列理論の基礎として，最も基本的な M/M/c システムについて説明した．待ち行列理論の応用範囲は広く，より複雑な待ち行列システムが存在する．そのようなシステムを扱う上でも，本章の考え方がその基礎になる．紙幅の都合で本章に収められなかった導出の詳細を付録 C に示してあるので，参照されたい．

参考文献

1) 大石進一（2003）『待ち行列理論』，コロナ社.

待ち行列理論の基礎を丁寧に解説している．以下の文献は応用例が豊富である.

2) 高橋幸雄・森村英典（2001）『混雑と待ち』，朝倉書店.

3) 高橋敬隆・吉野秀明・山本尚生・戸田彰（2003）『わかりやすい待ち行列システム：理論と実践』，電子情報通信学会.

4) 吉岡良雄（2004）『待ち行列と確率分布：情報システム解析への応用』，森北出版.

5) 塩田茂雄・河西憲一・豊泉洋・会田雅樹（2014）『待ち行列理論の基礎と応用』，共立出版.

演習問題 11

11.1 (B) 例 4 の M/M/1 システムにおける P_1，P_2，P_3 を求めよ．

11.2 (B) ATM が 1 台のみ設置されたある ATM コーナーでは，1 時間当たり平均 15 人のポアソン分布に従い客が到着する．ATM の使用は，1 件当たり平均 3 分の指数分布に従う．この ATM コーナーで待たずに ATM を使用できる確率，コーナー内の平均客数，平均滞在時間，待ち行列の平均長，平均待ち時間を求めよ．

11.3 (B) M/M/1 システムにおける平均待ち時間 W_q が平均サービス時間 $1/\mu$ の 10 倍以内に収まるための ρ の条件を求めよ．

11.4 (B)　例 5 の M/M/2 システムにおける P_1，P_2，P_3 を求めよ．

11.5 (D)　個人の携帯電話は普通 1 本の回線のみであるので，窓口数が 1 であることに相当する．この携帯電話に電話をかけると，通話中であればそのまま待っていてもつながらず，かけ直さなければならないので，待ち室の容量は 0 に相当する．この待ち行列システムは M/M/1/1 システムである．M/M/1/1 システムの定常分布を求めよ．
ヒント：M/M/1 システムの定常分布を求める方法と同じ考え方であるが，回線が空いている状態（系内の客数が 0 に相当）と通話中（系内の客数が 1 に相当）の 2 種類しかない．

12 非線形最適化法

《目標＆ポイント》 非線形最適化問題は目的，または制約条件を表す数式に非線形なものを含む最適化問題であり，非線形最適化法は非線形最適化問題を解く手法である．現実世界の問題では線形最適化問題として定式化できない問題が多い．また，統計モデルのパラメタ推定や機械学習でも非線形最適化法は利用されている．本章では，数ある非線形最適化法のうち最も基本的な方法について解説する．

《キーワード》 非線形最適化問題，最急降下法，ニュートン法

12.1 非線形最適化問題

線形最適化問題は，目的関数と制約がすべて線形式で表される問題であった．目的関数，または制約に非線形式が入る最適化問題は**非線形最適化問題**に分類される．線形に近似できない事象は広く存在していることから，非線形最適化問題も広く存在する．非線形最適化問題と線形最適化問題では最適解の計算法がまったく異なるが，定式化は非線形な式を含むか否かが異なるだけである．ここでは非線形最適化問題の簡単な例を示す．

12.1.1 制約のある非線形最適化問題

例 1：自宅の建築計画

会社員のＡ氏は自分自身で自宅を建てている．各工程に時間をかければその分仕上がりは良くなるが，仕上がりの程度は時間に比例

するわけでなく，下図に示すような曲線になる．全工程数は n であり，工程 i $(i=1,2,\cdots,n)$ の仕上がりの程度は，その工程にかけた時間を x_i（日）とした時，

$$\log(a_i x_i + 1) \quad (a_i > 0)$$

とする．ただし，各工程は最低 t_i (>0) 日かかる．

全工程を T 日以内に終わらせなければならない時，仕上がりの和を最大にするには，各工程に何日かければよいか．

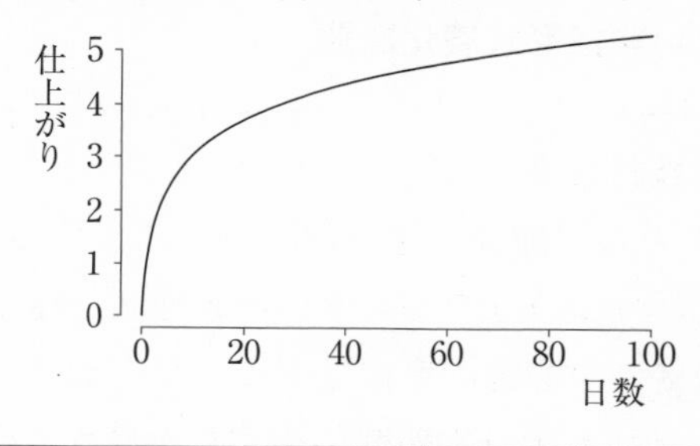

工程 i に x_i 日かけるとする．目的関数 z は全工程の仕上がり程度の和で，

$$z = \sum_{i=1}^{n} \log(a_i x_i + 1)$$

と表される．工程 i には最低 t_i（日）かかるから，

$$x_i \geq t_i \quad (i = 1, 2, \cdots n)$$

である．さらに全工程を T 日以内に終わらせなければならないから，

$$\sum_{i=1}^{n} x_i \leq T$$

である．これらをまとめて，例 1 は次のように定式化される．

$$\text{最大化} \quad z = \sum_{i=1}^{n} \log(a_i x_i + 1)$$
$$\text{制約条件} \quad x_i \geq t_i \quad (i = 1, 2, \cdots, n)$$
$$\sum_{i=1}^{n} x_i \leq T.$$

12.1.2 制約のない非線形最適化問題

例 2：消防署の設置位置

B 市では近年の人口増加に伴い消防署を新設することになった．市内には下図に示すような 5 つの人口密集地区（1，2，3，4，5）がある．5 つの地区の中心地の座標は下に示すとおりである．消防署はこれら 5 つの地区への直線距離の和が最小になる位置に設置したい．消防署を設置すべき位置の座標を求めよ．

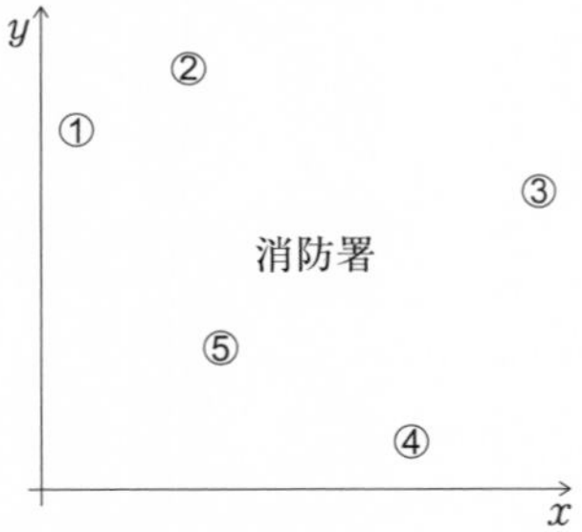

地区 i	x_i	y_i
1	1	12
2	4	14
3	15	10
4	11	2
5	5	5

消防署の位置の座標を (x, y)，地区 i $(i = 1, 2, 3, 4, 5)$ の位置の座標を (x_i, y_i) とすると，消防署と地区 i の直線距離は，

$$\sqrt{(x-x_i)^2+(y-y_i)^2}$$

と表される．目的関数 z は消防署と各地区の直線距離の和で，

$$\begin{aligned} z &= \sum_{i=1}^{5} \sqrt{(x-x_i)^2+(y-y_i)^2} \\ &= \sqrt{(x-1)^2+(y-12)^2}+\sqrt{(x-4)^2+(y-14)^2} \\ &\quad +\sqrt{(x-15)^2+(y-10)^2}+\sqrt{(x-11)^2+(y-2)^2} \\ &\quad +\sqrt{(x-5)^2+(y-5)^2} \end{aligned} \tag{12.1}$$

と表される．例 2 は z を最小化する問題として定式化される．

一般に非線形最適化問題は，

$$\begin{aligned} &\text{最小化} \quad f(\boldsymbol{x}) \\ &\text{制約} \quad g_i(\boldsymbol{x}) = 0 \quad (i=1,2,\cdots,m) \\ &\qquad\quad h_j(\boldsymbol{x}) \leq 0 \quad (j=1,2,\cdots,l) \end{aligned}$$

と定式化される．ここで，$\boldsymbol{x}$ は n 変数のベクトル $[x_1\ x_2\ \cdots\ x_n]^T$ である．

12.2 制約のない非線形最適化問題の最適化

一般的な非線形最適化問題は制約のある問題であるが，制約のある非線形最適化問題の最適化アルゴリズムは，制約のない問題の最適化アルゴリズムに比べ複雑で本書の程度を超えているため，本章では制約のない非線形最適化問題の最適化法について解説する．本章では，問題は最小化問題とし，目的関数 $f(\boldsymbol{x})$ は考慮すべき $\boldsymbol{x}$ の領域において 2 階微分

可能で，2 階微分は連続な関数になることを前提とする．

12.2.1 最適性の条件

任意の $\boldsymbol{x}$ に対して $f(\boldsymbol{x}^*) \leq f(\boldsymbol{x})$ を満たす $\boldsymbol{x}^*$ を関数 f の最小化問題の**大域最適解**と呼ぶ．一方，$\boldsymbol{x}^*$ の周囲の $\boldsymbol{x}$ に対して $f(\boldsymbol{x}^*) \leq f(\boldsymbol{x})$ を満たす $\boldsymbol{x}^*$ を関数 f の最小化問題の**局所最適解**と呼ぶ．大域最適解は局所最適解であるが，局所最適解は一般には大域最適解とはならない[1)]．

まず，次の 1 変数関数 $f(x)$ を考える．関数 $f(x)$ の増減を調べるには，関数の変化率を表す（1 階）導関数（微分）

$$f'(x) = \frac{\mathrm{d}f(x)}{\mathrm{d}x} = \lim_{\Delta x \to 0} \frac{f(x + \Delta x) - f(x)}{\Delta x}$$

および，導関数の変化率を表す 2 階導関数

$$f''(x) = \frac{\mathrm{d}^2 f(x)}{\mathrm{d}x^2} = \lim_{\Delta x \to 0} \frac{f'(x + \Delta x) - f'(x)}{\Delta x}$$

を用いる．$f'(x)$ は x における $f(x)$ の変化率で，幾何的には x における $f(x)$ の接線の傾きを表している．x において，$f'(x)$ が正なら x において $f(x)$ は増加しており，$f'(x)$ が負なら x において $f(x)$ は減少している．x において $f(x)$ は極小値あるいは極大値になっているなら，x において $f'(x) = 0$ が成り立つ．ただし，x において $f'(x) = 0$ であっても，必ずしも x において $f(x)$ が極小値または極大値をとるとは限らない．例えば，$f(x) = x^3$ は $x = 0$ において $f'(x) = 0$ となるが，$f(0)$ は極小値でも極大値でもない．

$f'(x) = 0$ の時，x において $f(x)$ が極小値であるか極大値であるかの判別を行うには $f''(x)$ を用いる．$f''(x)$ が正なら $f(x)$ は下に凸な曲線 ($\smile$) であり，$f''(x)$ が負なら $f(x)$ は上に凸な曲線 ($\frown$) である．したがっ

1)　数学の術語を用いれば，大域最適解は最小値を与える $\boldsymbol{x}^*$ で，局所最適解は極小値を与える $\boldsymbol{x}^*$ である．

て，$f'(x)=0$ の時，$f''(x)>0$ であれば $f(x)$ は x において極小値となり，$f''(x)<0$ であれば $f(x)$ は x において極大値となる．$f''(x)=0$ である場合は厄介である．例えば，$f(x)=x^3$ は $x=0$ において $f'(x)=0$，$f''(x)=0$ となる．この場合，$f(0)$ は極小値でも極大値でもない．一方，$f(x)=x^4$ は $x=0$ において $f'(x)=0$，$f''(x)=0$ となる．この場合は $f(0)$ は極小値である．$f'(x)=0$，$f''(x)=0$ の場合は，x において $f(x)$ が極小値，極大値であるか，それらのいずれでもないかは $f'(x)$ と $f''(x)$ のみからでは判別できない．

次の例を考えてみよう．

$$f(x)=\frac{1}{4}x^4+\frac{2}{3}x^3-\frac{1}{2}x^2-2x+1$$

$f(x)$ は図 12.1 に示す曲線になる．

$f(x)$ の 1 階および 2 階導関数は各々以下のようになる．

$$f'(x)=x^3+2x^2-x-2=(x+2)(x+1)(x-1),$$
$$f''(x)=3x^2+4x-1.$$

$f(x)$ の極値を与える x は方程式 $f'(x)=0$ を満たす．この方程式の解は，

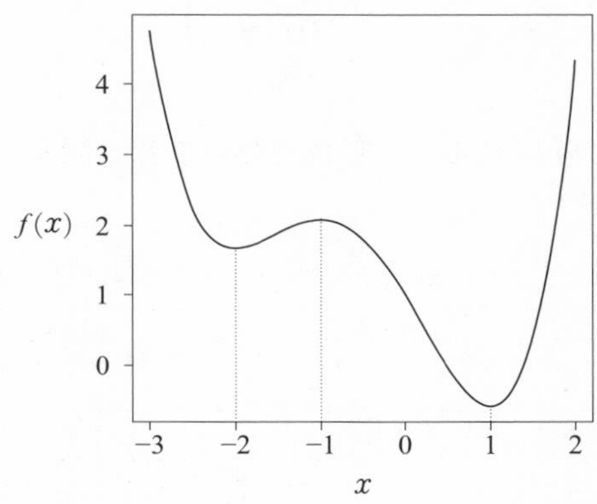

図 12.1　$f(x)=\frac{1}{4}x^4+\frac{2}{3}x^3-\frac{1}{2}x^2-2x+1$

$x=-2,\ -1,\ 1$ である．また，$f''(x)=0$ の解は $x=\dfrac{-2\pm\sqrt{7}}{3}$ である．これらのことから，$f(x)$ の増減は表 12.1 に示す増減表にまとめられる．

局所最適解（極小値）を比較して大域最適解は $x=1$ であることがわかる．しかし，一般には局所最適解はいくつも存在する．特に変数が多くなると，局所最適解をすべて見つけて大域最適解を求めるのは困難である．本章では局所最適解を求めることを考える．

多変数関数 $f(\boldsymbol{x})$ の最適性も 1 変数関数の最適性と同様に考えることができる．$f(\boldsymbol{x})=f(x_1,x_2,\cdots,x_n)$ の変数 x_i に関する偏導関数は

$$\frac{\partial f(\boldsymbol{x})}{\partial x_i}= \lim_{\Delta x_i\to 0}\frac{f(x_1,\cdots,x_i+\Delta x_i,x_{i+1},\cdots,x_n)-f(x_1,\cdots,x_i,x_{i+1},\cdots,x_n)}{\Delta x_i}$$

で与えられる．偏導関数 $\dfrac{\partial f(\boldsymbol{x})}{\partial x_i}$ を成分とする n 次元ベクトル

$$\nabla f(\boldsymbol{x})=\begin{bmatrix}\dfrac{\partial f(\boldsymbol{x})}{\partial x_1}\\ \dfrac{\partial f(\boldsymbol{x})}{\partial x_2}\\ \vdots\\ \dfrac{\partial f(\boldsymbol{x})}{\partial x_n}\end{bmatrix} \tag{12.2}$$

は勾配ベクトルと呼ばれる．1 変数関数の場合と同様に，$\boldsymbol{x}$ が局所最適

表 12.1　$f(x)=\frac{1}{4}x^4+\frac{2}{3}x^3-\frac{1}{2}x^2-2x+1$ の増減表

x	<-2	-2		$\frac{-2-\sqrt{7}}{3}$		-1		$\frac{-2+\sqrt{7}}{3}$		1	>1
$f'(x)$	$-$	0	$+$	$+$	$+$	0	$-$	$-$	$-$	0	$+$
$f''(x)$	$+$	$+$	$+$	0	$-$	$-$	$-$	0	$+$	$+$	$+$
$f(x)$	↘	$\frac{5}{3}$ 極小	↗		↗	$\frac{25}{12}$ 極大	↘		↘	$\frac{-7}{12}$ 極小	↗

解であれば,

$$\nabla f(\boldsymbol{x}) = \mathbf{0} \tag{12.3}$$

が成り立つ．これは $\boldsymbol{x}$ が局所最適解であるための必要条件であり，**1 次の必要条件**と呼ばれる．$\nabla f(\boldsymbol{x}) = \mathbf{0}$ を満たす $\boldsymbol{x}$ は f の停留点と呼ばれる．

$\boldsymbol{x}$ における 2 階の偏導関数 $\dfrac{\partial^2 f(\boldsymbol{x})}{\partial x_i \partial x_j}$ を成分とする $n \times n$ 行列

$$\nabla^2 f(\boldsymbol{x}) = \begin{bmatrix} \dfrac{\partial^2 f(\boldsymbol{x})}{\partial x_1^2} & \dfrac{\partial^2 f(\boldsymbol{x})}{\partial x_1 \partial x_2} & \cdots & \dfrac{\partial^2 f(\boldsymbol{x})}{\partial x_1 \partial x_n} \\ \dfrac{\partial^2 f(\boldsymbol{x})}{\partial x_2 \partial x_1} & \dfrac{\partial^2 f(\boldsymbol{x})}{\partial x_2^2} & \cdots & \dfrac{\partial^2 f(\boldsymbol{x})}{\partial x_2 \partial x_n} \\ \vdots & \vdots & \ddots & \vdots \\ \dfrac{\partial^2 f(\boldsymbol{x})}{\partial x_n \partial x_1} & \dfrac{\partial^2 f(\boldsymbol{x})}{\partial x_n \partial x_2} & \cdots & \dfrac{\partial^2 f(\boldsymbol{x})}{\partial x_n^2} \end{bmatrix} \tag{12.4}$$

をヘッセ行列（Hessian matrix）と呼ぶ．$\boldsymbol{x}$ が関数 $f(\boldsymbol{x})$ の局所最適解であれば,

$$\nabla f(\boldsymbol{x}) = \mathbf{0} \text{ かつ } \nabla^2 f(\boldsymbol{x}) \text{ は半正定値行列} \tag{12.5}$$

が成り立つ [2)]．これは **2 次の必要条件**と呼ばれる．さらに,

$$\nabla f(\boldsymbol{x}) = \mathbf{0} \text{ かつ } \nabla^2 f(\boldsymbol{x}) \text{ は正定値行列} \tag{12.6}$$

が成り立つならば，$\boldsymbol{x}$ は局所最適解であることから，(12.6) 式は **2 次の十分条件**と呼ばれる．

---

2)　$n \times n$ 行列 $\boldsymbol{M}$ が任意の n 次元ベクトル $\boldsymbol{x}$ に対して，$\boldsymbol{x}^T \boldsymbol{M} \boldsymbol{x} \geq 0$ を満たす時，行列 $\boldsymbol{M}$ は半正定値行列であるという．また，零ベクトルを除く任意の n 次元ベクトル $\boldsymbol{x}$ に対して，$\boldsymbol{x}^T \boldsymbol{M} \boldsymbol{x} > 0$ を満たす時，行列 $\boldsymbol{M}$ は正定値行列であるという．$\boldsymbol{M}$ が $\boldsymbol{M}^T = \boldsymbol{M}$ を満たす対称行列の時，$\boldsymbol{M}$ のすべての固有値が非負であることと $\boldsymbol{M}$ が半正定値であることは等価であり，$\boldsymbol{M}$ のすべての固有値が正であることと $\boldsymbol{M}$ が正定値であることは等価である．

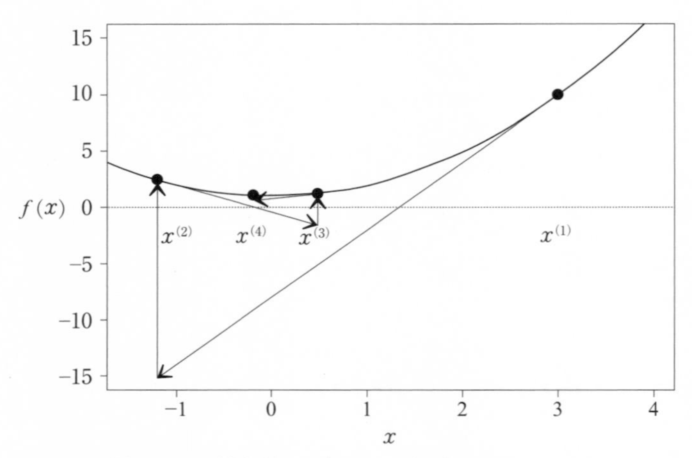

図 12.2　最急降下法による探索のイメージ

12.2.2　最急降下法

勾配ベクトル $\nabla f(\boldsymbol{x})$ の向きは関数 $f(\boldsymbol{x})$ を最も増加させる方向である．したがって，勾配ベクトルの反対方向に $\boldsymbol{x}$ を変化させれば $f(\boldsymbol{x})$ を減少させ，これを繰り返すことにより局所最適解に到達しようという方法が**最急降下法**である．最急降下法では，k 回目の繰り返しにおいて $\boldsymbol{x}^{(k)}$ である時，

$$\boldsymbol{x}^{(k+1)} = \boldsymbol{x}^{(k)} - \alpha^{(k)} \nabla f(\boldsymbol{x}^{(k)}) \tag{12.7}$$

と更新する．ここで，$\alpha^{(k)}$ は正の数で，$f(\boldsymbol{x}^{(k)} - \alpha^{(k)} \nabla f(\boldsymbol{x}^{(k)}))$ が最小に（近く）なるように定める．これは 1 変数 $\alpha^{(k)}$ に関する最小化問題であるので，**直線探索**と呼ばれる．直線探索については次項で述べる．図 12.2 に 1 変数関数 $f(x)$ を最小にする x を最急降下法で探索する過程のイメージを示す．

最急降下法のアルゴリズムは以下のとおりである．

最急降下法

0）$\boldsymbol{x}$ の適当な初期値 $\boldsymbol{x}^{(0)}$ を定める．$k \leftarrow 0$ とする．

1）$\nabla f(\boldsymbol{x}^{(k)}) = \boldsymbol{0}$ ならば $\boldsymbol{x}^{(k)}$ を局所最適解として出力し計算終了．そうでなければ2）へ．

2）$f(\boldsymbol{x}^{(k)} - \alpha^{(k)} \nabla f(\boldsymbol{x}^{(k)}))$ が最小に（近く）なるような $\alpha^{(k)}$ を求め，

$$\boldsymbol{x}^{(k+1)} = \boldsymbol{x}^{(k)} - \alpha^{(k)} \nabla f(\boldsymbol{x}^{(k)})$$

により $\boldsymbol{x}^{(k)}$ を更新する．$k \leftarrow k+1$ として，1）へ．

アルゴリズムの終了条件を厳密に満たすことは難しいので，実際には小さな正の数 ε に対して，$\nabla f(\boldsymbol{x}^{(k)})$ の成分の絶対値がすべて ε より小さくなる，あるいは $\|\nabla f(\boldsymbol{x}^{(k)})\| < \varepsilon$ を終了条件とする[3)]．

最急降下法は $\boldsymbol{x}$ の任意の初期値に対して，局所最適解に収束することが理論的に保証されている．この性質は**大域収束性**と呼ばれる．ただし，収束までに多数の繰り返しを要することが多い．

12.2.3 直線探索

$-\nabla f(\boldsymbol{x}^{(k)})$ は $f(\boldsymbol{x})$ を減少させる方向であるから，$\alpha^{(k)}$ が十分小さければ f は減少する．$\alpha^{(k)}$ を大きくしていくと，f は極小値付近になり，さらに $\alpha^{(k)}$ を大きくすると f は増加するので，適当に補間して $\alpha^{(k)}$ を定める．

直線探索の効率的な方法として**黄金分割法**が知られている．ここでは，1変数関数 $f(x)$ の極小値を与える x^* が区間 $[a, b]$ に存在する状況を考える（図12.3）．黄金分割法は，極小値が含まれる区間を一定比率 $0 < r < 1$

3)　$\|\boldsymbol{x}\|$ はベクトル $\boldsymbol{x}$ のノルムで，ユークリッドノルムであれば $\|\boldsymbol{x}\| = \sqrt{x_1^2 + x_2^2 + \cdots + x_n^2}$ で与えられる．

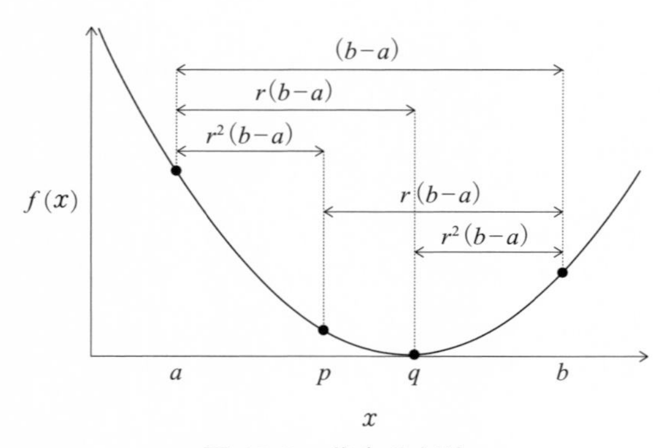

図 12.3　黄金分割法

により縮小することを繰り返し，x^* を探索する．$f(p) > f(q)$ であれば x^* は区間 $[p, b]$ に存在し，$f(p) < f(q)$ であれば x^* は区間 $[a, q]$ に存在することから，探索区間を上記のうち当てはまる区間に縮小する．いずれの場合も区間の幅は r 倍に縮小されるようにする．したがって，

$$q - a = r(b - a) \tag{12.8}$$

$$b - p = r(b - a) \tag{12.9}$$

さらに，新しい探索区間でも元の p，q を再利用して，次の区間の幅は r 倍に縮小されるようにする．したがって，

$$p - a = r(q - a) \tag{12.10}$$

$$b - q = r(b - p) \tag{12.11}$$

(12.8)〜(12.11) 式から r について

$$r^2 + r - 1 = 0 \tag{12.12}$$

が成り立つ．$r > 0$ であることから，$r = (-1 + \sqrt{5})/2$ となる．$(-1 + \sqrt{5})/2 \simeq 0.618$ は黄金（分割）比として知られる数値である．

図 12.3 の例においては，$f(p) > f(q)$ であることから，b はそのまま，p を新たな a，q を新たな p として，これらの値を用いて，$a + r(b - a)$ を新たな q とする．このような更新により $f(x)$ の計算回数を抑えて，効率的に探索区間を縮めることができる．

最初の探索区間 $[a, b]$ は，適当な正の数 β を用いて，$x' \leftarrow x - \beta \dfrac{\mathrm{d}}{\mathrm{d}x} f(x)$ とし，$f(x') > f(x)$ になるまで，β を大きくして，$a \leftarrow x$，$b \leftarrow x'$ とすればよい．

多変数関数の場合でも，同様の考え方で黄金分割法による探索を行うことができる．黄金分割法のアルゴリズムは以下のとおりである．

黄金分割法

1）適当な正の数 β に対して，$\boldsymbol{x}' \leftarrow \boldsymbol{x} - \beta \nabla f(\boldsymbol{x})$ とする．

2）$f(\boldsymbol{x}') > f(\boldsymbol{x})$ ならば，

$$\boldsymbol{x}_a \leftarrow \boldsymbol{x}, \quad \boldsymbol{x}_b \leftarrow \boldsymbol{x}'$$

として，4）へ．そうでなければ 3）へ．

3）$\beta \leftarrow 2\beta$ として，$\boldsymbol{x}' \leftarrow \boldsymbol{x} - \beta \nabla f(\boldsymbol{x})$ として 2）へ．

4）$r = \dfrac{-1 + \sqrt{5}}{2}$ として，

$$\boldsymbol{x}_p \leftarrow \boldsymbol{x}_b - r(\boldsymbol{x}_b - \boldsymbol{x}_a), \quad \boldsymbol{x}_q \leftarrow \boldsymbol{x}_a + r(\boldsymbol{x}_b - \boldsymbol{x}_a)$$

$f(\boldsymbol{x}_p) > f(\boldsymbol{x}_q)$ の時

$$\boldsymbol{x}_a \leftarrow \boldsymbol{x}_p, \quad \boldsymbol{x}_p \leftarrow \boldsymbol{x}_q, \quad \boldsymbol{x}_q \leftarrow \boldsymbol{x}_a + r(\boldsymbol{x}_b - \boldsymbol{x}_a)$$

ただし，3 番目の式における $\boldsymbol{x}_a$ は，1 番目の式で更新された $\boldsymbol{x}_a$ である．

$f(\boldsymbol{x}_p) < f(\boldsymbol{x}_q)$ の時

$$\boldsymbol{x}_b \leftarrow \boldsymbol{x}_q, \quad \boldsymbol{x}_q \leftarrow \boldsymbol{x}_p, \quad \boldsymbol{x}_p \leftarrow \boldsymbol{x}_b - r(\boldsymbol{x}_b - \boldsymbol{x}_a)$$

ただし，3 番目の式における $\boldsymbol{x}_b$ は，1 番目の式で更新された $\boldsymbol{x}_b$ である．

$\boldsymbol{x}_a - \boldsymbol{x}_b \simeq \boldsymbol{0}$ ならば，$\boldsymbol{x}_a$ を極小点として出力して終了．そうでなければ 4）へ．

12.2.4 ニュートン法

$f(x)$ を（必要な回数だけ）微分可能な関数とする．$x \simeq a$ の時，

$$f(x) \simeq f(a) + \frac{1}{1!}f'(a)(x-a) + \frac{1}{2!}f''(a)(x-a)^2 + \frac{1}{3!}f'''(a)(x-a)^3 + \cdots$$

と多項式で近似することができる．これはテイラー（Taylor）展開として広く知られている．テイラー展開を用いて関数を 1 次式や 2 次式で近似することにより，関数が扱いやすくなるので，テイラー展開は様々な場面で利用される．多変数関数についてもテイラー展開を行うことができる．関数 $f(\boldsymbol{x})$ は $\boldsymbol{x}^{(k)}$ のまわりでテイラー展開することにより

$$\begin{aligned} f(\boldsymbol{x}) \simeq g(\boldsymbol{x}) &= f(\boldsymbol{x}^{(k)}) + \nabla f(\boldsymbol{x}^{(k)})^T(\boldsymbol{x} - \boldsymbol{x}^{(k)}) \\ &\quad + \frac{1}{2}(\boldsymbol{x} - \boldsymbol{x}^{(k)})^T \nabla^2 f(\boldsymbol{x}^{(k)})(\boldsymbol{x} - \boldsymbol{x}^{(k)}) \end{aligned}$$

と $\boldsymbol{x}$ の 2 次式で近似できる．ヘッセ行列 $\nabla^2 f(\boldsymbol{x}^{(k)})$ が正定値行列であ

ると仮定すれば，最適性の 1 次の必要条件

$$\nabla g(\boldsymbol{x}) = \nabla f(\boldsymbol{x}^{(k)}) + \nabla^2 f(\boldsymbol{x}^{(k)})(\boldsymbol{x} - \boldsymbol{x}^{(k)}) = \boldsymbol{0} \tag{12.13}$$

を満たす $\boldsymbol{x}$ において $g(\boldsymbol{x})$ は最小になる．この解 $\boldsymbol{x}$ は (12.13) 式を解いて，

$$\boldsymbol{x} = \boldsymbol{x}^{(k)} - \nabla^2 f(\boldsymbol{x}^{(k)})^{-1} \nabla f(\boldsymbol{x}^{(k)}) \tag{12.14}$$

となる．(12.13) 式は $f(\boldsymbol{x})$ の近似式から導いたので，$\boldsymbol{x}$ は局所最適解の近似になっている．そこで，(12.14) 式による更新を繰り返して局所最適解に到達しようという方法がニュートン（Newton）法である．ニュートン法のアルゴリズムは以下のとおりである．

ニュートン法

0）$\boldsymbol{x}$ の適当な初期値 $\boldsymbol{x}^{(0)}$ を定める．$k \leftarrow 0$ とする．

1）$\nabla f(\boldsymbol{x}^{(k)}) = \boldsymbol{0}$ ならば $\boldsymbol{x}^{(k)}$ を局所最適解として出力し計算終了．そうでなければ 2）へ．

2）

$$\boldsymbol{x}^{(k+1)} \leftarrow \boldsymbol{x}^{(k)} - \nabla^2 f(\boldsymbol{x}^{(k)})^{-1} \nabla f(\boldsymbol{x}^{(k)})$$

により $\boldsymbol{x}^{(k)}$ を更新する．$k \leftarrow k + 1$ として，1）へ．

ニュートン法は局所最適解への収束が極めて速いことが特徴である．一方，ニュートン法においてはヘッセ行列が常に正定値行列であることを仮定しており，これが満たされない時には，局所最適解への収束が保証されない．局所最適解においてはヘッセ行列が正定値行列であるから，

局所最適解の近傍においてはヘッセ行列は正定値行列になる．したがって，局所最適解の十分近くに初期値を設定すれば，局所最適解への収束が保証される．この性質を**局所収束性**と呼ぶ．

12.3 数値例

次の関数

$$f(\boldsymbol{x}) = (x_1 - 1)^2 + 100(x_1^2 - x_2)^2 \tag{12.15}$$

はローゼンブロック関数（Rosenbrock 関数）と呼ばれ，非線形最適化

表 12.2 最急降下法およびニュートン法による問題 (12.15) の計算結果

k	最急降下法 $\boldsymbol{x}^{(k)}$	$f(\boldsymbol{x}^{(k)})$	$\nabla f(\boldsymbol{x}^{(k)})$
0	(0.0000, 0.0000)	1	(-2.0000, -0.0000)
1	(0.1613, 0.0000)	0.7711	(-0.0000, -5.2010)
2	(0.1613, 0.0260)	0.7035	(-1.6775, -0.0000)
3	(0.2113, 0.0260)	0.6568	(0.0001, -3.7319)
4	(0.2113, 0.0447)	0.622	(-1.5773, -0.0001)
5	(0.2451, 0.0447)	0.5936	(0.0002, -3.0806)
6	(0.2451, 0.0601)	0.5699	(-1.5097, -0.0002)
7	(0.2711, 0.0601)	0.5493	(0.0002, -2.6886)
8	(0.2711, 0.0735)	0.5312	(-1.4576, -0.0002)
9	(0.2926, 0.0735)	0.5151	(0.0003, -2.4183)
10	(0.2926, 0.0856)	0.5004	(-1.4147, -0.0003)
		⋮	
500	(0.8443, 0.7131)	0.02423	(-0.3739, 0.0371)

k	ニュートン法 $\boldsymbol{x}^{(k)}$	$f(\boldsymbol{x}^{(k)})$	$\nabla f(\boldsymbol{x}^{(k)})$
0	(0.0000, 0.0000)	1	(-2.0000, -0.0000)
1	(1.0000, 0.0000)	100	(400.0000, -200.0000)
2	(1.0000, 1.0000)	4.93×10^{-30}	(-0.0000, 0.0000)

法の性能評価によく用いられる関数である．この関数を最小化する $\boldsymbol{x} = [x_1 \quad x_2]^T$ を最急降下法とニュートン法を用いて求めてみる．$f(\boldsymbol{x})$ の勾配ベクトルとヘッセ行列は各々，

$$\nabla f(\boldsymbol{x}) = \begin{bmatrix} 400x_1(x_1^2 - x_2) + 2(x_1 - 1) \\ -200(x_1^2 - x_2) \end{bmatrix},$$

$$\nabla^2 f(\boldsymbol{x}) = \begin{bmatrix} 400(x_1^2 - x_2) + 800x_1^2 + 2 & -400x_1 \\ -400x_1 & 200 \end{bmatrix}$$

である．初期値は $\boldsymbol{x}^{(0)} = (0, 0)$ として，$\nabla f(\boldsymbol{x})$ の成分の絶対値の最大値が 10^{-3} より小さくなることを終了条件とした．最急降下法における直線探索は黄金分割法を用いて，その終了条件は $\|\boldsymbol{x} - \boldsymbol{x}'\| < 10^{-6}$ とした．計算結果を表 12.2 に示す．最急降下法では 500 回の更新でも収束しなかったのに対して，ニュートン法ではわずか 2 回の更新で収束している．

12.4 まとめ

本章では，非線形最適化問題の定式化例を示し，非線形最適化法のうち最も基本的な方法として，最急降下法とニュートン法について解説した．本章では制約のある問題の解法については述べることができなかったが，制約のある問題も含めて年々規模の大きな問題を解くことができるようになっている．非線形最適化問題を解くソルバーも無料で公開されているものを含め多数ある．これらのソルバーは教科書どおりにプログラミングしたものとは比べ物にならないほど高速で高精度であるので，実際の問題解決には定評のあるソルバーを利用するべきである．

本章では，身近な対象を非線形最適化問題の例としたが，近年注目を集めている統計モデル，機械学習，パタン認識は非線形最適化問題に帰

着されることが多い．第13章では統計モデルを取り上げるが，非線形最適化法の応用という側面からも注目されたい．

参考文献

1) 福島雅夫（2011）『新版 数理計画入門』，朝倉書店．
基本的な事項を丁寧に説明している．

2) 山下信雄（2015）『非線形計画法』，朝倉書店．
非線形最適化法に特化し，詳しく説明している．

演習問題 12

12.1 (A)　例2の消防署の設置問題を以下のように変形した問題を定式化せよ．

消防署は $(8, 8)$ を中心とする半径2の円内には設置できない（円周状は設置可能）．

12.2 (A)　例2の消防署の設置問題を以下のように変形した問題を定式化せよ．

消防署は5つの地区への直線距離の最長値が最短となるように消防署を設置すべき位置の座標を求めよ．

12.3 (A)　関数 $f(\boldsymbol{x}) = (x_1 - 1)^2 + x_1 x_2 + (x_2 + 1)^2$ の勾配ベクトルとヘッセ行列を求めよ．

12.4 (A)　最急降下法を関数 $f(x) = x^4 + x^3 - 7x^2 - x + 6$，初期値

$x^{(0)} = 0$ に適用して $x^{(1)}$ を求めよ．ただし，$\alpha^{(0)} = 0.1$ とする．

12.5 (B)　ニュートン法を関数 $f(x) = x^4 + x^3 - 7x^2 - x + 6$，初期値 $x^{(0)} = 0$ に適用して $x^{(1)}$ を求めよ．

13 統計モデル

《目標＆ポイント》 統計モデルは，ばらつきや観測誤差を含むデータの背後にある規則性，そのようなデータを発生させる仕組みを数式で表したものである．統計モデルを利用して，観測データから背後にある現象を分析したり，現象を予測したりすることができる．本章では，代表的な統計モデルとパラメタの推定法について解説する．
《キーワード》 統計モデル，回帰モデル，パラメタ推定，最小二乗法，尤度，最尤推定法

統計モデルは，ばらつきや誤差を含むデータの背後にある規則性，そのようなデータを発生させる仕組みを数式で表したものである．統計モデルを利用して，観測誤差を含む観測データから背後にある現象を分析したり，現象を予測したりすることができる．

統計モデルを構築するには，まずデータの背後にある規則性，そのようなデータを発生させる仕組みを関数で表す．この時点で関数の型式は決まるが，パラメタ（parameter）の値はわからないのが通常である．次に観測データと照らし合わせて最も適切なパラメタの決定（推定）を行う．この考え方は，ニューラルネットワーク（neural network）や強化学習といった機械学習においても同様で，パラメタ推定における適切さの基準の考え方は複数あるが，多くは非線形最適化問題に帰着される．本章では，非線形最適化法の応用として，代表的な統計モデルとパラメタの推定法について解説する．

13.1 最小二乗法によるパラメタ推定

第 5 章では在庫管理を取り上げたが，定期発注方式では需要の予測が重要であった．ここでは，ビールの販売量を予測する統計モデルの例を示す．

13.1.1 線形単回帰モデル

例 1：

1 日の最高気温（以降，気温）T とビールの販売量 Y の関係を調べたところ，図 13.1 の点に示すように気温が高いほど販売量が多くなる傾向が見られた．気温と販売量を

$$Y \simeq \beta_0 + \beta_T T$$

と 1 次関数で近似する場合，β_0 と β_T を定めよ．

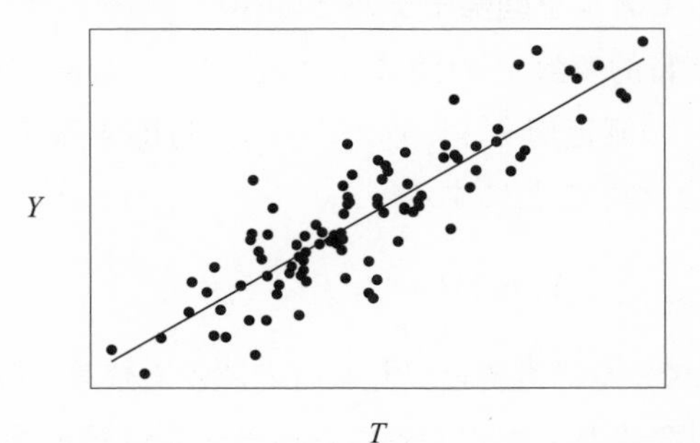

図 13.1　気温 T と販売量 Y の関係（点）および 1 次関数 $Y = \beta_0 + \beta_T T$ の当てはめ

気温 T とビールの販売量 Y を 1 次関数で近似すると言っても，すべ

ての点が1本の直線上に乗っている訳ではなく，T と Y の間に厳密な直線関係は成り立たない．それでも，誤差があることを認めた上で，T と Y は近似的に直線関係にあると考えるほうが，販売量を予測するなど実用上有効である．

T と Y は近似的に直線関係にあると考えるとすると，直線の傾きと切片はどのように決めるべきか，本当に直線関係があると考えるのが適切か，直線よりふさわしい曲線関係にあるのではないかといった問題が浮上してくる．統計モデルによる解析はこれらの問題を扱う．

例1では，気温 T と販売量 Y の間に近似的に直線関係が成り立つとしたので，実際に直線を当てはめる．関数関係にある変数のうち原因となる変数を**説明変数**と呼び，結果となる変数を**目的変数**と呼ぶ．なお，説明変数は独立変数と呼ぶこともある．また，目的変数は従属変数，基準変数，応答変数等と呼ぶこともある．例1では T が説明変数で，Y が目的変数である．説明変数と目的変数の間に因果関係を仮定した時，これらを結びつけるモデルを**回帰モデル**と呼ぶ．

説明変数 T と目的変数 Y の間に近似的に $Y=\beta_0+\beta_T T$ が成り立つとする．n 個の Y の測定値を $Y_1, Y_2, \cdots, Y_n$，対応する T の測定値を各々 $T_1, T_2, \cdots, T_n$ と書くことにすると，

$$Y_i=\beta_0+\beta_T T_i+\varepsilon_i \tag{13.1}$$

と書ける．ここで，ε_i は直線近似した時の誤差で**残差**と呼ばれる．(13.1)式のような説明変数の1次式で表されるモデルは**線形回帰モデル**，特に説明変数が1個の線形回帰モデルは**線形単回帰モデル**と呼ばれることもある．

各 ε_i が0に近いほど直線が当てはまっていることから，ε_i^2 をすべてのデータについて和をとった量 $J=\sum_{i=1}^{n}\varepsilon_i^2$ が最小になるようにパラメタ

β_0，β_T を決定すればデータに当てはまる直線が得られる．この方法は最小二乗法と呼ばれる．この例では，

$$J(\beta_0, \beta_T) = \sum_{i=1}^{n} \varepsilon_i^2 = \sum_{i=1}^{n} \{Y_i - (\beta_0 + \beta_T T_i)\}^2 \tag{13.2}$$

で表される J を最小とする β_0，β_T を決定する非線形最適化問題となる．J が最小になるためには，

$$\nabla J(\beta_0, \beta_T) = \mathbf{0} \tag{13.3}$$

になる必要がある．非線形最適化問題を解く非線形最適化法については第 12 章において説明したが，この問題は解析的に解くことができる．本章は，統計モデルとパラメタ推定の原理，およびパラメタの推定が多くの場合非線形最適化問題に帰着されることを示すことが目的であるが，(13.3) 式の解に興味がある読者も少なからずいると思われるので，解を示しておこう．(13.3) 式から次の関係が成り立つ．

$$\frac{\partial J}{\partial \beta_0} = 2n\beta_0 - 2\sum_{i=1}^{n} Y_i + 2\beta_T \sum_{i=1}^{n} T_i = 0$$

$$\frac{\partial J}{\partial \beta_T} = 2\beta_T \sum_{i=1}^{n} T_i^2 - 2\sum_{i=1}^{n} T_i Y_i + 2\beta_0 \sum_{i=1}^{n} T_i = 0$$

この連立方程式を解くと，次のように β_0，β_T が得られる．

$$\beta_0 = \frac{\displaystyle\sum_{i=1}^{n} T_i^2 \sum_{i=1}^{n} Y_i - \sum_{i=1}^{n} T_i Y_i \sum_{i=1}^{n} T_i}{\displaystyle n\sum_{i=1}^{n} T_i^2 - \left(\sum_{i=1}^{n} T_i\right)^2} \tag{13.4a}$$

$$\beta_T = \frac{n\sum_{i=1}^{n} T_i Y_i - \sum_{i=1}^{n} T_i \sum_{i=1}^{n} Y_i}{n\sum_{i=1}^{n} T_i^2 - \left(\sum_{i=1}^{n} T_i\right)^2} \tag{13.4b}$$

例 1 のデータに (13.4a) 式，(13.4b) 式により求めた β_0，β_T を用いて直線を当てはめると，図 13.1 に示すようになる．

13.1.2　重回帰モデル

例 2：

1 日の最高気温（以降，気温）T だけでなく，降水量 R も測定して，ビールの販売量 Y の関係を調べたところ，図 13.2 の点に示すように降水量が多いほど販売量が少ない傾向が見られた．気温，降水量と販売量を

$$Y \simeq \beta_0 + \beta_T T + \beta_R R$$

と 1 次関数で近似する場合，β_0，β_T，β_R を定めよ．

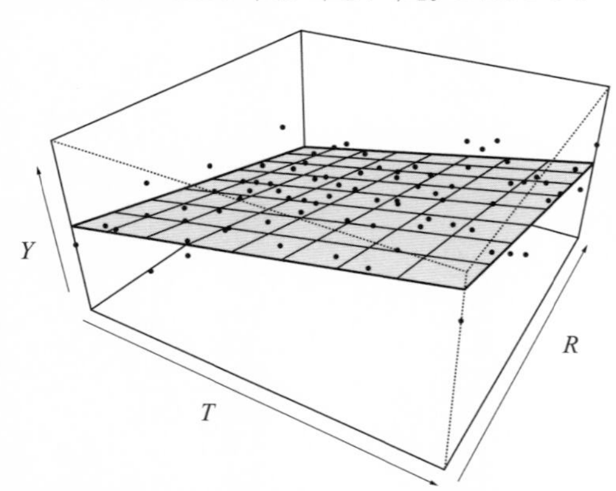

図 13.2　気温 T，降水量 R と販売量 Y の関係（点）および 1 次関数 $Y = \beta_0 + \beta_T T + \beta_R R$ の当てはめ

説明変数が 2 種類になっても考え方は同じである．n 個の Y の測定値を $Y_1, Y_2, \cdots, Y_n$，対応する T の測定値を各々 $T_1, T_2, \cdots, T_n$，対応する R の値を各々 $R_1, R_2, \cdots, R_n$ と書くことにすると，

$$Y_i = \beta_0 + \beta_T T_i + \beta_R R_i + \varepsilon_i$$

と書ける．複数の説明変数からなる線形回帰モデルは（線形）**重回帰モデル**と呼ばれる．重回帰モデルのパラメタ β_0，β_T，β_R は単回帰モデルの場合と同様に次式の J を最小化する最小二乗法で求めることができる．

$$J = \sum_{i=1}^{n} \{Y_i - (\beta_0 + \beta_T T_i + \beta_R R_i)\}^2 \tag{13.5}$$

より一般的に目的変数 y を p 個の説明変数 $x_1, x_2, \cdots, x_p$ を用いて，近似的に $y = \beta_0 + \beta_1 x_1 + \beta_2 x_2 + \cdots + \beta_p x_p$ が成り立つと仮定すると，

$$y_i = \beta_0 + \beta_1 x_{i1} + \beta_2 x_{i2} + \cdots + \beta_p x_{ip} + \varepsilon_i \tag{13.6}$$

と書ける．重回帰モデルのパラメタ $\beta_0, \beta_1, \cdots, \beta_p$ は次式の J を最小化する最小二乗法で求めることができる．

$$J = \sum_{i=1}^{n} \{y_i - (\beta_0 + \beta_1 x_{i1} + \beta_2 x_{i2} + \cdots + \beta_p x_{ip})\}^2 \tag{13.7}$$

ここで，$\boldsymbol{y} = [y_1\ y_2\ \cdots\ y_n]^T$，$\boldsymbol{\varepsilon} = [\varepsilon_1\ \varepsilon_2\ \cdots\ \varepsilon_n]^T$，$\boldsymbol{\beta} = [\beta_0\ \beta_1\ \cdots\ \beta_p]^T$，

$$\boldsymbol{X} = \begin{bmatrix} 1 & x_{11} & x_{12} & \cdots & x_{1p} \\ 1 & x_{21} & x_{22} & \cdots & x_{2p} \\ \vdots & \vdots & \vdots & \ddots & \vdots \\ 1 & x_{n1} & x_{n2} & \cdots & x_{np} \end{bmatrix}$$

とベクトル，行列で表すと，(13.6) 式と (13.7) 式は各々，

$$\boldsymbol{y} = \boldsymbol{X}\boldsymbol{\beta} + \boldsymbol{\varepsilon}, \tag{13.8}$$

$$J = \sum_{i=1}^{n} \varepsilon_i^2 = \boldsymbol{\varepsilon}^T \boldsymbol{\varepsilon} = (\boldsymbol{y} - \boldsymbol{X}\boldsymbol{\beta})^T (\boldsymbol{y} - \boldsymbol{X}\boldsymbol{\beta}) \tag{13.9}$$

と書くことができる．J を最小にする $\boldsymbol{\beta}$ は，$\nabla J = \mathbf{0}$ を解くことにより求められる．ここでも解を示しておくと，

$$\nabla J = \frac{\partial J}{\partial \boldsymbol{\beta}} = -2\boldsymbol{X}^T (\boldsymbol{y} - \boldsymbol{X}\boldsymbol{\beta}) = \mathbf{0} \tag{13.10}$$

となることから，

$$\boldsymbol{\beta} = (\boldsymbol{X}^T \boldsymbol{X})^{-1} \boldsymbol{X}^T \boldsymbol{y} \tag{13.11}$$

となる．

13.1.3　非線形回帰モデル

目的変数と説明変数の間に非線形な関係を仮定するほうが適切なこともある．

例 3：

1 日の最高気温 T とビールの販売量 Y の関係について，例 1 よりも気温の高い地域で調べたところ，図 13.3 に示すように直線関係ではなくなった．気温と販売量を

$$Y \simeq \beta_1 \exp\left[-\frac{(T - \beta_2)^2}{\beta_3^2}\right]$$

と近似する場合，β_1，β_2，β_3 を求めよ．

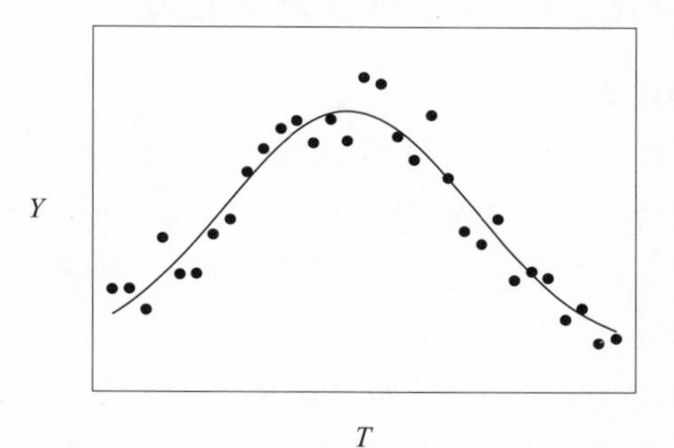

図 13.3　気温 T とビールの販売量 Y の関係および $Y = \beta_1 \exp\left[-\frac{(T-\beta_2)^2}{\beta_3^2}\right]$ の当てはめ

非線形な回帰モデルも考え方は同じである．Y と T の間に近似的に $Y = f(T|\boldsymbol{\beta})$ が成り立つとする．ここで，$\boldsymbol{\beta} = [\beta_1\ \beta_2\ \beta_3]^T$ である．n 個の Y の測定値を $Y_1, Y_2, \cdots, Y_n$，対応する T の測定値を $T_1, T_2, \cdots, T_n$ と書くことにすると，

$$Y_i = f(T_i|\boldsymbol{\beta}) + \varepsilon_i \tag{13.12}$$

と書ける．パラメタ $\boldsymbol{\beta}$ は線形回帰モデルの場合と同様に，

$$J = \sum_{i=1}^{n} \{Y_i - f(T_i|\boldsymbol{\beta})\}^2 \tag{13.13}$$

を最小化する最小二乗法で求めることができる．ただし，線形回帰モデルの場合とは異なり，一般にはニュートン法などの非線形最適化法を用いて数値的に解を求める必要がある．

13.2 最尤推定法によるパラメタ推定

13.2.1 最尤推定法

最小二乗法が唯一のパラメタ推定法である訳ではない．最尤推定法（最尤法）は代表的なパラメタ推定法の一つである．最尤推定法は尤度が最大になるようにパラメタを定める推定法である．尤度（尤度関数）とは，モデルの当てはまりの良さの尺度である．

$\boldsymbol{\beta}$ をパラメタとする統計モデル $p(y|\boldsymbol{\beta})$ を考える．$p(y|\boldsymbol{\beta})$ は確率変数 y が連続値をとる場合には確率密度関数，y が離散値をとる場合は確率関数である．$p(y|\boldsymbol{\beta})$ から y_i が発生する確率（密度）は $p(y_i|\boldsymbol{\beta})$ であり，$y_1, y_2, \cdots, y_n$ が発生する同時確率（密度）$p(y_1, y_2, \cdots, y_n|\boldsymbol{\beta})$ は

$$p(y_1, y_2, \cdots, y_n|\boldsymbol{\beta}) = \prod_{i=1}^{n} p(y_i|\boldsymbol{\beta}) = p(y_1|\boldsymbol{\beta})p(y_2|\boldsymbol{\beta})\cdots p(y_n|\boldsymbol{\beta}) \tag{13.14}$$

である[1]．尤度 $L(\boldsymbol{\beta}|y_1, y_2, \cdots, y_n)$ とは $p(y_1, y_2, \cdots, y_n|\boldsymbol{\beta})$ を $\boldsymbol{\beta}$ の関数としたもので，$y_1, y_2, \cdots, y_n$ を観測した時のパラメタ $\boldsymbol{\beta}$ の尤（もっと）もらしさ，すなわちモデルのデータへの当てはまりを表す．最尤推定法では，観測データのもとで尤度が最大になるようにパラメタ値を決定する．ただし，数値計算の精度の問題から，尤度そのものでなく，対数尤度 $l(\boldsymbol{\beta}) = \log L(\boldsymbol{\beta})$ を用いて，対数尤度を最大にするパラメタ $\boldsymbol{\beta}$ の値を求めることが多い．

コインを投げて表が上になる確率を β とする．コインを N（回）投げたところ，y（回）表が出る確率 $p(y|\beta)$ は

$$p(y|\beta) = {}_N\mathrm{C}_y \beta^y (1-\beta)^{N-y}$$

であることから，尤度 $L(\beta)$ は

---

1) $\prod_{i=1}^{n} a_i$ は $a_1 \times a_2 \times \cdots \times a_n$ を表す．

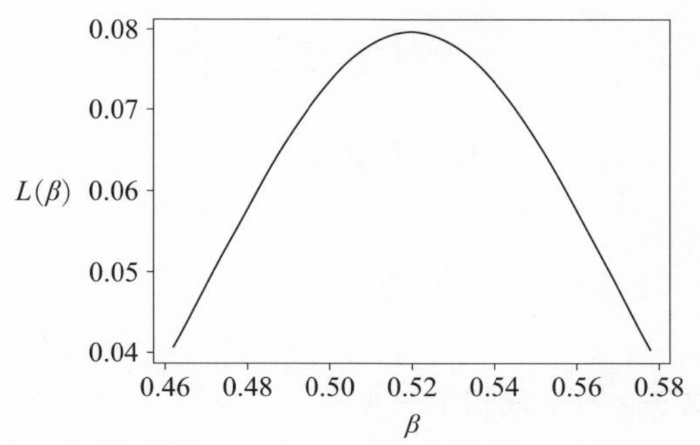

図 13.4　尤度 $L(\beta) = {}_{100}\mathrm{C}_{52}\beta^{52}(1-\beta)^{100-52}$

$$L(\beta) = {}_N\mathrm{C}_y\beta^y(1-\beta)^{N-y}$$

となる．ここで，${}_N\mathrm{C}_y$ は N 個の中から y 個を選ぶ組み合わせの数を表し，

$${}_N\mathrm{C}_y = \frac{N!}{(N-y)!y!}$$

である．$N = 100$，$y = 52$ における $L(\beta)$ は図 13.4 のようになり，最尤法による β の推定値は 0.52 となる．

平均 μ，分散 σ^2 の正規分布の確率密度関数は

$$f(y|\mu,\sigma^2) = \frac{1}{\sqrt{2\pi\sigma^2}}\exp\left[-\frac{(y-\mu)^2}{2\sigma^2}\right]$$

で表される．$y_1, y_2, \cdots, y_n$ が観測された時の尤度 $L(\mu,\sigma^2)$ は

$$L(\mu,\sigma^2) = \prod_{i=1}^{n} f(y_i|\mu,\sigma^2)$$

である．最尤法でパラメタ μ，σ^2 を推定するには，

$$\frac{\partial \log L(\mu, \sigma^2)}{\partial \mu} = 0$$
$$\frac{\partial \log L(\mu, \sigma^2)}{\partial \sigma^2} = 0$$

を満たす μ，σ^2 を求めることになる．

13.2.2 ロジスティック回帰モデル

例 4：

ある化学会社で新材料を開発している．その材料は温度を上げると化学的特性が変化する．加熱温度と特性が変化する確率の関係を調べるために実験を行った．加熱温度 x（℃），サンプル数 N（個），そのうち特性が変化したサンプル数 y（個）は以下のとおりである．加熱温度と特性が変化する確率の関係を求めよ．

i	1	2	3	4	5	6	7	8
x_i	100	120	140	160	180	200	220	240
N_i	96	99	99	97	100	98	99	100
y_i	12	21	36	61	79	83	95	99

加熱温度 x と特性が変化した割合 y/N をプロットすると図 13.5 の点のようになる．図から特性変化の確率は加熱温度の増加に対して S 字状に増加すると考えられる．この S 字曲線を少数のパラメタで表現できる関数として，(13.15) 式に示すロジスティック関数がある．

$$p(x|\beta_0, \beta_1) = \frac{\exp[\beta_0 + \beta_1 x]}{1 + \exp[\beta_0 + \beta_1 x]} = \frac{1}{1 + \exp[-(\beta_0 + \beta_1 x)]} \qquad (13.15)$$

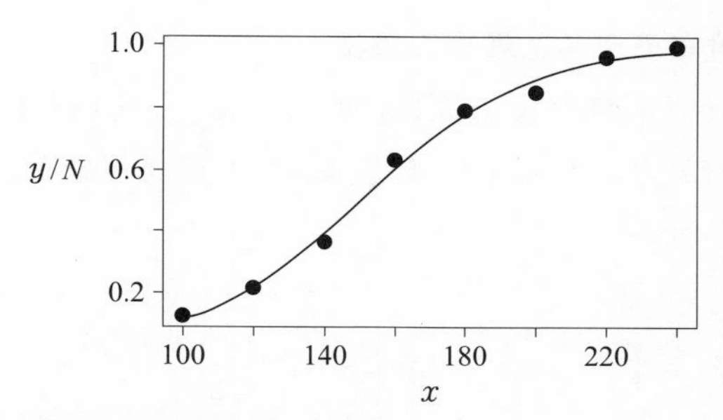

図 13.5　加熱温度と特性変化の比率（点）およびロジスティック回帰モデル $p(x|\beta_0, \beta_1) = \frac{1}{1+\exp[-(\beta_0+\beta_1 x)]}$ の当てはめ

加熱温度が x_i（℃）の時に N_i 個のサンプル中 y_i 個の特性が変化する確率は二項分布に従うので，

$$ {}_{N_i}\mathrm{C}_{y_i} P_i^{y_i} (1 - P_i)^{N_i - y_i} $$

と表される．ここで，$P_i = p(x_i|\beta_0, \beta_1)$ である．$i = 1, 2, \cdots, n$（この例では $n = 8$）において，加熱温度が x_i（℃）の時に N_i 個のサンプル中 y_i 個の特性が変化する確率は，各々が独立な事象であるから，

$$ f(y_1, y_2, \cdots, y_n|\beta_0, \beta_1) = \prod_{i=1}^{n} {}_{N_i}\mathrm{C}_{y_i} P_i^{y_i} (1 - P_i)^{N_i - y_i} \tag{13.16} $$

である．(13.16) 式をパラメタ β_0，β_1 の関数とした $L(\beta_0, \beta_1)$ が尤度である．対数尤度は以下のようになる．

$$ l(\beta_0, \beta_1) = \sum_{i=1}^{n} \log {}_{N_i}\mathrm{C}_{y_i} + \sum_{i=1}^{n} (y_i \log P_i) + \sum_{i=1}^{n} \{(N_i - y_i) \log(1 - P_i)\} \tag{13.17} $$

対数尤度をニュートン法などの非線形最適化法で最大化し，対数尤度を最大にするパラメタ β_0，β_1 を求める．

13.2.3 正規分布モデルと最小二乗法

目的変数 y と説明変数 $\boldsymbol{x}$ の間に回帰モデル $y = f(\boldsymbol{x}|\boldsymbol{\beta})$ を当てはめる時，y が平均 $f(\boldsymbol{x}|\boldsymbol{\beta})$，分散 σ^2（標準偏差 σ）の正規分布に従う，すなわち尤度 $L(\boldsymbol{\beta})$ が

$$L(\boldsymbol{\beta}) = \prod_{i=1}^{n} \frac{1}{\sqrt{2\pi\sigma^2}} \exp\left[-\frac{\{y_i - f(\boldsymbol{x}_i|\boldsymbol{\beta})\}^2}{2\sigma^2}\right] \tag{13.18}$$

$$= \left(\frac{1}{\sqrt{2\pi\sigma^2}}\right)^n \exp\left[-\frac{\sum_{i=1}^{n}\{y_i - f(\boldsymbol{x}_i|\boldsymbol{\beta})\}^2}{2\sigma^2}\right] \tag{13.19}$$

となる時，最尤推定法によるパラメタの推定値と最小二乗法によるパラメタの推定値は一致する．このことは，(13.19) 式の exp[ ] 内の分子が最小二乗法における 2 乗誤差 ε_i^2 の和，

$$J = \sum_{i=1}^{n} \varepsilon_i^2 = \sum_{i=1}^{n} \{y_i - f(\boldsymbol{x}_i|\boldsymbol{\beta})\}^2$$

と一致することからわかる．

13.3 まとめ

本章では，非線形最適化法の応用として，統計モデルの代表的なパラメタ推定法である最小二乗法と最尤推定法について解説した．ここで取り上げたパラメタ推定法以外に，近年盛んに利用されるようになったベイズ統計における事後確率（密度）最大化（ベイズ推定），判別分析サポートベクトルマシン（Support Vector Machine；SVM）における分類基

準など様々な考え方に基づく方法がある．

統計モデルによる解析は，パラメタ推定，モデルの評価，作図など計算機を利用して行う必要がある．本章では非線形最適化の応用ということで，パラメタ推定法の考え方について述べたが，統計解析のためのソフトウェアを用いれば，推定法について知らなくても解析を行うことができる．統計解析のためのソフトウェアは無料で公開されているものを含め多数ある．また，これらのソフトウェアを用いた統計解析，あるいはソフトウェアの使い方に関する情報はインターネット上で公開されており，書籍も豊富である．ソフトウェアを利用して実際にモデルを構築してデータを解析することにより理解が深まるので，是非試されたい．

参考文献

1)　Annette J. Dobson（田中豊・森川敏彦・山中竹春・冨田誠 訳）(2008)『一般化線形モデル入門 原書第 2 版』，共立出版．
原著は Dobson, A. J. (2002) “An Introduction to Generalized Linear Models (2nd edition)”, Chapman & Hall/CRC.
線形回帰モデル，ロジスティック回帰モデルなどを含む一般化線形モデルの入門書．

2)　金明哲（シリーズ編集）「R で学ぶデータサイエンス」全 20 巻，共立出版．
統計解析のフリーウェア R を利用したデータ解析の入門書．

演習問題 13

13.1 (A)　ビールの販売量 Y とその日の最高気温 T，降水量 R，前日の販売量 y との関係を

$$Y \simeq \beta_0 + \beta_T T + \beta_R R + \beta_y y$$

と 1 次関数で近似することを考える．パラメタ β_0，β_T，β_R，β_y を最小二乗法で求める時の $J(\beta_0, \beta_T, \beta_R, \beta_y)$ を示せ．

13.2 (A)　サイコロを N（回）振って 1 の目が y（回）出たとする．このサイコロの 1 の出る確率 β の尤度 $L(\beta)$ を求めよ．

13.3 (C)　次表の y と x の間に近似的に $y = \beta_0 + \beta_1 x$ が成り立つとして，β_0，β_1 を最小二乗法により求めよ．また，求めたパラメタから $\hat{y} = \beta_0 + \beta_1 x$ を求めて y と比較せよ．

x	0	1	2	3	4	5
y	1.33	2.09	5.13	3.40	4.19	6.86

14 組み合わせ最適化法

《目標&ポイント》 組み合わせ最適化問題とは，離散的な値をとる変数の組み合わせの中で，制約を満たし，目的関数を最小化あるいは最大化する問題である．組み合わせ最適化問題は実社会に広く存在するが，離散的な値をとる変数の組み合わせは莫大な数になり，素朴な探索では計算量が莫大になる．組み合わせ最適化問題の解法は数多く提案されている．本章では，組み合わせ最適化問題の定式化例を示し，代表的な解法について解説する．
《キーワード》 組み合わせ最適化問題，欲張り法，分枝限定法，動的計画法，計算量

組み合わせ最適化問題とは，離散的な値をとる変数の組み合わせの中で，制約を満たし，目的関数を最小化あるいは最大化する問題である．これまでに線形最適化問題として定式化してきた問題の中で，人数や物の個数が変数になっている問題は，それらの変数が整数値しかとらないので，本来は組み合わせ最適化問題（整数最適化問題）である．また，第3章で取り上げた最短路問題は，各枝を最短路に含めるか否かという2値変数をとる0-1整数最適化問題であった．このように組み合わせ最適化問題は広く存在する．

組み合わせ最適化問題は，変数が有限個の値をとることから，変数の値の組み合わせも有限であり，これらの実行可能性と目的関数の値を調べれば，原理的には必ず最適解が得られる．しかし，組み合わせの数は変数が増えるに従い爆発的に増加する．例えば，n 個の2値変数からなる問題の組み合わせの数は 2^n 個であるが，$2^{20} \simeq 10^6$，$2^{30} \simeq 10^9$，$2^{50} \simeq 10^{15}$，

$2^{100} \simeq 10^{30}$ であり，すべての組み合わせを一つずつ調べることは実質的には不可能である．

組み合わせ最適化問題を効率的に解くための研究は盛んに行われており，様々な方法が提案されている．それらの方法は，変数のすべての組み合わせを列挙して最適解を得る**列挙法**と，すべての組み合わせを列挙せずに近似解を得る**近似解法**に大別される．本章では，列挙法の代表的な方法である分枝限定法と動的計画法，近似解法の代表的な方法である欲張り法について解説する．

14.1 欲張り法

例 1：最小木問題

下図で，点は地点，枝は敷設計画のある道路，枝に振られた数字は枝で結ばれた地点間の距離（km）を表す．最小の敷設費用ですべての地点間を行き来できる道路の敷設計画を完成させよ．なお，敷設費用は道路の総距離に比例するものとする．

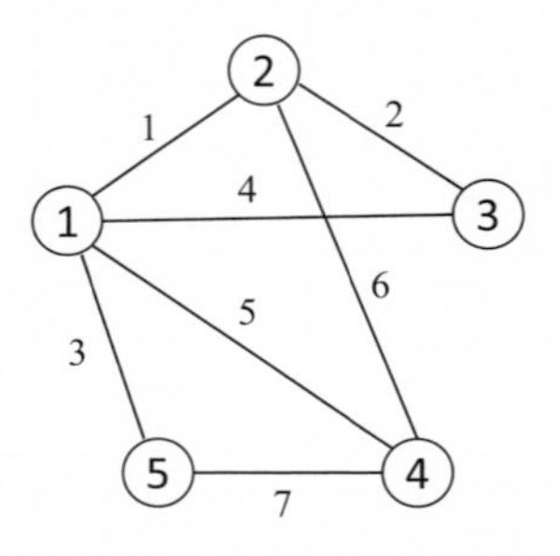

この問題は**最小木問題**と呼ばれる．**木**とは閉路を含まないグラフのことである．**閉路**とはある点から出発して，再びその点に戻ってくるような経路のことである．閉路があることは，閉路上の点と点の間に冗長な

経路があることを示すので，例 1 の最適解は閉路を含まない木になる．すべての点を含む木は**全域木**と呼ばれる．したがって，この問題はすべての点を結ぶ最小の全域木，すなわち最小木を求める問題となる．

14.1.1　0-1 整数最適化問題としての定式化

最小木問題を定式化してみよう．点の集合を V，枝の集合を E とし，枝 $(i,j) \in E$ の長さを c_{ij} とする．枝 $(i,j) \in E$ を最小木に含めるか否かを決定変数 x_{ij} で表現する．枝 (i,j) を最小木に含める時は $x_{ij} = 1$，含めない時は $x_{ij} = 0$ とする．ただし，$i < j$ とする．目的関数 z は道路の距離の総和であるから，

$$z = \sum_{\substack{(i,j)\in E \\ i<j}} c_{ij} x_{ij}$$

と表される．

閉路が存在しないということは，V のすべての部分集合 S において，S 内の枝の数が S の点の数より少ないということで表される．例えば，3 点の間に 2 本の枝しかなければ 3 点を結ぶ閉路はないが，3 本の枝があれば 3 点は閉路で結ばれる．3 点が 2 本の枝で結ばれている木に，別の 1 点を加え，元の木の点と枝で結べば，4 点が 3 本の枝で結ばれている木になる．したがって，すべての $S \subseteq V$ において，

$$\sum_{\substack{(i,j)\in E \\ i,j\in S \\ i<j}} x_{ij} \leq |S| - 1$$

を満たす必要がある．

V のすべての点がつながっていることは，V のすべての部分集合にお

いて，閉路がなく，枝の数が $|V|-1$ であることで表される．したがって，

$$\sum_{\substack{(i,j)\in E\\ i<j}} x_{ij} = |V|-1$$

を満たす必要がある．

以上をまとめると，最小木問題は次の 0-1 整数最適化問題として定式化できる．

$$\begin{aligned}
\text{最小化}\quad & z = \sum_{\substack{(i,j)\in E\\ i<j}} c_{ij}x_{ij} \\
\text{制約条件}\quad & \sum_{\substack{(i,j)\in E\\ i<j}} x_{ij} = |V|-1 \\
& \sum_{\substack{(i,j)\in E\\ i,j\in S\\ i<j}} x_{ij} \leq |S|-1 \quad (S\subseteq V) \\
& x_{ij}\in\{0,1\} \qquad\qquad ((i,j)\in E,\ i<j)
\end{aligned}$$

これを例 1 に適用して具体的に定式化すると，

$$\begin{aligned}
\text{最小化}\quad & z = x_{12}+4x_{13}+5x_{14}+3x_{15}+2x_{23}+6x_{24}+7x_{45} \\
\text{制約条件}\quad & x_{12}+x_{13}+x_{14}+x_{15}+x_{23}+x_{24}+x_{45}=4 \\
& x_{12}+x_{13}+x_{14}+x_{23}+x_{24}\leq 3 \\
& x_{12}+x_{13}+x_{15}+x_{23}\leq 3 \\
& x_{12}+x_{14}+x_{15}+x_{24}+x_{45}\leq 3 \\
& x_{13}+x_{14}+x_{15}+x_{45}\leq 3
\end{aligned}$$

$$
\begin{aligned}
&x_{23} + x_{24} + x_{45} \leq 3 \\
&x_{12} + x_{13} + x_{23} \leq 2, \quad x_{12} + x_{14} + x_{24} \leq 2 \\
&x_{13} + x_{14} \leq 2, \quad x_{23} + x_{24} \leq 2 \\
&x_{12} + x_{15} \leq 2, \quad x_{13} + x_{15} \leq 2 \\
&x_{23} \leq 2, \quad x_{14} + x_{15} + x_{45} \leq 2 \\
&x_{24} + x_{45} \leq 2, \quad x_{45} \leq 2 \\
&x_{12}, x_{13}, x_{14}, x_{15}, x_{23}, x_{24}, x_{45} \in \{0, 1\}
\end{aligned}
$$

となる．

14.1.2　クラスカル法

最小木問題を 0-1 整数最適化問題として定式化することはできたが，V の部分集合は $2^{|V|}$ 個存在することから，点の数が増えると制約式の数が膨大になり，最適解の計算が困難になってしまう．しかし，最小木問題は欲張り法により効率的に解くことができる．最小木問題における欲張り法はクラスカル（Kruskal）法と呼ばれる．クラスカル法は，最小木を求めるために，短い枝の順に選んでいく．クラスカル法の具体的な手続きを以下に示す．

クラスカル法

1）枝を長さの短い順に並べ替える．すなわち，枝 $e_k \in E$ の長さを a_k とすると，

$$a_1 \leq a_2 \leq \cdots \leq a_{|E|}$$

となる．$T \leftarrow \{e_1\}, m \leftarrow 2$.

2) $T \cup \{e_m\}$ が閉路を含まないならば，$T \leftarrow T \cup \{e_m\}$ とする．閉路を含むなら T は変更しない．

3) T がすべての点を結んでいるならば終了．そうでなければ，$m \leftarrow m+1$ として，2) に戻る．

このアルゴリズムを例 1 に適用した過程を図 14.1 に示す．

一般に欲張り法とは，解を段階的に構成していく際に，その段階で最善のものを取り入れていく方法である．一般には最適解が得られる保証はないが，単純なアルゴリズムなので，高速に近似解を得るためによく用いられる．また，最小木問題におけるクラスカル法は最適解が得られることが保証されている．

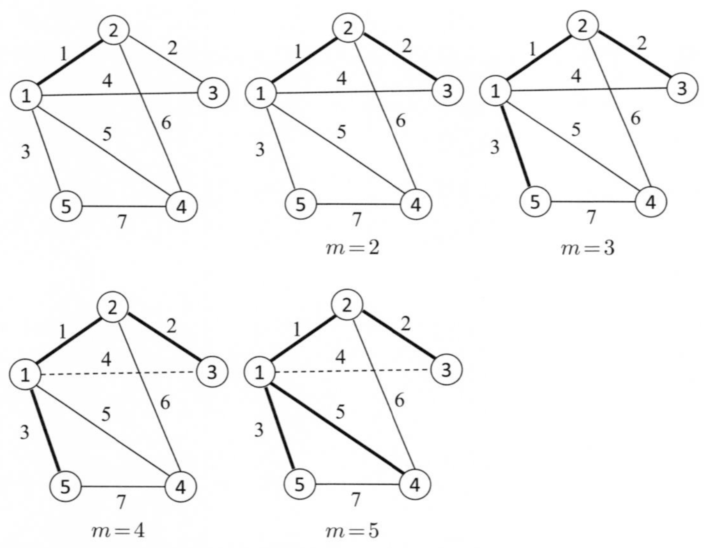

図 14.1　例 1 にクラスカル法を適用した過程
$m=3$ から $m=4$ で変化がないのは，枝 $(1,3)$ を選択すると閉路ができるからである．

14.2 分枝限定法

> 例 2：ナップサック問題
>
> n 個の品物があり，品物 i は重さ a_i（kg）で価値が c_i ある．最大 b（kg）までしか詰めることができないナップサックに，価値の合計が最大になるように品物を詰め込むにはどの品物を詰めるべきか．

ナップサック問題は，a_i をプロジェクト i の予算要求額，c_i をプロジェクト i の価値，b を予算の総額とすれば，予算要求問題になる．また，a_i を通信における接続要求 i の使用帯域幅，c_i を接続要求 i の重要度，b を総帯域幅とすれば，通信の接続許可制御問題になる．このようにナップサック問題は現実社会に広く存在する問題を単純化したものと捉えることができる．

14.2.1　0-1 整数最適化問題としての定式化

品物 i をナップサックに詰めるか否かを決定変数 x_i で表現する．品物 i をナップサックに詰める時は $x_i = 1$，詰めない時は $x_i = 0$ をとるとする．目的関数 z は詰め込んだ品物の価値の総和として，

$$z = \sum_{i=1}^{n} c_i x_i$$

と表される．ナップサックの容量制約は

$$\sum_{i=1}^{n} a_i x_i \leq b$$

と表される．以上をまとめると，ナップサック問題は次の 0-1 整数最適化問題として定式化される．

$$
\begin{aligned}
\text{最大化}\quad & z=\sum_{i=1}^{n} c_i x_i \\
\text{制約条件}\quad & \sum_{i=1}^{n} a_i x_i \le b \\
& x_i \in \{0,1\} \qquad (i=1,2,\cdots,n)
\end{aligned}
$$

ナップサック問題の解は変数の整数条件を外した線形最適化問題の解とは一般には一致しない．また，欲張り法も最適解が得られる保証はない．例えば，$(c_1,c_2,c_3,c_4,c_5)=(9,7,6,5,3)$，$(a_1,a_2,a_3,a_4,a_5)=(6,4,5,3,3)$，$b=17$ のナップサック問題を考える．ナップサック問題に欲張り法を適用しても一般には最適解は得られない（各自確認せよ）．

14.2.2 分枝限定法

ナップサック問題に限らず，組み合わせ最適化問題は変数の値の組み合わせが有限であることから，原理的にはそれらを列挙すれば最適解を得ることができる．しかし，例えばナップサック問題では 2 値変数が n 個ある時，変数の値の組み合わせは 2^n 通りあるので，要領よく探索の範囲を絞り込んでいく必要がある．**分枝限定法**は，解を列挙するための場合分けの過程において，最適解が得られる可能性のない部分をそれ以上場合分けしないことにより，探索の範囲を絞り込んでいく方法である．

分枝限定法は場合分けを要する様々な問題に適用できる汎用的な方法であるが，ここではナップサック問題に適用する．次の 3 変数ナップサック問題を考える．

$$\text{IP}\left\{\begin{array}{rl} \text{最大化} & z = 6x_1 + 3x_2 + 4x_3 \\ \text{制約条件} & 4x_1 + 3x_2 + 6x_3 \leq 9 \\ & x_1, x_2, x_3 \in \{0, 1\} \end{array}\right. \tag{14.1}$$

問題 IP の整数条件を外した次の線形最適化問題 LP を解く．このように制約を緩めた問題を**緩和問題**と呼ぶ．

$$\text{LP}\left\{\begin{array}{rl} \text{最大化} & z = 6x_1 + 3x_2 + 4x_3 \\ \text{制約条件} & 4x_1 + 3x_2 + 6x_3 \leq 9 \\ & 0 \leq x_1, x_2, x_3 \leq 1 \end{array}\right.$$

LP を解くと，z の最大値は 10.33 となる．制約を緩めた緩和問題の最大値を元の問題の最大値が上回ることはないから，IP における z の最大値は 10.33 以下である． x さらに z が整数値しかとらないので，IP における z の最大値は 10 以下であることがわかる．すなわち，緩和問題は元の問題における z の上界値を与える．

次に，$x_1 = 0$ に固定した緩和問題 LP_{0**} と $x_1 = 1$ に固定した緩和問題 LP_{1**}，

$$\text{LP}_{0**}\left\{\begin{array}{rl} \text{最大化} & z = 6x_1 + 3x_2 + 4x_3 \\ \text{制約条件} & 4x_1 + 3x_2 + 6x_3 \leq 9 \\ & x_1 = 0, 0 \leq x_2, x_3 \leq 1 \end{array}\right.$$

$$\text{LP}_{1**}\left\{\begin{array}{rl} \text{最大化} & z = 6x_1 + 3x_2 + 4x_3 \\ \text{制約条件} & 4x_1 + 3x_2 + 6x_3 \leq 9 \\ & x_1 = 1, 0 \leq x_2, x_3 \leq 1 \end{array}\right.$$

を解く．LP_{0**} における z の最大値は 7，LP_{1**} における z の最大値は

10.33 である．したがって，$x_1 = 0$ に固定した 0-1 整数最適化問題 IP_{0**} における z は最大でも 7 である．$x_1 = 1$ に固定した 0-1 整数最適化問題 IP_{1**} を欲張り法で解くと，$(x_1, x_2, x_3) = (1, 1, 0)$ なる解を得る．この時の z の値は 9 であり，これを IP_{1**} における z の最大値の暫定値とする．欲張り法は実行可能な解を与えるので，欲張り法は IP_{1**} における z の下界値を与える．

IP_{1**} における z の最大値の暫定値が LP_{0**} における z の最大値を上回ったことから，元の問題 IP の最適解は $x_1 = 0$ とはならない．したがって，図 14.2 の左半分はこれ以上調べる必要がない．これを**限定操作**と呼ぶ．

次に，$x_1 = 1$，$x_2 = 0$ に固定した緩和問題 LP_{10*} と $x_1 = 1$，$x_2 = 1$ に固定した緩和問題 LP_{11*} を解くと，z の最大値は各々 9.33 と 10.33 である．IP_{10*} の z は整数値しかとらないので，IP_{10*} における z の最大値は 9 以下であることがわかる．これは IP_{11*} における z の最大値の暫定値である 9 を超えないので，最適解を一つ求める問題であれば，IP_{10*} をこれ以上調べる必要はない．

一方，$x_1 = 1$，$x_2 = 1$ に固定した上で，$x_3 = 0$ と固定した問題 IP_{110} は既に z の最大値の暫定値 9 が得られている．$x_3 = 1$ と固定した問題 IP_{111} は実行可能解を持たないので，$(x_1, x_2, x_3) = (1, 1, 0)$ が元の問題 IP の最適解で，z の最大値は 9 であることがわかる．

分枝限定法は解を列挙していく方法であるので，原理的に最適解を得られることが保証されているが，計算量に関しては一般には多項式時間

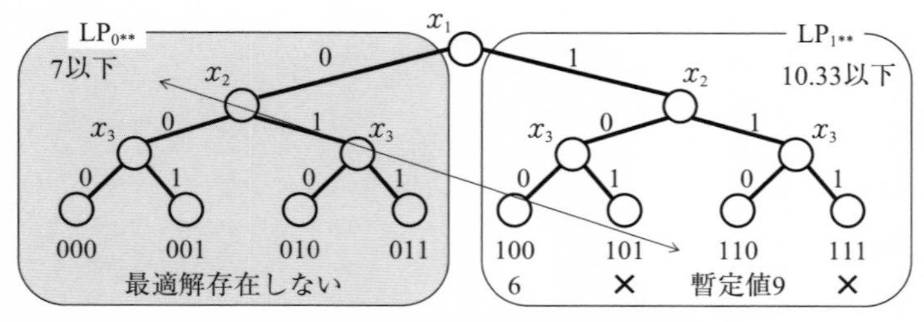

図 14.2　分枝限定法における限定操作

で解が得られる保証はなく，この問題における最悪計算量は $O(2^n)$ である [1)]．分枝限定法で効率的に解を得るには，制約があまり緩和されていなくて，かつ高速に解が得られる緩和問題の発見，最適解に近い近似解を得る方法の発見が重要な問題である．また，場合分けをどの変数から行うかも計算の効率を左右する．

14.3 動的計画法

動的計画法は最適性の原理に基づく効率的な列挙法のことである．3.1.2 項で紹介した最短路問題におけるダイクストラ法は動的計画法の一種である．最適性の原理は，全体が最適化された時は，その部分も最適化されているという性質であり，最適性の原理が成り立つ問題では，全体の問題をより計算の容易な部分問題に分解し，部分問題の解を基に全体の問題の解を構成する．

動的計画法による計算を再度ナップサック問題を例に説明する．

$$
\begin{aligned}
\text{最大化} \quad & z = 3x_1 + 4x_2 + 6x_3 \\
\text{制約条件} \quad & 3x_1 + 6x_2 + 4x_3 \leq 9 \\
& x_1, x_2, x_3 \in \{0, 1\}
\end{aligned}
\tag{14.2}
$$

ここで，品物 $1, 2, \ldots, n$ の組み合わせで，重さの和が k 以下での価値の和の最大値を $f(n, k)$ とすると，次の関係が成り立つ．

$$
f(n, k) = \max\{f(n-1, k), f(n-1, k-a_n) + c_n\} \tag{14.3}
$$

ここで，$0 \leq k \leq b$ である．この関係を繰り返し適用すると $f(1, k)$ に至る．$f(1, k)$ は容易に計算できるので，まず $f(1, k)$ を計算し，次に (14.3) 式の関係を適用して $f(2, k)$ を計算する．これを繰り返して $f(n, k)$ を計

1)　計算量理論に関しては付録 B を参照のこと．

算するのが動的計画法による計算法である．

まず，$f(1,k)$ について考える．$f(1,k)$ は品物 1 だけを対象としているので，重さの和 k が品物 1 の重さ 3 以上であれば，品物 1 をナップサックに詰め込むことで価値の和が最大になる．すなわち，

$$f(1,k) = \begin{cases} 0 & 0 \leq k \leq 2 \\ 3 & 3 \leq k \leq 9 \end{cases}$$

次に，$f(2,k)$ について考える．$f(2,k)$ は品物 1 と 2 を対象とする．$k = 0, 1, 2$ の場合には，どの荷物も詰め込めないので，

$$f(2,k) = \max\{f(1,k), f(1,k-6)+4\} = \max\{0, \text{実行不能}\} = 0.$$

$k = 3, 4, 5$ の場合は品物 1 だけ詰め込めるので，

$$f(2,k) = \max\{f(1,k), f(1,k-6)+4\} = \max\{3, \text{実行不能}\} = 3.$$

$k = 6, 7, 8$ の場合は品物 1 と 2 の一方だけ詰め込めるので，

$$f(2,k) = \max\{f(1,k), f(1,k-6)+4\} = \max\{3, 0+4\} = 4.$$

$k = 9$ の場合は品物 1 と 2 を両方詰め込めるので，

$$f(2,9) = \max\{f(1,9), f(1,9-6)+4\} = \max\{3, 3+4\} = 7.$$

最後に，$f(3,k)$ について考える．$f(3,k)$ は品物 1，2，3 を対象とする．$k = 0, 1, 2$ の場合には，どの荷物も詰め込めないので，

$$f(3,k) = \max\{f(2,k), f(2,k-4)+6\} = \max\{0, \text{実行不能}\} = 0.$$

$k = 3$ の場合は品物 1 だけ詰め込めるので，

$$f(3,3) = \max\{f(2,3), f(2,3-4)+6\} = \max\{3, \text{実行不能}\} = 3.$$

$k=4,5$ の場合は品物 1 と 3 の一方だけ詰め込めるので，

$$f(3,k) = \max\{f(2,k), f(2,k-4)+6\} = \max\{3, 0+6\} = 6.$$

$k=6$ の場合は品物 1～3 の 1 個だけ詰め込めるので，

$$f(3,6) = \max\{f(2,6), f(2,6-4)+6\} = \max\{4, 0+6\} = 6.$$

$k=7,8$ の場合は品物 1～3 の 1 個，あるいは品物 1 と 3 の 2 個を詰め込めるので，

$$f(3,k) = \max\{f(2,k), f(2,k-4)+6\} = \max\{4, 3+6\} = 9.$$

$k=9$ の場合は品物 1～3 の 1 個，あるいは品物 1 と 2，ないしは品物 1 と 3 の 2 個を詰め込めるので，

$$f(3,9) = \max\{f(2,9), f(2,9-4)+6\} = \max\{7, 3+6\} = 9$$

となる．以上により，元の問題の最適解は品物 1 と 3 を詰め込んだ時で，価値の和は 9 になる．

ナップサック問題における $f(n,k)$ の計算は，n が n 通り，k が $b+1$ 通りであることから，計算量は $O(nb)$ である [2)]．

14.4 まとめ

本章では，組み合わせ最適化問題の定式化例を示し，組み合わせ最適化問題の代表的な解法として，分枝限定法，動的計画法，欲張り法について解説した．組み合わせ最適化問題の解法の研究は盛んに行われており，年々規模の大きな問題を解くことができるようになっている．整数

2)　ただし，計算量理論においては，多項式時間アルゴリズムではなく，擬多項式時間アルゴリズムに分類される．

最適化問題を解くソルバーは無料で公開されているものを含め多数あり，Microsoft Excel や LibreOffice Calc など表計算ソフトウェアにもその機能が備わっているものがある．ソルバーを利用して実際に問題を解いてみることにより，組み合わせ最適化問題の理解が深まるので，試してみることを強く勧める．

実社会にはさらに規模の大きな組み合わせ最適化問題が存在するので，列挙法の高速化だけでなく近似解法も重要である．近似解法については第 15 章において紹介する．

参考文献

1) 福島雅夫（2011）『新版 数理計画入門』，朝倉書店．
基本的な事項を丁寧に説明している．

2) 穴井宏和・斉藤努（2015）『今日から使える！　組合せ最適化　離散問題ガイドブック』，講談社．

演習問題 14

14.1 (A)　下図で表される最小木問題を欲張り法で解け．

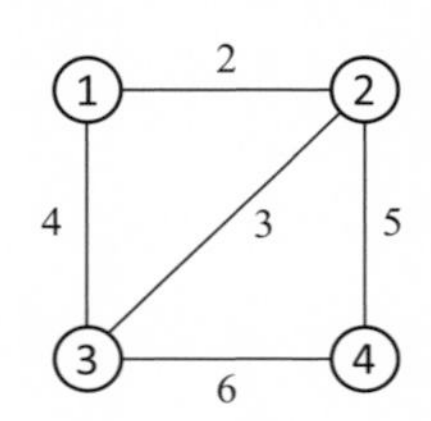

14.2 (A)　n 変数のナップサック問題を分枝限定法で解くことを考える．ただし，各品物の重さ，価値はすべて整数値であるとする．決定変

数を $x_1, x_2, \cdots, x_n$ とする．$x_1 = 0$ とした $n-1$ 変数問題 IP_0 と $x_1 = 1$ とした $n-1$ 変数問題 IP_1 における変数の整数条件を外した緩和問題を各々 LP_0，LP_1 とする．

- LP_0 の最適解に対する目的関数の値は 6.3，LP_1 の最適解に対する目的関数の値は 10.1 である．
- IP_0 を欲張り法で解いて得られた解に対する目的関数の値は 6, IP_1 を欲張り法で解いて得られた解に対する目的関数の値は 7 である．

この問題における最適解に対する目的関数の値としてとり得る可能性のある値をすべて挙げよ．

14.3 (B)　次のナップサック問題を動的計画法で解け．

$$
\begin{aligned}
\text{最大化}\quad & z = 5x_1 + 7x_2 + 9x_3 \\
\text{制約条件}\quad & x_1 + 2x_2 + 3x_3 \leq 5 \\
& x_1, x_2, x_3 \in \{0, 1\}
\end{aligned}
$$

14.4 (D)　下図および表で，点は都市，表の数字は都市間の距離を表す．セールスマンがこれら 5 つの都市を 1 回ずつ通って巡回する時の最短経路を求める問題は巡回セールスマン問題と呼ばれている．
この問題を 0-1 整数最適化問題として定式化せよ．

	1	2	3	4	5
1	0	2	4	4	3
2	2	0	5	3	3
3	4	5	0	3	1
4	4	3	3	0	3
5	3	3	1	3	0

15 メタヒューリスティクス

《目標＆ポイント》 数理的な問題を解くためのアルゴリズムや計算機の性能向上により，年々高速に問題を解くことができるようになっている．しかし，現実の問題にはさらに複雑な問題があふれている．そのような複雑な問題に対しては，質の良い近似解を効率的に得るのが現実的な解決法である．本章では，質の良い近似解を効率的に得る方法群であるメタヒューリスティクスについて解説する．
《キーワード》 メタヒューリスティクス，局所探索法，タブー探索法，遺伝的アルゴリズム

いくつかの章で数理最適化法について解説してきた．それらの章において，解法の研究が盛んに行われていて，年々規模の大きな問題を解くことができるようになっていることについて述べてきた．しかし，サプライチェーン・マネージメントのように，工場，配送，小売店など個々に生産管理や在庫管理を行うのではなく，サプライチェーン全体での最適化を図ろうという取り組みは，個々の最適化問題の和よりもはるかに複雑な問題の出現を意味している．サプライチェーン・マネージメントに限らず，以前には手に負えなかった問題が解けるようになると，半ば必然的にさらに複雑な問題が出現する．そのような複雑な問題に対しては，質の良い近似解を効率的に得るのが現実的な解決法であり，そのような解法が盛んに研究されている．

本章では，質の良い近似解を得るための方法群であるメタヒューリスティクスのうちのいくつかの手法について解説する．

15.1 メタヒューリスティクス

必ずしも最適解が得られる訳ではないが，多くの場合ある程度のレベルの近似解が得られる手法は**発見的手法**，**ヒューリスティック解法**と呼ばれる．例えば，欲張り法は最小木問題において最適解が得られることは保証されているが，組み合わせ最適化問題一般において最適解が得られる保証はない．発見的手法の中でも，欲張り法は多くの問題に適用できるが，発見的手法は特定の問題にのみ有効なものが多い．

メタヒューリスティクス（metaheuristics）は，局所最適解に捕捉されることを防ぐための発見的手法の枠組み群で，特定の問題に限定されず汎用的に適用できる．代表的な枠組みに，局所探索法，タブー探索法，焼きなまし法，遺伝的アルゴリズム，ニューラルネットワーク，蟻コロニー最適化，粒子群最適化などがある．

15.2 巡回セールスマン問題

メタヒューリスティクスの手法を説明するために，**巡回セールスマン問題**（Traveling Salesman Problem；TSP）を例に用いる．第 14 章の演習問題でも取り上げたが，以下の問題である．

巡回セールスマン問題（TSP）

下図および表で，点は都市，表の数字は都市間の距離を表す．セールスマンがこれら 5 つの都市を 1 回ずつ通って巡回する時の最短経路を求めよ．

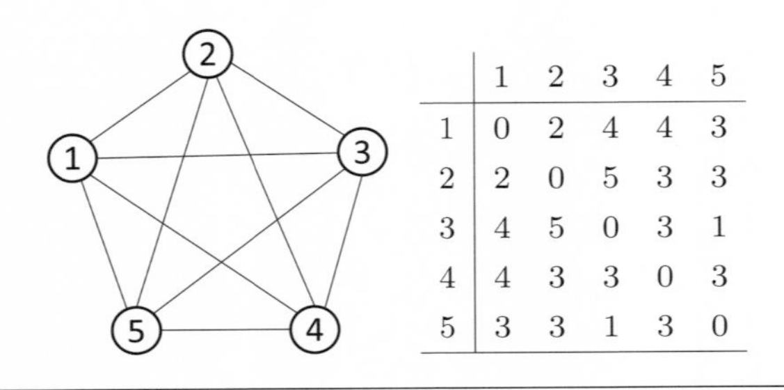

	1	2	3	4	5
1	0	2	4	4	3
2	2	0	5	3	3
3	4	5	0	3	1
4	4	3	3	0	3
5	3	3	1	3	0

まず，TSP を 0-1 整数最適化問題として定式化する．都市の集合を V，都市の数を n とする．都市 i から都市 j が巡回路に含まれる時 1，含まれない時 0 をとる 2 値変数 x_{ij} を決定変数とする．また，都市 i と都市 j の間の距離を c_{ij} とする．総移動距離 z は

$$z = \sum_{i \in V} \sum_{j \in V} c_{ij} x_{ij}$$

と表される．各都市には 1 回だけ他の 1 都市から入り，1 回だけ別の 1 都市に出ていくことから，

$$\sum_{i \in V} x_{ij} = 1, \quad \sum_{j \in V} x_{ij} = 1$$

が成り立つ．さらに，一部の都市だけで巡回路ができてはいけないので，そのための制約が必要である．巡回路ができないことを表す制約は，最小木問題でも扱ったように，枝の数が点の数より少なくなるようにすれば巡回路はできない．ただし，TSP はすべての都市を通る巡回路を求める問題なので，V のすべての真部分集合 $S \subset V$ に関して

$$\sum_{i \in S} \sum_{j \in S} x_{ij} \leq |S| - 1$$

が成り立つ必要がある．以上をまとめると，TSPは(15.1)式に示す0-1整数最適化問題として定式化される．

$$
\begin{aligned}
\text{最小化}\quad & z=\sum_{i\in V}\sum_{j\in V} c_{ij}x_{ij} \\
\text{制約条件}\quad & \sum_{i\in V} x_{ij}=1 \quad (j\in V) \\
& \sum_{j\in V} x_{ij}=1 \quad (i\in V) \\
& \sum_{i\in S}\sum_{j\in S} x_{ij}\leq |S|-1, \quad (S\subset V) \\
& x_{ij}\in\{0,1\}, \quad (i,j\in V)
\end{aligned}
\tag{15.1}
$$

TSPは$(n-1)!/2$通りの巡回路が存在するので，nが大きい場合，すべての巡回路を調べるのは実質不可能である．また，欲張り法では最適解が得られないことから，代表的な難しい問題の一つであった．定式化が容易で計算量が大きく様々なアプローチで研究が行われている．

15.3 局所探索法

15.3.1　アルゴリズム

局所探索法はメタヒューリスティクスの基礎をなす手法である．目的関数$f(\boldsymbol{x})$を最小にする$\boldsymbol{x}$を求める問題を考える．任意の実行可能解$\boldsymbol{x}$に対して，その一部分を変更して得られる解の集合$N(\boldsymbol{x})$を$\boldsymbol{x}$の近傍と呼ぶ．局所探索法は近傍の中により良い解が存在する時，その解を新たな解として，その解の近傍にさらに良い解がないか探索する．これを近傍内により良い解が見つからなくなるまで繰り返す．局所探索法のアルゴリズムを以下に示す．

局所探索法

0）初期解 $\boldsymbol{x}$ を選ぶ.

1）$\boldsymbol{x}$ の近傍 $N(\boldsymbol{x})$ の中に $f(\boldsymbol{x}') < f(\boldsymbol{x})$ を満たす実行可能解 $\boldsymbol{x}'$ を選ぶ．そのような実行可能解 $\boldsymbol{x}'$ が存在しなければ，$\boldsymbol{x}$ を解として出力して終了.

2）$\boldsymbol{x} \leftarrow \boldsymbol{x}'$ として 1）へ.

局所探索法を実際に適用するには，近傍を具体的に定義する必要がある．一般に，近傍を大きくとるとより良い解が見つかる可能性が大きくなるが，探索に要する計算量が大きくなる.

15.3.2 ナップサック問題への適用

ナップサック問題

$$
\begin{aligned}
\text{最大化} \quad & z = \sum_{i=1}^{n} c_i x_i \\
\text{制約条件} \quad & \sum_{i=1}^{n} a_i x_i \leq b \\
& x_i \in \{0, 1\} \quad (i = 1, 2, \cdots, n).
\end{aligned}
\tag{15.2}
$$

に局所探索法を適用することを考える．第 14 章で，上記のナップサック問題は動的計画法により効率的に解くことができることを説明したが，制約を増やすと動的計画法でも効率的に解くことができなくなる.

ここでは，簡単のため上記の単純なナップサック問題を例に説明する．$n = 4$ として，現在の解 $\boldsymbol{x} = (x_1, x_2, x_3, x_4) = (1, 1, 1, 0)$ が得られているとする．局所探索法の近傍として，例えば，$\boldsymbol{x}$ の 1 成分の 0 と 1 を反転させた解の集合 $N_1(\boldsymbol{x})$，2 成分の 0 と 1 を反転させた解の集合 $N_2(\boldsymbol{x})$ を合わせた $N(\boldsymbol{x}) = N_1(\boldsymbol{x}) \cup N_2(\boldsymbol{x})$ を近傍とする．具体的には，

$$\begin{aligned} N_1(1,1,1,0) &= \{(0,1,1,0),(1,0,1,0),(1,1,0,0),(1,1,1,1)\}, \\ N_2(1,1,1,0) &= \{(0,0,1,0),(0,1,0,0),(0,1,1,1),(1,0,0,0), \\ &\qquad (1,0,1,1),(1,1,0,1)\} \end{aligned}$$

となる．$\boldsymbol{x}' \in N(\boldsymbol{x})$ のうち，制約を満たして z を最大にする $\boldsymbol{x}'$ を新たな $\boldsymbol{x}$ とする．z を改善する $\boldsymbol{x}'$ が $N(\boldsymbol{x})$ に含まれなくなるまで更新を繰り返し，$\boldsymbol{x}$ を最終的な解として出力する．近傍を $N_3(\boldsymbol{x})$，$N_4(\boldsymbol{x})$ まで広げると，より良い解が見つかる可能性があるが，探索の計算量が大きくなる．

15.3.3　TSP への適用

TSP における近傍の定義の仕方に **k-opt 近傍**がある．巡回路 $\boldsymbol{x}$ から隣り合わない 2 本の枝を取り除き，別の 2 本の枝を加えて得られる巡回路 $\boldsymbol{x}'$ の集合を $N(\boldsymbol{x})$ と定義する場合，その近傍は **2-opt 近傍**と呼ばれる．図 15.1 に 2-opt 近傍の例を示す．2 本の枝を取り除いた場合，加える 2 本の枝は一意に決まる．都市数が n の TSP において，1 つの巡回路に対して 2 本の枝の取り除き方は約 $n(n-3)/2$ 通りある [1)]．すなわち 1 つの巡回路に対する 2-opt 近傍の数は $O(n^2)$ であり，3-opt 近傍等に比べると近傍が小さい．

巡回路から隣り合わない 3 本の枝を取り除いて，別の 3 本の枝を加える **3-opt 近傍**は，1 つの巡回路に対して $O(n^3)$ 存在する [2)]．同様に，巡回路から隣り合わない k 本の枝を取り除いて，別の k 本の枝を加える k-opt 近傍は，1 つの巡回路に対して $O(n^k)$ 存在する．計算量と解の精度から

---

1)　取り除く 2 本の枝は隣り合わない制約があるため．
2)　3-opt 近傍は n が 6 以上の場合のみ存在する．

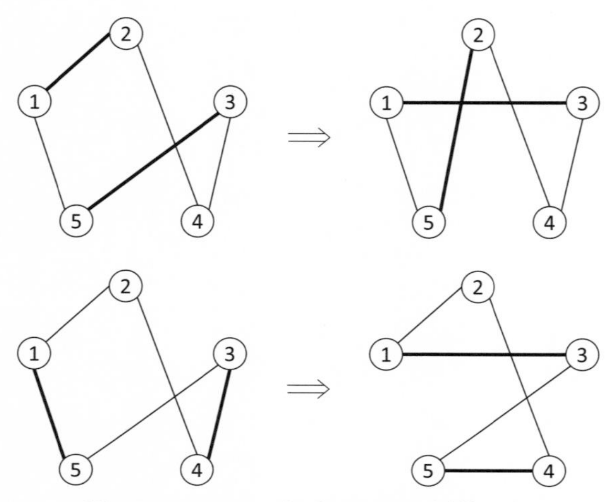

図 15.1　TSP における 2-opt 近傍の例

2-opt 近傍や 3-opt 近傍が用いられることが多い.

15.4 タブー探索法

局所探索法は近傍内により良い解が見つからなくなった時点で終了する. それより良い解を探すには様々な初期解から探索を行うというのが局所探索法に限らずよく用いられる手法であるが, **タブー探索法**はこれとは異なるアプローチをとる.

タブー探索法は, $N(\boldsymbol{x})$ に $\boldsymbol{x}$ より良い解が見つからない時も解の更新を行い, より良い解を探索する. この方法をそのまま実行すると, 同じ解が繰り返し現れやすいので, 探索の履歴を**タブーリスト**に記録しておき, 同じ解を繰り返し探索することを防ぐ. ただし, すべての履歴を調べるのは, そのための計算量が大きくなるので, 古い情報は削除する. タブー探索法のアルゴリズムを以下に示す.

タブー探索法

タブーリストをL，タブーリストに保持する履歴の最大値を$limit$とする．

0）初期解$\boldsymbol{x}$を選ぶ．Lを空にする．

1）$N(\boldsymbol{x})$において，$\boldsymbol{x}$自身とLの要素以外で最も良い解$\boldsymbol{x}'$を見つける．

2）$\boldsymbol{x}$をLに加える．Lの要素数が$limit$を超えたら，最も古い要素を取り除く．$\boldsymbol{x} \leftarrow \boldsymbol{x}'$とする．

3）終了条件を満たせば，$\boldsymbol{x}$およびLの要素の中から最も良い解を出力して終了．そうでなければ，1）へ．

タブー探索法の終了条件は，$f(\boldsymbol{x})$の値が一定以下に達する，より良い解に更新されないことが一定回数繰り返されるなど，様々なものが考えられる．

15.5 遺伝的アルゴリズム

15.5.1　アルゴリズム

遺伝的アルゴリズムは生物の進化を模倣した計算法である．環境に適合した形質を持つ個体が生き残り，多くの子孫を残す（淘汰）．子は両親の形質を一部ずつ受け継ぐため，より環境に適合した形質を持つ個体が出現する可能性が高い（交叉）．さらに，突然変異により新たな特性を持つ個体が出現することもある（突然変異）．遺伝的アルゴリズムでは解を個体に見立てて，淘汰，交叉，突然変異を繰り返し，より良い解を探索する．

解である個体は遺伝子の文字列として表現される．図15.2に個体の表現例を示す．実際に問題の解を表現する方法は問題に依存する．具体的な解の表現例は後で示す.

解の質は個体の**適合度**として表される. 適合度は目的関数の値を反映したものである. 適合度の高い個体ほど生き残り子孫を残す確率が高く, 適合度の低い個体は死滅しやすい. これを**淘汰**と呼ぶ. 遺伝的アルゴリズムにおける淘汰は, 個体の集団内での適合度の分布に従い確率的に決定することである. 子孫は単なる個体のコピーだけではなく, 次のような遺伝的操作が行われる.

交叉は, 2つの個体間で遺伝子の組換えによって新しい個体を生成することである. 図15.3の例では, 4番目の遺伝子の箇所で文字列(染色体)が切断され, 以降の遺伝子がもう一方の個体と組み換えられている. この例では, 染色体が切断されるのが1箇所の交叉であるので, 1点交叉と呼ばれる. 一般には, 切断される箇所が複数の交叉も考えられる. 交叉により, 2つの個体の特性が一部ずつ受け継がれるので, 両者の優れた特性が受け継がれれば, さらに適合度の高い個体が生成される.

突然変異は, 1つの個体の遺伝子の一部の値を別の値に置き換えることにより新しい個体を生成することである(図15.4). 突然変異により適合度の低い個体が生成される確率が高いが, 集団内での遺伝子の多様性を保つ効果がある.

遺伝的アルゴリズムの一般的な計算手続きを以下に示す.

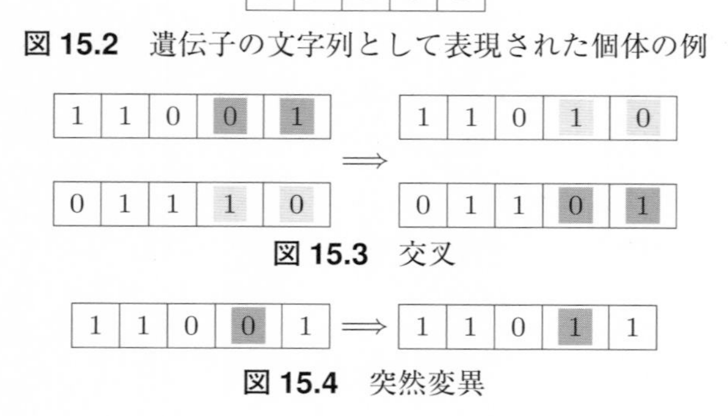

図 15.2　遺伝子の文字列として表現された個体の例

図 15.3　交叉

図 15.4　突然変異

遺伝的アルゴリズム

0）個体を N 個生成する．これを現世代の個体群とする．

1）各個体の適合度を計算する．

2）適合度に応じて定められた確率で個体を選択し，それを基に次世代の個体を生成する．その際，定められた確率で以下いずれかの遺伝的操作を行う．次世代の個体数が N 個に達するまで繰り返す．

- 2 個体を選択して交叉を行う．
- 1 個体を選択して突然変異を行う．
- 1 個体を選択して逆位（後述）を行う．
- 1 個体を選択してそのままコピーする．

3）現世代の個体群を次世代の個体群で置き換える．

4）終了基準を満たせば，最も適合度の高い解を出力して，終了．そうでなければ，1）へ．

15.5.2　ナップサック問題への適用

遺伝的アルゴリズムをナップサック問題 (15.2) に適用することを考える．

個体の表現

品物 i $(i = 1, 2, 3, 4, 5)$ をナップサックに詰め込む時は $x_i = 1$，詰め込まない時は $x_i = 0$ とする．例えば，$(x_1, x_2, x_3, x_4, x_5) = (1, 0, 1, 1, 0)$ は図 15.5 のように表現できる．

x_1	x_2	x_3	x_4	x_5
1	0	1	1	0

図 15.5　ナップサック問題における個体の表現

適合度関数

目的関数 $z = \sum_{i=1}^{n} c_i x_i$ をそのまま適合度関数とすると，制約を考慮せずにすべての品物をナップサックに詰め込む時に適合度が最大になってしまう．そこで，制約を満たさない場合はペナルティを課すようにする．

$$f(\boldsymbol{x}) = \begin{cases} \sum_{i=1}^{n} c_i x_i & \left(\sum_{i=1}^{n} a_i x_i \leq b\right) \\ \sum_{i=1}^{n} c_i x_i - P & \left(\sum_{i=1}^{n} a_i x_i > b\right) \end{cases}$$

ここで P はペナルティである．制約を満たさない場合は適合度を一律最小（$= 0$）とするのが単純な方法であるが，最適解は重さの和が重量制限の上限に近いことから，重量制限を少し超過する時のペナルティは小さくするということも考えられる．

交叉，突然変異

交叉は図 15.3，突然変異は図 15.4 のように行えばよい．

15.5.3　TSP への適用

個体の表現

遺伝的アルゴリズムを実際の問題に適用する際に，個体の表現法は特に重要である．例えば，巡回路の訪問順序をそのまま遺伝子表現とすると，交叉により巡回路でない個体が生成されやすくなる．図 15.6 に 5 都市の TSP の巡回路を訪問順序で表現した例を示す．都市名を A，B，C，D，E とすると，上段の図は A → C → E → B → D（→ A）という巡回路を表している．下段の図は 2 個の巡回路を交叉させた例であるが，生成された個体はいずれも巡回路をなしていない．このような実行不能解の遺伝子表現を**致死遺伝子**と呼ぶ．効果的な探索のためには致死遺伝子の発生を抑えた個体の遺伝子表現が必要である．

TSP の巡回路の表現に適した表現法として相対的な順序を用いた方法がある．ここでは，表 15.1 に示す巡回路 D → B → A → E → C（→ D）の遺伝子表現を構成してみる．まず，都市 A，B，C，D，E を 1，2，

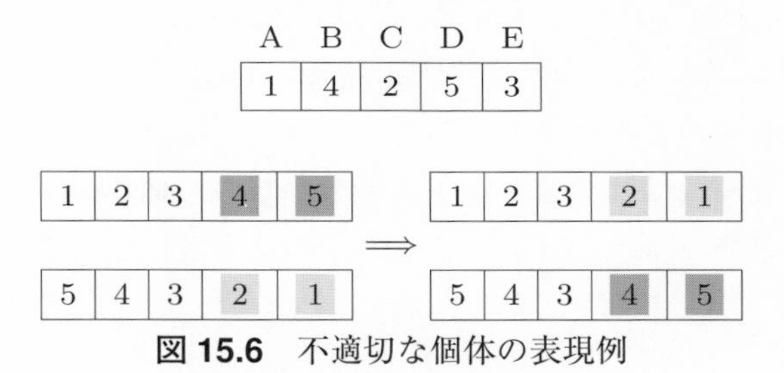

図 15.6　不適切な個体の表現例

表 15.1　巡回路の表現

D → B → A → E → C

都市	順序	遺伝子コード
D	ABCDE 12345	4
B	ABCE 1234	2
A	ACE 123	1
E	CE 12	2
C	C 1	1

4	2	1	2	1

3，4，5 と順序づける．最初に訪れるのが D であるから，遺伝子の文字列の最初の位置（**遺伝子座**と呼ぶ）に 1〜5 の 4 番目の 4 を入れる．次に，都市 D を取り除き，残る 4 都市 A，B，C，E を 1，2，3，4 と順序づける．2 番目に訪れるのは B であるから，2 番目の遺伝子座には 1〜4 の 2 番目の 2 を入れる．次に，都市 B を取り除き，残る 3 都市 A，C，E を 1，2，3 と順序づける．3 番目に訪れるのは A であるから，3 番目の遺伝子座には 1〜3 の 1 番目の 1 を入れる．以下，同様に繰り返し，最終的に表 15.1 の下部に示す表現が得られる．

適合度関数

適合度を計算するための**適合度関数**は目的関数を反映したものになる．TSP の目的関数は巡回路の総移動距離で，TSP はこれを最小化する問題である．個体の表現を工夫したことから，致死遺伝子は生成されないので，適合度関数は制約を考慮する必要がない．個体 i の遺伝子表現を $\boldsymbol{x}_i$，目的関数を $f(\boldsymbol{x}_i)$ とする時，個体 i の適合度 f_i は，例えば，

$$f_i = \frac{1}{f(\boldsymbol{x}_i)}$$

とする．

適合度の高い個体が次世代により多くの子孫を残す淘汰は，適合度の高い個体を高い確率で次世代に残す個体として選択することにより実現する．個体 i を選択する確率 p_i は，例えば，

$$p_i = \frac{f_i}{\displaystyle\sum_{i=1}^{N} f_i}$$

とする．この確率分布に応じて個体数 N の回数だけ乱数を発生させ，発生した数 i に相当する個体 i を，重複を許して次の世代の個体として選択する．

交叉

交叉は，個体の集団からランダムに選んだ2個体に対して，交叉を行う遺伝子座の位置をランダムに決め，その位置以降の遺伝子を入れ替える．TSPにおける交叉の例を図15.7に示す．この例では，4番目の遺伝子座が選択され，個体間で4番目と5番目の遺伝子が入れ替わる．

突然変異

突然変異は，個体の集団からランダムに選んだ1個体に対して，突然変異を行う遺伝子座の位置をランダムに決め，その位置の遺伝子の値を取り得る値にランダムに変更する．TSPにおける突然変異の例を図15.8に示す．この例では，1番目の遺伝子の値が4から1に変更されている．個体は相対的な順序により表現されていることから，遺伝子が1つ変更されただけでも個体の表現は大きく変化している．突然変異が起こる確率は小さく設定する．

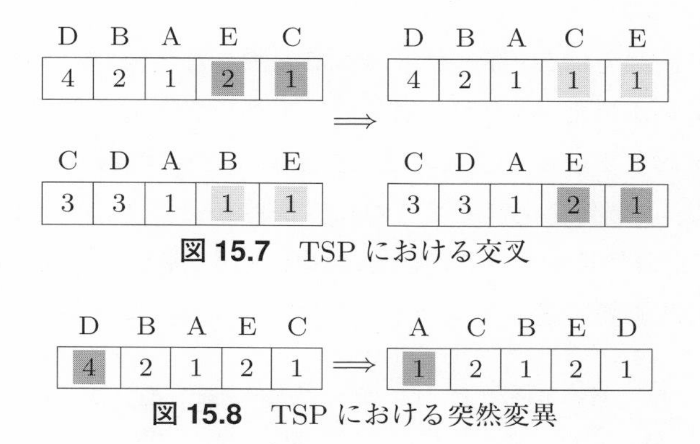

図 15.7　TSPにおける交叉

図 15.8　TSPにおける突然変異

逆位

逆位は，個体の集団からランダムに選んだ1個体に対して，逆位の開始位置と終了位置をランダムに決め，その間の都市の訪問順が逆になるように遺伝子の値を変更する．逆位は交叉や突然変異とは異なり，用いられないことも多い．また，逆位は突然変異の一種と分類されることもある．

TSP における逆位の例を図 15.9 に示す．この例では，最初の 3 都市の訪問順を D → B → A から A → B → D になるように遺伝子の値を変更している．

コピーとエリート保存戦略

コピーとは，個体の遺伝子を改変せず，そのままコピーして次の世代に残すことである．適合度の最も高い個体を選択して，コピーすることにより，その世代で最も良い解を確実に次の世代にも残す生成法は**エリート保存戦略**と呼ばれる．エリート保存戦略は世代交代により解の適合度が低下しないことを保証するが，解の多様性が失われて，局所最適解から解を改善できなくなる可能性がある．

数値例

半径 1 の円周上に 30 都市を等間隔に配置した TSP の計算例を示す．最適解は明らかに正 30 角形の辺に沿って都市を訪れる経路である．ここでは個体数を 400 とし，適合度上位 4 個体を次世代にコピー，8 個体を突然変位，8 個体を逆位，残りの 380 個体を交叉（1 点交叉）とした．図 15.10 に計算例を示す．この例では 379 世代で最適解に達したが，200 世代以下で最適解に達する場合もあれば，400 世代でも最適解に達しな

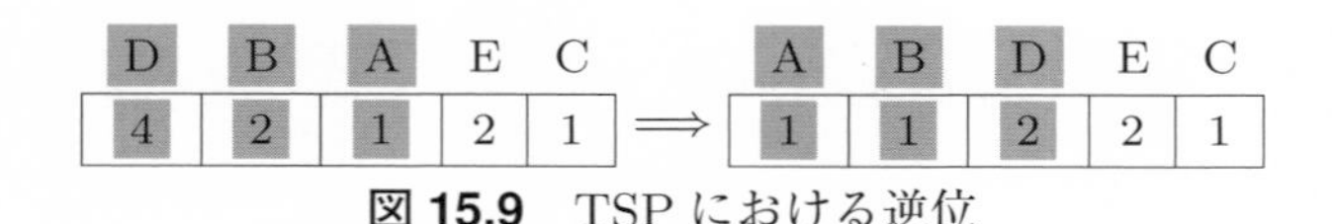

図 15.9　TSP における逆位

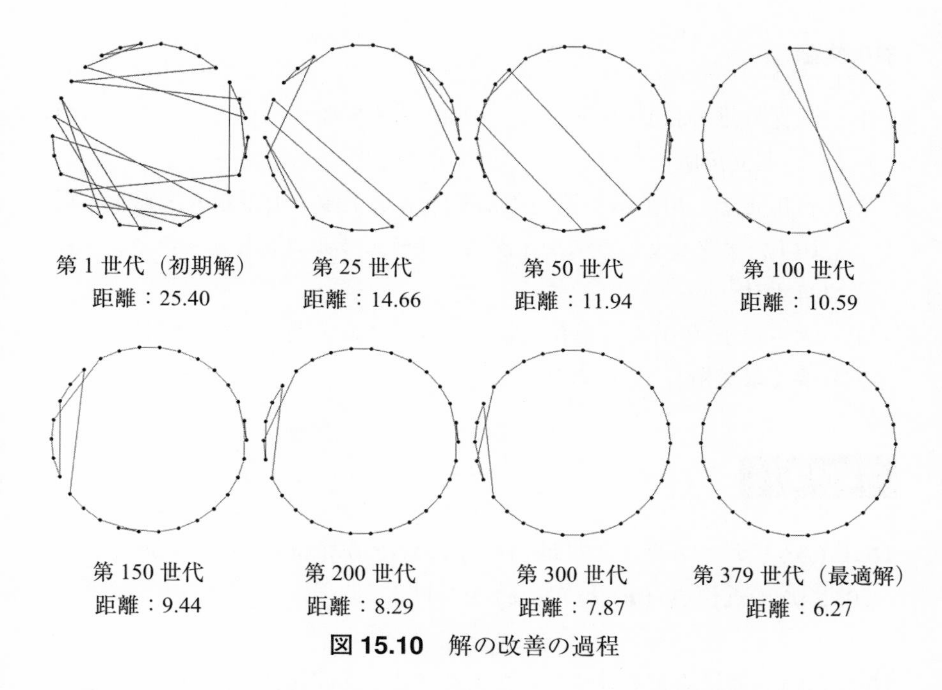

図 15.10　解の改善の過程

い場合もある．しかし，経路の候補が約 10^{30} 通り以上あることを考えれば，効率良く質の良い近似解が得られていることがわかる．

15.6 まとめ

本章では，複雑な問題において質の良い近似解を得るための方法群であるメタヒューリスティクスについて解説した．ここで取り上げた方法は実装が容易で，比較的小さい計算量で質の良い解を得られる場合が多いので，実用性が高く，様々な問題へ応用されている．本章で取り上げた手法は数ある手法の一部である．その他の手法に興味を持つ読者は参考文献を参照されたい．

参考文献

1) 久保幹雄・J. P. ペドロソ（2009）『メタヒューリスティクスの数理』，共立出版.
2) 古川正志・川上敬・渡辺美知子・木下正博・山本雅人・鈴木育男（2011）『メタヒューリスティクスとナチュラルコンピューティング』，コロナ社.
3) 大谷紀子（2018）『進化計算アルゴリズム入門：生物の行動科学から導く最適解』，オーム社.

演習問題 15

15.1 (A) ナップサック問題 (15.2) における解 $\boldsymbol{x} = (x_1, x_2, x_3, x_4) = (1, 0, 1, 0)$ の近傍 $N_1(\boldsymbol{x})$ と $N_2(\boldsymbol{x})$ を挙げよ.

15.2 (A) 遺伝的アルゴリズムをナップサック問題に適用することを考える．次の 2 つの個体を 2 番目の遺伝子座で交叉させた結果を示せ.

x_1	x_2	x_3	x_4
1	0	0	1

x_1	x_2	x_3	x_4
0	1	1	0

15.3 (A) 遺伝的アルゴリズムをナップサック問題に適用することを考える．次の個体の 2 番目の遺伝子座で突然変異させた結果を示せ.

x_1	x_2	x_3	x_4
1	0	0	1

演習問題の解答

1.1

P1 を x_1（トン），P2 を x_2（トン）生産するとする．

最大化	$z = 2x_1 + 3x_2$	利益見込み
制約条件	$70x_1 + 80x_2 \leq 3600$	原料制約
	$90x_1 + 110x_2 \leq 5000$	電力制約
	$x_1,\ x_2 \geq 0$	非負条件

1.2

PC を x_1（トン），携帯電話機を x_2（トン）回収するとする．

最小化	$z = 240x_1 + 800x_2$	回収費用（円）
制約条件	$x_1 + 5x_2 \geq 240$	金属 1 の回収量（g）の制約
	$x_1 + 2x_2 \geq 90$	金属 2 の回収量（g）の制約
	$3x_1 + 0x_2 \geq 60$	金属 3 の回収量（g）の制約
	$x_1 \geq 0,\ x_2 \geq 0$	非負条件

1.3

送出元 Si $(i = 1, 2)$ から受け取り先 Dj $(j = 1, 2)$ に x_{ij}（トン）輸送するとする．

最小化	$z = 9x_{11} + 5x_{12} + 7x_{21} + 8x_{22}$	輸送コスト
制約条件	$x_{11} + x_{12} = 80$	S1 の送出量

$x_{21} + x_{22} = 120$	S2 の送出量
$x_{11} + x_{21} = 50$	D1 の受け取り量
$x_{12} + x_{22} = 150$	D2 の受け取り量
$x_{11},\, x_{12},\, x_{21},\, x_{22} \geq 0$	非負条件

2.1

問題の標準形は以下のとおりである.

$$\begin{aligned} \text{最小化} \quad & z = -3x_1 - 2x_2 \\ \text{制約条件} \quad & 2x_1 + 3x_2 + x_3 = 12 \\ & 2x_1 + x_2 + x_4 = 8 \\ & x_1,\, x_2,\, x_3,\, x_4 \geq 0 \end{aligned}$$

これをシンプレックス・タブローで表すと以下のようになる.

	x_1	x_2	x_3	x_4		
x_3	2	3	1	0	12	$12/2 = 6$
x_4	*2	1	0	1	8	$8/2 = 4$
$-z$	-3	-2	0	0	0	

シンプレックス・タブローの $-z$ の行を見ると, x_1 の係数が -3 で, x_1 を増加させることで目的関数を大きく改善できる見込みがあるので, ここでは x_1 を増加させる. シンプレックス・タブローの右端の列は制約を満たす範囲で x_1 を増加できる量を示している. x_1 を 4 増加させると, x_4 が 0 になるので, x_1 と x_4 の間で基底の交換を行う. x_1 の行（元の x_4 の行）をピボット項の値である 2 で割り, 他の行の x_1 の係数が 0 になるように, x_1 の行を定数倍をしたものを引くと, 以下のシンプレックス・タブローが得られる.

	x_1	x_2	x_3	x_4		
x_3	0	*2	1	-1	4	$4/2 = 2$
x_1	1	$1/2$	0	$1/2$	4	$4/(1/2) = 8$
$-z$	0	$-1/2$	0	$3/2$	12	

シンプレックス・タブローの $-z$ の行を見ると，x_2 の係数が $-1/2$ で，x_2 を増加させることで目的関数を改善できるので，x_2 を増加させる．シンプレックス・タブローの右端の列に示すように，x_2 を 2 を増加させると，x_3 が 0 になるので，x_2 と x_3 の間で基底の交換を行う．x_2 の行（元の x_3 の行）をピボット項の値である 2 で割り，他の行の x_2 の係数が 0 になるように，x_2 の行を定数倍したものを引くと，以下のシンプレックス・タブローが得られる．

	x_1	x_2	x_3	x_4	
x_2	0	1	$1/2$	$-1/2$	2
x_1	1	0	$-1/4$	$3/4$	3
$-z$	0	0	$1/4$	$5/4$	13

このシンプレックス・タブローの $-z$ の行には負の係数を持つ変数がないので，これ以上目的関数を改善することはできない．したがって，最適解は $(x_1, x_2) = (3, 2)$ で z の最大値は 13 である．

2.2

標準形

最小化 $z = -4x_1 - 5x_2$

制約条件 $x_1 + x_2 + x_3 = 3$

$x_1 + 2x_2 + x_4 = 4$

$x_1, x_2, x_3, x_4 \geq 0$

初期シンプレックス・タブロー

	x_1	x_2	x_3	x_4	
x_3	1	1	1	0	3
x_4	1	*2	0	1	4
$-z$	-4	-5	0	0	0

x_4 と x_2 を交換

	x_1	x_2	x_3	x_4	
x_3	$^*1/2$	0	1	$-1/2$	1
x_2	$1/2$	1	0	$1/2$	2
$-z$	$-3/2$	0	0	$5/2$	10

x_3 と x_1 を交換（最適解）

	x_1	x_2	x_3	x_4	
x_1	1	0	2	-1	2
x_2	0	1	-1	1	1
$-z$	0	0	3	1	13

最適解は $(x_1, x_2) = (2, 1)$ で z の最大値は 13 である.

3.1

最小化　$z = 4x_{12} + x_{13} + 2x_{23} + 3x_{24} + x_{32} + 2x_{34} + 5x_{35} + x_{45}$

制約条件
$x_{12} + x_{13} = 1$　点 1（始点）
$-(x_{35} + x_{45}) = -1$　点 5（終点）
$(x_{23} + x_{24}) - (x_{12} + x_{32}) = 0$　点 2
$(x_{32} + x_{34} + x_{35}) - (x_{13} + x_{23}) = 0$　点 3
$x_{45} - (x_{24} + x_{34}) = 0$　点 4
$x_{12},\ x_{13},\ x_{23},\ x_{24},\ x_{32},\ x_{34},\ x_{35},\ x_{45} \in \{0, 1\}$　2 値条件

2 値条件の代わりに非負条件でも可.

3.2　初期化

0）$S \leftarrow \{\}$，$\bar{S} \leftarrow \{1, 2, 3, 4, 5\}$，$d(1) \leftarrow 0$，$d(2), d(3), d(4), d(5) \leftarrow \infty$.

1 回目

1）$\min\{d(1), d(2), d(3), d(4), d(5)\} = \min\{0, \infty, \infty, \infty, \infty\}$ より $v = 1$ となる.

2）$S \leftarrow \{1\}$，$\bar{S} \leftarrow \{2, 3, 4, 5\}$，$d(2) = \infty > d(1) + w_{12} = 0 + 4 = 4$ なので，$d(2) \leftarrow 4$，$p(2) \leftarrow 1$．また，$d(3) = \infty > d(1) + w_{13} = 0 + 1 = 1$ なので，$d(3) \leftarrow 1$，$p(3) \leftarrow 1$.

2回目

1）$\min\{d(2), d(3), d(4), d(5)\} = \min\{4, 1, \infty, \infty\}$ より $v = 3$ となる．

2）$S \leftarrow \{1, 3\}$，$\bar{S} \leftarrow \{2, 4, 5\}$，$d(2) = 4 > d(3) + w_{32} = 1 + 1 = 2$ なので，$d(2) \leftarrow 2$，$p(2) \leftarrow 3$．また，$d(4) = \infty > d(3) + w_{34} = 1 + 2 = 3$ なので，$d(4) \leftarrow 3$，$p(4) \leftarrow 3$．同様に，$d(5) = \infty > d(3) + w_{35} = 1 + 5 = 6$ なので，$d(5) \leftarrow 6$，$p(5) \leftarrow 3$．

3回目

1）$\min\{d(2), d(4), d(5)\} = \min\{2, 3, 6\}$ より $v = 2$ となる．

2）$S \leftarrow \{1, 2, 3\}$，$\bar{S} \leftarrow \{4, 5\}$，$d(4) = 3 < d(2) + w_{24} = 2 + 3 = 5$ なので，$d(4) \leftarrow 3$，$p(4) \leftarrow 3$ のまま．

4回目

1）$\min\{d(4), d(5)\} = \min\{3, 6\}$ より $v = 4$ となる．

2）$S \leftarrow \{1, 2, 3, 4\}$，$\bar{S} \leftarrow \{5\}$，$d(5) = 6 > d(4) + w_{45} = 3 + 1 = 4$ なので，$d(5) \leftarrow 4$，$p(5) \leftarrow 4$．

5回目

1）$\min\{d(5)\} = \min\{4\}$ より $v = 5$ となる．

2）$S \leftarrow \{1, 2, 3, 4, 5\}$，$\bar{S} \leftarrow \{\}$，

6回目

1）$S = V$ であるから終了．

$p(5) = 4$，$p(4) = 3$，$p(3) = 1$ より，最短路は $1 \rightarrow 3 \rightarrow 4 \rightarrow 5$ で，その距離は $d(5) = 4$ である．

3.3

最大化	f	
制約条件	$x_{12} + x_{13} = f$	点 1
	$-(x_{25} + x_{35} + x_{45}) = -f$	点 5

$$
\begin{aligned}
&(x_{24}+x_{25})-(x_{12}+x_{32})=0 && \text{点 2}\\
&(x_{32}+x_{35})-x_{13}=0 && \text{点 3}\\
&x_{45}-x_{24}=0 && \text{点 4}\\
&0\le x_{12}\le 3, 0\le x_{13}\le 5, 0\le x_{24}\le 2, 0\le x_{25}\le 2, &&\\
&0\le x_{32}\le 2, 0\le x_{35}\le 3, 0\le x_{45}\le 4 && \text{容量}
\end{aligned}
$$

点 5 の正味の流出量に関する制約は省略可．また，以下のような定式化も可能.

$$
\begin{aligned}
\text{最大化}\quad & z=x_{12}+x_{13} &&\\
\text{制約条件}\quad & (x_{24}+x_{25})-(x_{12}+x_{32})=0 && \text{点 2}\\
&(x_{32}+x_{35})-x_{13}=0 && \text{点 3}\\
&x_{45}-x_{24}=0 && \text{点 4}\\
&0\le x_{12}\le 3, 0\le x_{13}\le 5, 0\le x_{24}\le 2, 0\le x_{25}\le 2, &&\\
&0\le x_{32}\le 2, 0\le x_{35}\le 3, 0\le x_{45}\le 4 && \text{容量}
\end{aligned}
$$

3.4

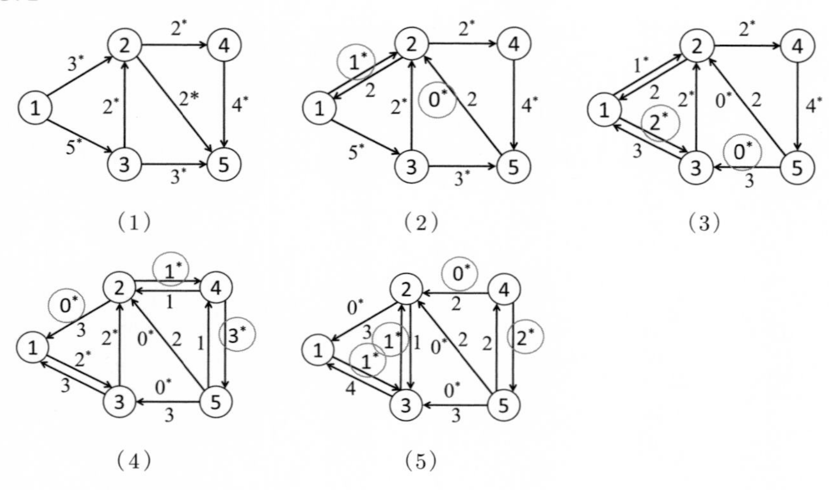

(1)　(2)　(3)　(4)　(5)

3.5

最小費用流問題は輸送問題，最短路問題，最大流問題を包含する問題である．各枝 $(i,j) \in E$ の流量を x_{ij} とする．コストを最小にする各枝の流量を求める問題であるから，目的関数は輸送問題や最短路問題と同様にコストの総和で以下のように表される．

$$z = \sum_{(i,j)\in E} c_{ij} x_{ij}$$

各点 $i \in \{1,2,3,4,5,6,7,8\}$ における正味供給量 b_i は点 i における流出の和と流入の差であるから，

$$\sum_{(i,j)\in E} x_{ij} - \sum_{(j,i)\in E} x_{ji} = b_i$$

が成り立つ．また，流量 x_{ij} は非負で，容量 u_{ij} 以下であるから，

$$0 \leq x_{ij} \leq u_{ij}$$

が成り立つ．以上をまとめると，最小費用流問題は以下のように定式化できる．

$$\begin{array}{llll}
\text{最小化} & z = \displaystyle\sum_{(i,j)\in E} c_{ij} x_{ij} & & \text{コストの総和} \\
\text{制約条件} & \displaystyle\sum_{(i,j)\in E} x_{ij} - \sum_{(j,i)\in E} x_{ji} = b_i & i \in V & \text{流量保存} \\
& 0 \leq x_{ij} \leq u_{ij} & (i,j) \in E & \text{容量制約}
\end{array}$$

3.5 の問題は以下のように定式化される．

$$\text{最小化} \quad Z = 3x_{12} + 5x_{13} + 2x_{24} + 2x_{25}$$

$$+ 3x_{34} + 3x_{36} + 3x_{47} + 2x_{57} + 4x_{68}$$

制約条件 $x_{12} + x_{13} = 40$ 点 1

$(x_{24} + x_{25}) - x_{12} = 0$ 点 2

$(x_{34} + x_{36}) - x_{13} = 0$ 点 3

$x_{47} - (x_{24} + x_{34}) = 0$ 点 4

$x_{57} - x_{25} = 0$ 点 5

$x_{68} - x_{36} = 0$ 点 6

$-(x_{47} + x_{57}) = -30$ 点 7

$-x_{68} = -10$ 点 8

$0 \leq x_{12} \leq 20,\ 0 \leq x_{13} \leq 25,\ 0 \leq x_{24} \leq 15,$

$0 \leq x_{25} \leq 20,\ 0 \leq x_{34} \leq 20,\ 0 \leq x_{36} \leq 15,$

$0 \leq x_{47} \leq 30,\ 0 \leq x_{57} \leq 20,\ 0 \leq x_{68} \leq 15$ 容量制約

4.1

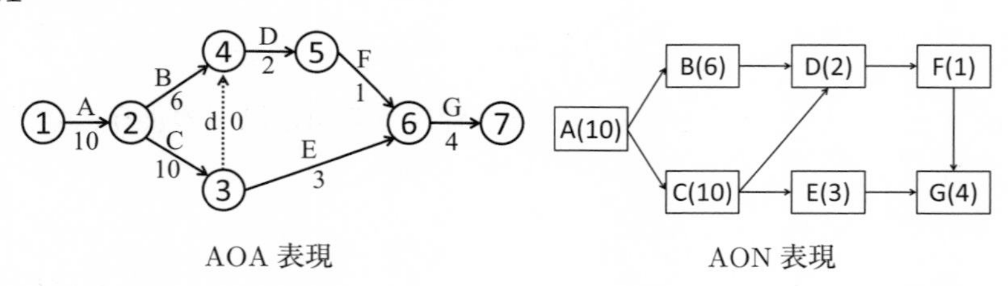

AOA 表現　　AON 表現

4.2

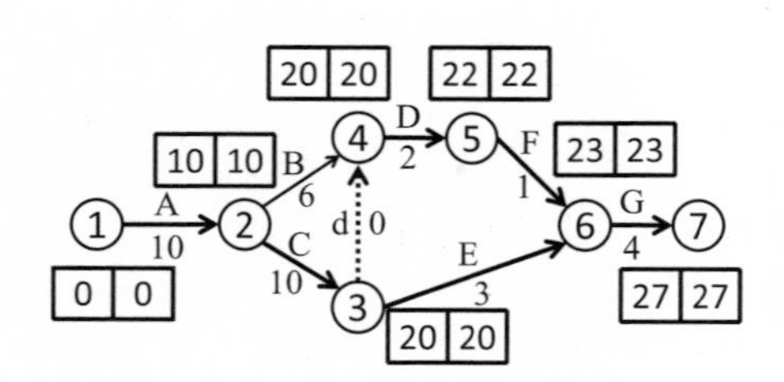

作業	A	B	C	d	D	E	F	G
（開始点, 終了点）	(1, 2)	(2, 4)	(2, 3)	(3, 4)	(4, 5)	(3, 6)	(5, 6)	(6, 7)
所要時間	10	6	10	0	2	3	1	4
開始点の最早節点時刻 = 作業の最早開始時刻	0	10	10	20	20	20	22	23
終了点の最遅節点時刻	10	20	20	20	22	23	23	27
作業の最遅開始時刻	0	14	10	20	20	20	22	23
余裕時間	0	4	0	0	0	0	0	0

クリティカルパスは A → C → E → G と A → C → (d →) D→ F → G

4.3

カットは $(\{A\}, 8)$，$(\{C\}, 6)$，$(\{D, E\}, 3+2)$，$(\{G\}, 7)$ なので，5 万の費用で作業 D と作業 E を 1 日ずつ短縮することで，最小費用でプロジェクト完了を 1 日短縮できる．

4.4

点 $i \in \{1, 2, \cdots, 7\}$ の最早節点時刻を x_i，作業 $j \in \{A, B, C, D, E, G\}$ の短縮日数を s_j とする．

$$
\begin{aligned}
\text{最小化} \quad & z = 8s_A + s_B + 6s_C + 3s_D + 2s_E + 7s_G \\
\text{制約条件} \quad & x_1 = 0 \\
& x_2 = x_1 + (10 - s_A) \\
& x_3 = x_2 + (10 - s_C) \\
& x_4 \geq x_2 + (6 - s_B),\ x_4 \geq x_3 \\
& x_5 = x_4 + (2 - s_D)
\end{aligned}
$$

$$
\begin{aligned}
&x_6 \geq x_3 + (3 - s_E),\ x_6 \geq x_5 + 1\\
&x_7 = x_6 + (4 - s_G),\ x_7 \leq 24\\
&0 \leq s_A \leq 3,\ 0 \leq s_B \leq 3,\ 0 \leq s_C \leq 4,\\
&0 \leq s_D \leq 1,\ 0 \leq s_E \leq 1,\ 0 \leq s_G \leq 3
\end{aligned}
$$

5.1

経済発注量は

$$x^* = \sqrt{\frac{2bM}{a}} = \sqrt{\frac{2 \times 8000 \times 2000}{200}} = 400\text{（トン）}$$

5.2

経済発注量は

$$x^* = \sqrt{\frac{2bM}{a}} = \sqrt{\frac{2 \times 10000 \times 1600}{200}} = 400 \quad \text{（トン）}$$

である．1 日の平均需要 μ は $M/100 = 1600/100$ で 16 トンである．また，需要のばらつきがない時の発注点 K_μ は $\mu L = 16 \times 10 = 160$（トン）である．安全在庫 S は $k(\alpha)\sqrt{L}\,\sigma = 1.65 \times \sqrt{10} \times 8 \simeq 41.7$（トン）である．したがって，発注点 K は $K_\mu + S = 160 + 41.7 = 201.7$（トン）である．

リードタイム L を 20 日に変更すると，K_μ は $\mu L = 16 \times 20 = 320$（トン），$S$ は $k(\alpha)\sqrt{L}\sigma = 1.65 \times \sqrt{20} \times 8 \simeq 59.0$（トン）となり，$K = 379.0$（トン）になる．発注量は変化しない．

5.3

発注時における在庫と発注の間隔に注目する．

グラフ（A）では，在庫が一定量（水平な点線）まで減少した時点で発注を行っている．発注日は 20，43，65，90 日と等間隔ではない．したがって，グラフ（A）は定量発注方式による在庫管理における在庫の変化を表している．

グラフ（B）では，在庫が一定量（水平な点線）まで減少した時点で発注を行っている．発注日は 5，35，65，95，125 日と 30 日間隔で等間隔である．したがって，グラフ（B）は定期定量発注方式による在庫管理における在庫の変化を表している．

グラフ（C）では，発注時の在庫は一定ではない．発注日は 15，40，65，90 日で等間隔（25 日間隔）である．したがって，グラフ（C）は定期発注方式による在庫管理における在庫の変化を表している．

6.1

表 6.4 を参照.

6.2

評価基準

評価基準	幾何平均	重要度
性能	$(1 \times 4 \times 2)^{1/3} = 2$	0.56
デザイン	$(1/4 \times 1 \times 1/3)^{1/3} = 0.44$	0.12
価格	$(1/2 \times 3 \times 1)^{1/3} = 1.14$	0.32

C.I. = 0.01，幾何平均合計 = 3.58

代替案（性能）

代替案	幾何平均	重要度
A	$(1 \times 4 \times 3)^{1/3} = 2.29$	0.63
B	$(1/4 \times 1 \times 2)^{1/3} = 0.79$	0.22
C	$(1/3 \times 1/2 \times 1)^{1/3} = 0.55$	0.15

C.I. = 0.05，幾何平均合計 = 3.63

代替案（デザイン）

代替案	幾何平均	重要度
A	$(1 \times 1/2 \times 3)^{1/3} = 1.14$	0.31
B	$(2 \times 1 \times 5)^{1/3} = 2.15$	0.58
C	$(1/3 \times 1/5 \times 1)^{1/3} = 0.41$	0.11

C.I. < 0.01，幾何平均合計 $= 3.7$

代替案（価格）

代替案	幾何平均	重要度
A	$(1 \times 1/2 \times 1/2)^{1/3} = 0.63$	0.20
B	$(2 \times 1 \times 1)^{1/3} = 1.26$	0.40
C	$(2 \times 1 \times 1)^{1/3} = 1.26$	0.40

C.I. $= 0$，幾何平均合計 $= 3.15$

代替案	総合評価得点
A	$0.56 \times 0.63 + 0.12 \times 0.31 + 0.32 \times 0.20 = 0.45$
B	$0.56 \times 0.22 + 0.12 \times 0.58 + 0.32 \times 0.40 = 0.32$
C	$0.56 \times 0.15 + 0.12 \times 0.11 + 0.32 \times 0.40 = 0.23$

したがって，最も好ましいのがA，次いでB，Cとなる．参考までにC.I.を示す．C.I.は十分小さく，整合的な評価をしていると言える．

6.3

一対比較行列 $\boldsymbol{A}$ は $a_{ii} = 1$, $a_{ji} = 1/a_{ij}$ を満たす．また，完全に整合的な評価を行った場合，$a_{ij}a_{jk} = a_{ik}$ が成り立つ．a_{12} に関しては，$a_{12}a_{23} = a_{13}$ が成り立つことから，$a_{12} \times 3 = 1/2$，すなわち $a_{12} = 1/6$ となる．a_{21} に関しては，$a_{21} = 1/a_{12}$ が成り立つことから，$a_{21} = 1/(1/6) = 6$ となる．a_{31} に関しては，$a_{31} = 1/a_{13}$ が成り立つことから，$a_{31} = 1/(1/2) = 2$ となる．a_{32} に関しては，$a_{32} = 1/a_{23}$ が成り立つことから，$a_{32} = 1/3 = 1/3$

となる．

［あ］1/6［い］6［う］2［え］1/3

7.1

プレイヤーである容疑者にとって，懲役の年数が短いほど利得が大きいので，ここでは懲役の年数 $\times(-1)$ を利得とする．利得行列は以下のとおりである．

		容疑者 B	
		黙秘	自白
容疑者 A	黙秘	$(-2, -2)$	$(-10, 0)$
	自白	$(0, -10)$	$(-5, -5)$

容疑者 A の立場で考える．容疑者 B が黙秘する場合，容疑者 A の利得は黙秘すれば -2，自白すれば 0 なので，この時容疑者 A は自白すべきである．容疑者 B が自白する場合，容疑者 A の利得は黙秘すれば -10，自白すれば -5 なので，この時も容疑者 A は自白すべきである．したがって，容疑者 A にとって自白するのが支配戦略である．同様に，容疑者 B にとっても自白するのが支配戦略である．すなわち，両者とも自白するのがナッシュ均衡解である．しかし，両者が自白すると 2 人とも懲役 5 年となり，両者が黙秘して 2 人とも懲役 2 年となるより悪い結果になってしまう．このようなジレンマは，フリーライダー問題，環境問題など実社会の様々な場面で現れる．

7.2

大きなブタには支配戦略がないが，小さなブタは待つのが支配戦略である．したがって，小さなブタはひたすら給餌箱の前で大きなブタがボタンを押すのを待つ．すると，大きなブタはボタンを押さない限り餌を食べられないのでボタンを押す．小さなブタはフリーライダー（ただ乗り）をしていることになるが，大きいブタはそれを受け入れるしかない．

7.3 ナッシュ均衡解

まず，プレイヤーAの立場で考える．プレイヤーBが突進する場合，プレイヤーAの利得は突進すれば -3，止まれば0であるから，この時プレイヤーAは止まるべきである．プレイヤーBが止まる場合，プレイヤーAの利得は突進すれば2，止まれば1であるから，この時プレイヤーAは突進するべきである．次に，プレイヤーBの立場で考える．プレイヤーAが突進する場合，プレイヤーBの利得は突進すれば -3，止まれば0であるから，この時プレイヤーBは止まるべきである．プレイヤーAが止まる場合，プレイヤーBの利得は突進すれば2，止まれば1であるから，この時プレイヤーBは突進するべきである．したがって，一方のプレイヤーが突進し，もう一方のプレイヤーが止まるのがナッシュ均衡解である．

マクシミン戦略

プレイヤーAの立場で考える．プレイヤーAが突進する場合の利得は，プレイヤーBが突進すると -3，プレイヤーBが止まると2であるから，最小の利得は -3 である．プレイヤーAが止まる場合の利得は，プレイヤーBが突進すると0，プレイヤーBが止まると1であるから，最小の利得は0である．プレイヤーAは最小利得が最大になる戦略を選択する，すなわち止まる．同様に，プレイヤーBにとっても最小利得が最大になる戦略は止まるである．したがって，両者ともに止まるのがマクシミン戦略に基づく解である．

8.1

まず，キッカーの立場で考える．キッカーが右に蹴る確率を p とすると次のように定式化される．

最大化	λ	
制約	$0.4p + 0.8(1-p) \geq \lambda$	GK が右に飛んだ時にゴールする確率
	$0.9p + 0.4(1-p) \geq \lambda$	GK が左に飛んだ時にゴールする確率
	$0 \leq p \leq 1$	

次に，GK の立場で考える．GK が右に飛ぶ確率を q とすると次のように定式化される．

最小化	σ	
制約	$0.4q + 0.9(1-q) \leq \sigma$	キッカーが右に蹴った時にゴールする確率
	$0.8q + 0.4(1-q) \leq \sigma$	キッカーが左に蹴った時にゴールする確率
	$0 \leq q \leq 1$	

8.2

逆向き推論を行うと次のようになる．

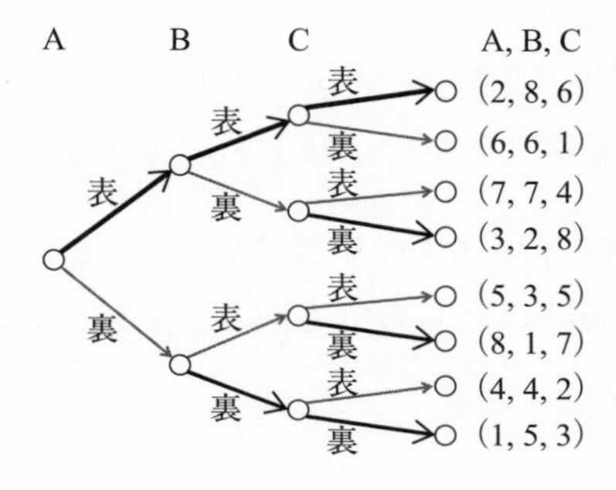

すなわち，プレイヤーAは表を出し利得は2，プレイヤーBも表を出し利得は8，プレイヤーCも表を出し利得は6となる．

8.3

両者がトリガー戦略を選択し協調を続けると，割引利得の総和は，

$$5 + 5\delta + 5\delta^2 + \cdots = \frac{5}{1-\delta}$$

である．トリガー戦略を選択する相手に対して，裏切り戦略を選択すると，割引利得の総和は，

$$7 + 1 \times \delta + 1 \times \delta^2 + \cdots = 7 + \frac{\delta}{1-\delta} = \frac{7-6\delta}{1-\delta}$$

である．$5/(1-\delta) \geq (7-6\delta)/(1-\delta)$，すなわち$\delta \geq 1/3$であれば，裏切りにより利得は大きくならないので，両プレイヤーがトリガー戦略を選択することがナッシュ均衡解になる．

9.1

雨が降る確率をpとする．傘を持っていく時および持っていかない時の期待効用は各々，

$$EU(\text{傘持つ}) = 4p + 2(1-p) = 2p + 2,$$
$$EU(\text{傘持たない}) = 10(1-p) = -10p + 10.$$

$EU(\text{傘持つ}) \gtreqless EU(\text{傘持たない})$を解けば，$p > 2/3$であれば傘を持って行くべき，$p = 2/3$の時はどちらでも同じ，$p < 2/3$であれば傘を持たないで行くべきとなる．

9.2

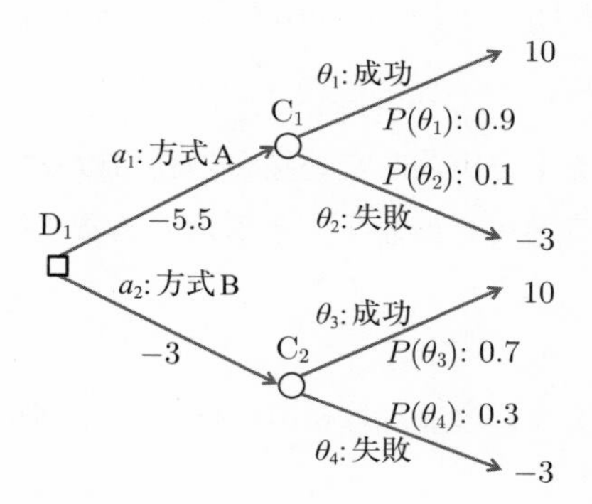

方式Aを選択した時（a_1），費用は5.5億円かかり，プロジェクトが成功する（θ_1）と10億円の収入を得ることから，その結果 $y(a_1, \theta_1)$ の効用 $U(y(a_1, \theta_1))$ は $-5.5 + 10 = 4.5$（億円）となり，成功する確率 $P(\theta_1)$ は0.9である．失敗する（θ_2）とさらに3億円の費用を支払うことから，その結果 $y(a_1, \theta_2)$ の効用 $U(y(a_1, \theta_2))$ は $-5.5 - 3 = -8.5$（億円）となり，失敗する確率 $P(\theta_2)$ は0.1である．これらのことから，方式Aを選択した時（a_1）の期待効用は，

$$\begin{aligned}\mathrm{E}[U(y(a_1, \theta_*))] &= P(\theta_1)U(y(a_1, \theta_1)) + P(\theta_2)U(y(a_1, \theta_2)) \\ &= 0.9 \times 4.5 + 0.1 \times (-8.5) = 3.2\ (\text{億円})\end{aligned}$$

である．

方式Bを選択した時，費用は3億円かかり，プロジェクトが成功すると10億円の収入を得ることから，効用は $-3 + 10 = 7$（億円）となり，失敗するとさらに3億円の費用を支払うことから，効用は $-3 - 3 = -6$（億円）となる．成功する確率は0.7であるから，方式Bを選択した時（a_2）の期待効用は，

$$
\begin{aligned}
\mathrm{E}[U(y(a_2,\theta_*))] &= P(\theta_3)U(y(a_2,\theta_3)) + P(\theta_4)U(y(a_2,\theta_4)) \\
&= 0.7 \times 7 + 0.3 \times (-6) = 3.1 \text{（億円）}
\end{aligned}
$$

である．プロジェクトを実施しない場合の効用は 0 であるから，方式 A を選択するのが期待効用を最大化する選択である．

9.3

決定木は以下のようになる（最初に採掘法 A を採用した部分は変化がないので省略）．

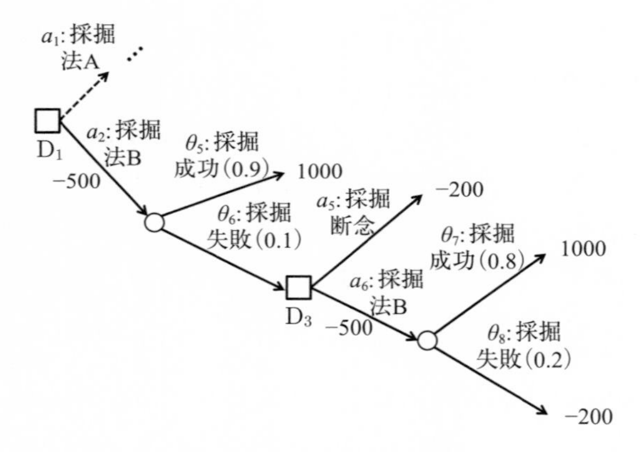

決定ノード D_3 を考える．採掘法 B の成功確率は 0.8 であることから，採掘法 B を採用した場合の期待効用は，

$$
\begin{aligned}
\mathrm{E}[U(y(a_6,\theta_*)|\mathrm{D}_3)] &= P(\theta_7)U(y(a_6,\theta_7)) + P(\theta_8)U(y(a_6,\theta_8) \\
&= 0.8 \times (-500 + 1000) + 0.2 \times (-500 - 200) \\
&= 260 \text{（億円）}
\end{aligned}
$$

である．決定ノード D_1 において採掘法 B を採用した場合の期待効用は，

$$
\begin{aligned}
\mathrm{E}[U(y(a_2,\theta_*)|\mathrm{D}_1)] &= P(\theta_5)U(y(a_2,\theta_5)) + P(\theta_6)\mathrm{E}[U(y(a_6,\theta_*)|\mathrm{D}_3)] \\
&= 0.9 \times (-500+1000) + 0.1 \times (-500+260) \\
&= 426 \text{（億円）}
\end{aligned}
$$

である．決定ノード D_1 において採掘法 A を採用した場合の期待効用は 414 億円であった．したがって，採掘法 B を採用し，採掘に失敗したら採掘法 B で再挑戦することが期待効用を最大化する決定である．

10.1

例えば，（左の柱に置かれている円盤，中央の柱に置かれている円盤，右の柱に置かれている円盤）と表現する．大きい円盤，中間の円盤，小さい円盤を各々，L，M，S で表すと，初期状態は ((L, M, S), (), ()) と表すことができる．

10.2

繰り返しの 5 回目までは表 10.1 と同じである．その続きを以下に示す．

繰り返し数	ステップ	n	OpenList	ClosedList
6	3)	I	[GEC]	[ABDFHI]
	5)	I	[GEC]	[ABDFHI]
7	3)	G	[EC]	[ABDFHIG]
	5)	G	[EC]	[ABDFHIG]
8	3)	E	[C]	[ABDFHIGE]
	5)	E	[C]	[ABDFHIGE]
9	3)	C	[]	[ABDFHIGEC]
	4)	C	[]	[ABDFHIGEC]

10.3

繰り返しの 5 回目までは表 10.2 と同じである．その続きを以下に示す．

繰り返し数	ステップ	n	OpenList	ClosedList
6	3)	F	[G]	[ABCDEF]
	5)	F	[GHI]	[ABCDEF]
7	3)	G	[HI]	[ABCDEFG]
	5)	G	[HI]	[ABCDEFG]
8	3)	H	[I]	[ABCDEFGH]
	5)	H	[I]	[ABCDEFGH]
9	3)	I	[]	[ABCDEFGHI]
	4)	I	[]	[ABCDEFGHI]

10.4

下図の太線に従って指し，評価値は 6 になる．$\alpha\beta$ 法では，点 F において先手が M を選択した時点で，後手は点 C で評価値を 4 以下にできることが決まる．これにより，P，Q についての探索を省くことができる（α カット）．β カットは行われない．

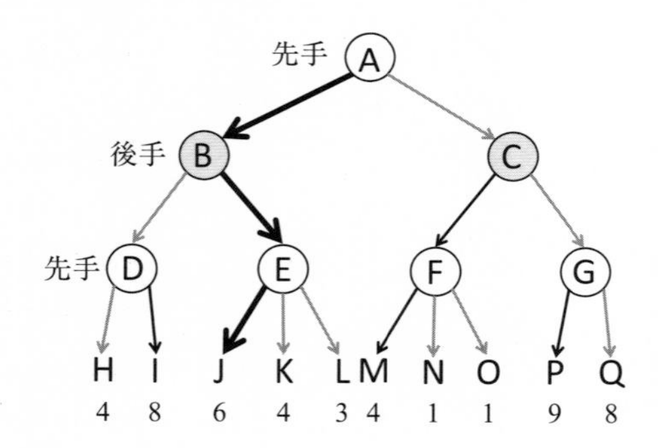

11.1

(11.12) 式より $P_n=(1-\rho)\rho^n$，$\rho=1/2$ であることから，$P_1=1/4$，$P_2=1/8$，$P_3=1/16$.

11.2

この ATM コーナーは M/M/1 システムとみなせる．到着率は $\lambda=15/60=1/4$，平均サービス時間は $1/\mu=3$ であることから，利用率は $\rho=\lambda/\mu=3/4$ である．待たずに ATM を使用できる確率は (11.12) 式から $P_0=1-\rho=1-3/4=1/4$，コーナー内の平均客数は (11.13) 式から $L=\rho/(1-\rho)=(3/4)/(1-3/4)=3$（人），平均滞在時間は (11.14) 式から $W=\frac{1}{1-\rho}\frac{1}{\mu}=\frac{1}{1-3/4}\frac{1}{1/3}=12$（分），待ち行列の平均長は (11.16) 式から $L_q=\rho^2/(1-\rho)=(3/4)^2/(1-3/4)=9/4$（人），平均待ち時間は (11.17) 式から $W_q=\frac{\rho}{1-\rho}\frac{1}{\mu}=\frac{3/4}{1-3/4}\frac{1}{1/3}=9$（分）である．

11.3

(11.17) 式より $W_q=\frac{\rho}{1-\rho}\frac{1}{\mu}$ なので，$W_q\leq 10\times\frac{1}{\mu}$ となる条件は，$\frac{\rho}{1-\rho}\leq 10$．これを解くと，$\rho\leq 10/11$.

11.4

例 5 において，$P_0=C(c,a)=C(2,1)=1/3$ が求められているので，(11.26) 式から，

$$
\begin{aligned}
P_1&=\frac{a^n}{n!}P_0=\frac{1^1}{1!}P_0=P_0=1/3\\
P_2&=\frac{a^n}{n!}P_0=\frac{1^2}{2!}P_0=\frac{1}{2}P_0=1/6
\end{aligned}
$$

$$P_3 = \frac{a^n}{c^{n-c}c!}P_0 = \frac{1^3}{2^{3-2}\times 2!}P_0 = \frac{1}{4}P_0 = 1/12$$

11.5

時刻 t から微小時間 Δ 後に回線が空いているのは，(1) 時刻 t において回線が空いていて，Δ の間に電話がかかってこなかった，(2) 時刻 t において通話中で，Δ の間に通話が終わった，の 2 通りである．

時刻 t から微小時間 Δ 後に回線が通話中なのは，(1) 時刻 t において回線が空いていて，Δ の間に電話がかかってきた，(2) 時刻 t において通話中で，Δ の間に通話が終わらなかった，の 2 通りである．以上のことから，

$$\begin{cases} P_0(t+\Delta) = (1-\lambda\Delta)P_0(t) + (\mu\Delta)P_1(t) \\ P_1(t+\Delta) = (\lambda\Delta)P_0(t) + (1-\mu\Delta)P_1(t) \end{cases}$$

が成り立つ．これを整理すると

$$\begin{cases} \dfrac{P_0(t+\Delta) - P_0(t)}{\Delta} = -\lambda P_0(t) + \mu P_1(t) \\ \dfrac{P_1(t+\Delta) - P_1(t)}{\Delta} = \lambda P_0(t) - \mu P_1(t) \end{cases}$$

が得られる．M/M/c システムの場合と同様に定常状態を考えると，$P_1 = \frac{\lambda}{\mu}P_0 = \rho P_0$ となる．回線は空きか通話中（1 回線使用中）の 2 状態しかないことから，$P_0 + P_1 = (1+\rho)P_0 = 1$ が成り立ち，

$$P_0 = \frac{1}{1+\rho}, \quad P_1 = \frac{\rho}{1+\rho}$$

が得られる．なお，M/M/c/c システムについては，付録 C.5 で説明しているので，参照されたい．

12.1

目的関数は (12.1) 式で表される．制約条件は，

$$(x-8)^2+(y-8)^2 \geq 2^2$$

12.2

$$\text{最小化} \quad z = \max\Big\{\sqrt{(x-1)^2+(y-12)^2}, \sqrt{(x-4)^2+(y-14)^2}, \\ , \sqrt{(x-15)^2+(y-10)^2}, \sqrt{(x-11)^2+(y-2)^2} \\ , \sqrt{(x-5)^2+(y-5)^2}\Big\}$$

ここで，$\max(x_1, x_2, \cdots, x_n)$ は $x_1, x_2, \cdots, x_n$ の最大値を出力する関数である．7.5.2 項で扱ったマクシミン戦略の考え方を適用すれば，max 関数を使わないで，次のように定式化できる．

$$\begin{aligned} \text{最小化} \quad & \sigma \\ \text{制約条件} \quad & \sigma \geq \sqrt{(x-1)^2+(y-12)^2} \\ & \sigma \geq \sqrt{(x-4)^2+(y-14)^2} \\ & \sigma \geq \sqrt{(x-15)^2+(y-10)^2} \\ & \sigma \geq \sqrt{(x-11)^2+(y-2)^2} \\ & \sigma \geq \sqrt{(x-5)^2+(y-5)^2} \end{aligned}$$

12.3

$$\nabla f(\boldsymbol{x}) = \begin{bmatrix} 2(x_1-1)+x_2 \\ x_1+2(x_2+1) \end{bmatrix},$$

$$\nabla^2 f(\boldsymbol{x}) = \begin{bmatrix} 2 & 1 \\ 1 & 2 \end{bmatrix}$$

12.4

$$f'(x) = 4x^3 + 3x^2 - 14x - 1$$

$x^{(0)} = 0$ であるから，

$$f'(x^{(0)}) = 4{x^{(0)}}^3 + 3{x^{(0)}}^2 - 14x^{(0)} - 1 = -1$$

以上のことから，

$$x^{(1)} = x^{(0)} - \alpha^{(0)} f'(x^{(0)}) = 0 - 0.1 \times (-1) = 0.1$$

12.5

$$\begin{aligned} f'(x) &= 4x^3 + 3x^2 - 14x - 1 \\ f''(x) &= 12x^2 + 6x - 14 \end{aligned}$$

$x^{(0)} = 0$ であるから，

$$\begin{aligned} f'(x^{(0)}) &= 4{x^{(0)}}^3 + 3{x^{(0)}}^2 - 14x^{(0)} - 1 = -1 \\ f''(x^{(0)}) &= 12{x^{(0)}}^2 + 6x^{(0)} - 14 = -14 \end{aligned}$$

以上のことから，

$$x^{(1)} = x^{(0)} - \frac{f'(x^{(0)})}{f''(x^{(0)})} = 0 - \frac{-1}{-14} = -\frac{1}{14}$$

13.1

$$J(\beta_0, \beta_T, \beta_R, \beta_y) = \sum_{i=1}^{n} \{Y_i - (\beta_0 + \beta_T T_i + \beta_R R_i + \beta_y y_i)\}^2$$

13.2

1の目が出る確率がβのサイコロをN（回）振って1の目がy（回）出る確率$P(y|\beta, N)$は二項分布に従い，

$$P(y|\beta, N) = {}_N\mathrm{C}_y \beta^y (1-\beta)^{N-y}$$

となる．尤度$L(\beta)$は$P(y|\beta, N)$をパラメタβの関数として見たものであるから，

$$L(\beta) = {}_N\mathrm{C}_y \beta^y (1-\beta)^{N-y}$$

となる．

13.3

(13.4a) 式，(13.4b) 式を用いて計算する．

$$\beta_0 = 1.53, \beta_1 = 0.92,\ \hat{y} = 1.53, 2.45, 3.37, 4.29, 5.21, 6.13$$

14.1

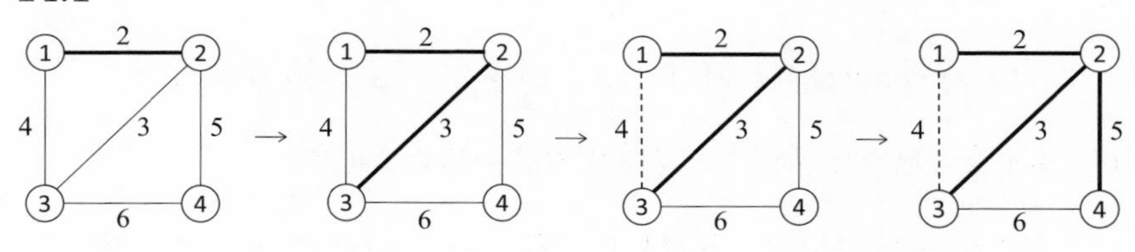

14.2

LP_1の最適解に対する目的関数の値は10.1であるから，IP_1の最適解に対する目的関数の値は10以下である．IP_1を欲張り法で解いた解に

対する目的関数の値は 7 であるから，IP_1 の最適解に対する目的関数の値は 7 以上である．LP_0 の最適解に対する目的関数の値は 6.3 であるから，IP_0 の最適解に対する目的関数の値は 6 以下である．以上のことから，元の問題の最適解に対する目的関数の値として取り得る値は 7，8，9，10 である．

14.3

$$f(1,k) = \begin{cases} 0 & k = 0 \\ 5 & k = 1,2,3,4,5. \end{cases}$$

$f(2,k)$ は品物 1 と 2 を対象とする．$k = 0$ の場合には，どの荷物も詰め込めないので，

$$f(2,0) = \max\{f(1,0), f(1,0-2)+7\} = \max\{0, 実行不能\} = 0.$$

$k = 1$ の場合は品物 1 だけ詰め込めるので，

$$f(2,1) = \max\{f(1,1), f(1,1-2)+7\} = \max\{5, 実行不能\} = 5.$$

$k = 2$ の場合は品物 1 と 2 の一方だけ詰め込めるので，

$$f(2,2) = \max\{f(1,2), f(1,2-2)+7\} = \max\{5, 0+7\} = 7.$$

$k = 3,4,5$ の場合は品物 1 と 2 を両方詰め込めるので，

$$f(2,k) = \max\{f(1,k), f(1,k-2)+7\} = \max\{5, 5+7\} = 12.$$

$f(3,k)$ は品物 1，2，3 を対象とする．$k = 0$ の場合には，どの荷物も詰め込めないので，

$$f(3,0) = \max\{f(2,0), f(2,0-3)+9\} = \max\{0, 実行不能\} = 0.$$

$k=1$ の場合は品物 1 だけ詰め込めるので,

$$f(3,1)=\max\{f(2,1), f(2,1-3)+9\}=\max\{5, \text{実行不能}\}=5.$$

$k=2$ の場合は品物 1 と 2 の一方だけ詰め込めるので,

$$f(3,2)=\max\{f(2,2), f(2,2-3)+9\}=\max\{7, \text{実行不能}\}=7.$$

$k=3$ の場合は品物 1 と品物 2 の両方,あるいは品物 3 だけ詰め込めるので,

$$f(3,3)=\max\{f(2,3), f(2,3-3)+9\}=\max\{12, 0+9\}=12.$$

$k=4$ の場合は品物 1 と品物 2,あるいは品物 1 と品物 3 を詰め込めるので,

$$f(3,4)=\max\{f(2,4), f(2,4-3)+9\}=\max\{12, 5+9\}=14.$$

$k=5$ の場合は品物 1 と品物 2,品物 1 と品物 3,あるいは品物 2 と品物 3 を詰め込めるので,

$$f(3,5)=\max\{f(2,5), f(2,5-3)+9\}=\max\{12, 7+9\}=16.$$

以上のことから,品物 2 と品物 3 を詰め込むのが最適解で,その時の価値の和は 16 である.

14.4

第 15 章の 15.2 節参照.

15.1

$$N_1(\boldsymbol{x})=\{(0,0,1,0),(1,1,1,0),(1,0,0,0),(1,0,1,1)\}$$

$$N_2(\boldsymbol{x}) = \{(0,1,1,0),(0,0,0,0),(0,0,1,1),(1,1,0,0),$$
$$(1,1,1,1),(1,0,0,1)\}$$

15.2

x_1	x_2	x_3	x_4
1	1	1	0

x_1	x_2	x_3	x_4
0	0	0	1

15.3

x_1	x_2	x_3	x_4
1	1	0	1

付録A　行列とその演算

A.1 行列

A.1.1 行列

$m \times n$ 個の数 a_{ij} $(i = 1, 2, \cdots, m; j = 1, 2, \cdots, n)$ を

$$\boldsymbol{A} = \begin{bmatrix} a_{11} & a_{12} & \cdots & a_{1n} \\ a_{21} & a_{22} & \cdots & a_{2n} \\ \vdots & \vdots & \ddots & \vdots \\ a_{m1} & a_{m2} & \cdots & a_{mn} \end{bmatrix}$$

のように並べた $\boldsymbol{A}$ を m 行 n 列の行列，$m \times n$ 型の行列などと呼ぶ．この行列 $\boldsymbol{A}$ は，$[a_{ij}]$，$\boldsymbol{A}_{mn}$，$\boldsymbol{A}_{m\times n}$，$[a_{ij}]_{mn}$，$[a_{ij}]_{m\times n}$ などと書かれることもある．a_{ij} を行列 $\boldsymbol{A}$ の (i, j) 成分という．行列 $\boldsymbol{A}$ の成分の横の並び，

$$[a_{i1} \quad a_{i2} \quad \cdots \quad a_{in}] \quad (i = 1, 2, \cdots, m)$$

を $\boldsymbol{A}$ の行といい，上から第 1 行，第 2 行，…，第 m 行と呼ぶ．行列 $\boldsymbol{A}$ の成分の縦の並び，

$$\begin{bmatrix} a_{1j} \\ a_{2j} \\ \vdots \\ a_{mj} \end{bmatrix}$$

を $\boldsymbol{A}$ の列といい，左から第 1 列，第 2 列，…，第 n 列と呼ぶ．

A.1.2 特殊な行列

ベクトル

$m \times 1$ 行列を m 次の列ベクトル，$1 \times n$ 行列を n 次の行ベクトルと呼ぶ．列ベクトルと行ベクトルを併せて数ベクトルという．本来，ベクトルは数ベクトルより広い概念であるが，本書では数ベクトルのことをベクトルと呼ぶことにする．

行列とベクトルに対し，整数や実数などの数をスカラーと呼んで区別する．行列，ベクトル，スカラーの区別がしやすいように，行列は大文字の太文字，ベクトルは小文字の太文字で表記することが多いが，必ずしもそのような表記になっているとは限らない．

転置行列

行列 $\boldsymbol{A}$ の行と列を入れ替えた行列を，行列 $\boldsymbol{A}$ の転置行列といい，$\boldsymbol{A}^T$ と書く．転置行列は，$\boldsymbol{A}'$，${}^t\boldsymbol{A}$ などと書かれることもある．$m \times n$ 型の行列 $\boldsymbol{A}$ の転置行列は $n \times m$ 型行列になる．$\boldsymbol{A}^T$ の (i, j) 成分は，$\boldsymbol{A}$ の (j, i) 成分である．成分を書き並べると次のようになる．

$$\boldsymbol{A} = \begin{bmatrix} a_{11} & a_{12} & \cdots & a_{1n} \\ a_{21} & a_{22} & \cdots & a_{2n} \\ \vdots & \vdots & \ddots & \vdots \\ a_{m1} & a_{m2} & \cdots & a_{mn} \end{bmatrix}, \qquad \boldsymbol{A}^T = \begin{bmatrix} a_{11} & a_{21} & \cdots & a_{m1} \\ a_{12} & a_{22} & \cdots & a_{m2} \\ \vdots & \vdots & \ddots & \vdots \\ a_{1n} & a_{2n} & \cdots & a_{mn} \end{bmatrix}.$$

零行列

すべての成分が 0 の行列を零行列と呼び，$\boldsymbol{O}$ と書く．

例 1：

$$\boldsymbol{O} = \boldsymbol{O}_{23} = \begin{bmatrix} 0 & 0 & 0 \\ 0 & 0 & 0 \end{bmatrix}.$$

すべての成分が 0 のベクトルを零ベクトルと呼び，$\mathbf{0}$ と書く．

例 2：

$$\mathbf{0} = \begin{bmatrix} 0 \\ 0 \end{bmatrix}.$$

正方行列

$n \times n$ 行列を n 次正方行列と呼ぶ．正方行列，

$$\boldsymbol{A} = \begin{bmatrix} a_{11} & a_{12} & \cdots & a_{1n} \\ a_{21} & a_{22} & \cdots & a_{2n} \\ \vdots & \vdots & \ddots & \vdots \\ a_{n1} & a_{n2} & \cdots & a_{nn} \end{bmatrix}$$

における成分 $a_{11}, a_{22}, \cdots, a_{nn}$ を $\boldsymbol{A}$ の対角成分と呼ぶ．対角成分以外の成分がすべて 0 の行列を対角行列と呼ぶ．

単位行列

対角成分が 1 で，それ以外の成分がすべて 0 である正方行列を単位行列とよび，$\boldsymbol{I}$ と書く．

例 3：

$$\boldsymbol{I} = \boldsymbol{I}_{\mathbf{3}} = \begin{bmatrix} 1 & 0 & 0 \\ 0 & 1 & 0 \\ 0 & 0 & 1 \end{bmatrix}.$$

A.2 行列とベクトルの演算

A.2.1 行列の和と差

行列の和と差は行列の型が等しい時にのみ定義される．行列の和と差は成分ごとの和と差として定義される．

例 4：

$$\begin{bmatrix} 1 & 2 & 3 \\ -3 & -2 & 4 \end{bmatrix} + \begin{bmatrix} -5 & 6 & 2 \\ 3 & 4 & -4 \end{bmatrix} = \begin{bmatrix} -4 & 8 & 5 \\ 0 & 2 & 0 \end{bmatrix},$$

$$\begin{bmatrix} 1 & 2 & 3 \\ -3 & -2 & 4 \end{bmatrix} - \begin{bmatrix} -5 & 6 & 2 \\ 3 & 4 & -4 \end{bmatrix} = \begin{bmatrix} 6 & -4 & 1 \\ -6 & -6 & 8 \end{bmatrix}.$$

例 5：任意の行列 $\boldsymbol{A}$ に対して次の関係が成り立つ．

$$\boldsymbol{A} - \boldsymbol{A} = \boldsymbol{O}, \quad \boldsymbol{A} + \boldsymbol{O} = \boldsymbol{A}.$$

A.2.2 行列のスカラー倍

行列 $\boldsymbol{A}$ とスカラー c に対して，$c\boldsymbol{A}$ は $\boldsymbol{A}$ の各成分の c 倍と定義される．

例 6：

$$3\begin{bmatrix} -5 & 6 & 2 \\ 3 & 4 & -4 \end{bmatrix} = \begin{bmatrix} -15 & 18 & 6 \\ 9 & 12 & -12 \end{bmatrix}.$$

A.2.3 行列の積

行列 $\boldsymbol{A}$ と行列 $\boldsymbol{B}$ の積は，$\boldsymbol{A}$ の列の数と $\boldsymbol{B}$ の行の数が一致する場合のみ定義される．$\boldsymbol{A} = [a_{ij}]_{m \times n}$，$\boldsymbol{B} = [b_{jk}]_{n \times l}$ の時，

$$\boldsymbol{AB} = [a_{ij}]_{m\times n}[b_{jk}]_{n\times l} = [c_{ik}]_{m\times l},$$
$$c_{ik} = a_{i1}b_{1k} + a_{i2}b_{2k} + \cdots + a_{in}b_{nk},$$
$$(i = 1, 2, \cdots, m;\ k = 1, 2, \cdots, l).$$

例 7：

$$\boldsymbol{A} = \begin{bmatrix} 1 & 2 & 3 \\ -3 & -2 & 4 \end{bmatrix}, \quad \boldsymbol{B} = \begin{bmatrix} -5 & 6 \\ 3 & 4 \\ 2 & -4 \end{bmatrix}$$

の時,

$$\begin{aligned}\boldsymbol{AB} &= \begin{bmatrix} 1\times(-5)+2\times 3+3\times 2 & 1\times 6+2\times 4+3\times(-4) \\ -3\times(-5)-2\times 3+4\times 2 & -3\times 6-2\times 4+4\times(-4) \end{bmatrix} \\ &= \begin{bmatrix} 7 & 2 \\ 17 & -42 \end{bmatrix}, \\ \boldsymbol{BA} &= \begin{bmatrix} -5\times 1+6\times(-3) & -5\times 2+6\times(-2) & -5\times 3+6\times 4 \\ 3\times 1+4\times(-3) & 3\times 2+4\times(-2) & 3\times 3+4\times 4 \\ 2\times 1-4\times(-3) & 2\times 2-4\times(-2) & 2\times 3-4\times 4 \end{bmatrix} \\ &= \begin{bmatrix} -23 & -22 & 9 \\ -9 & -2 & 25 \\ 14 & 12 & -10 \end{bmatrix}.\end{aligned}$$

この例からもわかるように，一般に $\boldsymbol{AB} = \boldsymbol{BA}$ は成り立たない.

例 8：

$$\boldsymbol{A}_{m\times n}\boldsymbol{O}_{n\times l} = \boldsymbol{O}_{m\times l},\ \boldsymbol{O}_{m\times n}\boldsymbol{A}_{n\times l} = \boldsymbol{O}_{m\times l}.$$

例 9：

$$(\boldsymbol{AB})^T = \boldsymbol{B}^T \boldsymbol{A}^T.$$

例 10：$\boldsymbol{A}$ が n 次の正方行列の時，

$$\boldsymbol{A}\boldsymbol{I}_n = \boldsymbol{I}_n\boldsymbol{A}.$$

A.3 連立一次方程式と逆行列

A.3.1 連立一次方程式

連立一次方程式

$$\begin{aligned} a_{11}x_1 + a_{12}x_2 + \cdots + a_{1n}x_n &= b_1 \\ a_{21}x_1 + a_{22}x_2 + \cdots + a_{2n}x_n &= b_2 \\ &\vdots \\ a_{n1}x_1 + a_{n2}x_2 + \cdots + a_{nn}x_n &= b_n \end{aligned} \tag{A.1}$$

は行列を用いて，

$$\begin{bmatrix} a_{11} & a_{12} & \cdots & a_{1n} \\ a_{21} & a_{22} & \cdots & a_{2n} \\ \vdots & \vdots & \ddots & \vdots \\ a_{n1} & a_{n2} & \cdots & a_{nn} \end{bmatrix} \begin{bmatrix} x_1 \\ x_2 \\ \vdots \\ x_n \end{bmatrix} = \begin{bmatrix} b_1 \\ b_2 \\ \vdots \\ b_n \end{bmatrix} \tag{A.2}$$

と書くことができる．ここで，左辺の係数の行列を $\boldsymbol{A}$，未知数の列ベクトルを $\boldsymbol{x}$，右辺の列ベクトルを $\boldsymbol{b}$ と書く．すると，連立一次方程式 (A.2) は，

$$\boldsymbol{A}\boldsymbol{x} = \boldsymbol{b} \tag{A.3}$$

と簡潔に書くことができる．

連立一次方程式を解くには，連立一次方程式 (A.1) を構成する方程式の順序を入れ替えたり，方程式に定数を乗じたり，ある方程式に別の方程式に定数を乗じたものを加えたりして，最終的に

$$\begin{aligned} 1x_1 + 0x_2 + \cdots + 0x_n &= c_1 \\ 0x_1 + 1x_2 + \cdots + 0x_n &= c_2 \\ &\vdots \\ 0x_1 + 0x_2 + \cdots + 1x_n &= c_n \end{aligned} \tag{A.4}$$

という形に変形し，$(x_1, x_2, \cdots, x_n) = (c_1, c_2, \cdots, c_n)$ という解を得る．行列を用いて解く時は，問題 (A.2) の $\boldsymbol{A}$ と $\boldsymbol{b}$ を横に並べた拡大行列 $[\boldsymbol{A}|\boldsymbol{b}]$，すなわち

$$\left[\begin{array}{cccc|c} a_{11} & a_{12} & \cdots & a_{1n} & b_1 \\ a_{21} & a_{22} & \cdots & a_{2n} & b_2 \\ \vdots & \vdots & \ddots & \vdots & \vdots \\ a_{n1} & a_{n2} & \cdots & a_{nn} & b_n \end{array}\right]$$

を作り，拡大行列の行を入れ替えたり，ある行に定数を乗じたり，ある行に別の行に定数を乗じたものを加えたりして，最終的に

$$\left[\begin{array}{cccc|c} 1 & 0 & \cdots & 0 & c_1 \\ 0 & 1 & \cdots & 0 & c_2 \\ \vdots & \vdots & \ddots & \vdots & \vdots \\ 0 & 0 & \cdots & 1 & c_n \end{array}\right]$$

と変形し，$(x_1, x_2, \cdots, x_n) = (c_1, c_2, \cdots, c_n)$ という解を得る．この場合，行列を用いても解法自体は同じであるが，

$$\boldsymbol{A}\boldsymbol{x}_1 = \boldsymbol{b}_1, \boldsymbol{A}\boldsymbol{x}_2 = \boldsymbol{b}_2, \cdots, \boldsymbol{A}\boldsymbol{x}_m = \boldsymbol{b}_m$$

という複数の連立一次方程式に対して，

$$[\boldsymbol{A}|\boldsymbol{b}_1\boldsymbol{b}_2\cdots\boldsymbol{b}_m]$$

という拡大行列を作り，同様の変形を行うことにより，一度に解を得ることができる．

A.3.2　逆行列

n 次の正方行列 $\boldsymbol{A}$，$\boldsymbol{B}$ に対して，

$$\boldsymbol{A}\boldsymbol{B} = \boldsymbol{B}\boldsymbol{A} = \boldsymbol{I}_n$$

が成り立つ時，$\boldsymbol{B}$ は $\boldsymbol{A}$ の逆行列であるといい，$\boldsymbol{A}^{-1}$ と書く．$\boldsymbol{A}$ には逆行列が存在しないこともある．$\boldsymbol{A}$ が逆行列を持つ時，$\boldsymbol{A}$ は正則行列であるという．

例 11：

$$\begin{bmatrix} 1 & 2 \\ 3 & 4 \end{bmatrix}^{-1} = \begin{bmatrix} -2 & 1 \\ 3/2 & -1/2 \end{bmatrix}$$

逆行列を求めるには，n 次正方行列 $\boldsymbol{A}$ と単位行列 $\boldsymbol{I}_n$ を横に並べて拡大行列 $[\boldsymbol{A}|\boldsymbol{I}_n]$ を作り，連立一次方程式を解く要領で変形し，$[\boldsymbol{I}_n|\boldsymbol{B}]$ が得られれば，$\boldsymbol{B}$ が $\boldsymbol{A}$ の逆行列である．$[\boldsymbol{I}_n|\boldsymbol{B}]$ の形に変形できない時は $\boldsymbol{A}$ の逆行列は存在しない．

A.4 固有値と固有ベクトル

正方行列 $\boldsymbol{A}$ に対して，スカラー λ が存在して，

$$\boldsymbol{A}\boldsymbol{x} = \lambda\boldsymbol{x} \quad (\boldsymbol{x} \neq \boldsymbol{0}) \tag{A.5}$$

が成り立つ時，λ を $\boldsymbol{A}$ の固有値，$\boldsymbol{x}$ を $\boldsymbol{A}$ の固有ベクトルという．(A.5) 式を変形すると，$\boldsymbol{A}$ が固有値を持つ時は，連立一次方程式

$$(\boldsymbol{A} - \lambda\boldsymbol{I})\boldsymbol{x} = \boldsymbol{0}$$

が解 $\boldsymbol{x}$ (ただし，$\boldsymbol{x} \neq \boldsymbol{0}$) を持つ．$\boldsymbol{A}$ が n 次正方行列の時，値の異なる固有値は最大 n 個存在する．

例 12：

$\boldsymbol{A} = \begin{bmatrix} 8 & -10 \\ 5 & -7 \end{bmatrix}$ とすると，

$$\begin{bmatrix} 8 & -10 \\ 5 & -7 \end{bmatrix}\begin{bmatrix} 2 \\ 1 \end{bmatrix} = 3\begin{bmatrix} 2 \\ 1 \end{bmatrix}, \quad \begin{bmatrix} 8 & -10 \\ 5 & -7 \end{bmatrix}\begin{bmatrix} 1 \\ 1 \end{bmatrix} = -2\begin{bmatrix} 1 \\ 1 \end{bmatrix}$$

が成り立つから，固有値は 3，-2 で，固有値 3 に対応する固有ベクトルは $c_1[2 \quad 1]^T$，固有値 -2 に対応する固有ベクトルは $c_2[1 \quad 1]^T$ である．ここで，c_1，c_2 は 0 を除く任意の数である．

参考文献

1) 平岡和幸・堀玄 (2004)『プログラミングのための線形代数』，オーム社．

付録B 計算量の理論

原理的には問題を解けるアルゴリズムでも，現実的な時間で解を得ることができなければ，そのアルゴリズムは問題の有効な解法とはならない．例えば，0と1の2値をとるn個の変数，$x_1, x_2, \cdots, x_n$の関数$f(x_1, x_2, \cdots, x_n)$の最小値および最小値を与える$x_1, x_2, \cdots, x_n$を求める問題は，変数が2値をとることから，変数の値の組み合わせも有限であり，これらの目的関数の値を調べれば，原理的には必ず最適解が得られる．しかし，組み合わせの数は変数が増えるに従い爆発的に増加する．n個の2値変数からなる問題の組み合わせの数は2^n個であるが，$2^{20} \simeq 10^6$，$2^{30} \simeq 10^9$，$2^{50} \simeq 10^{15}$，$2^{100} \simeq 10^{30}$であり，100個程度の変数でも，すべての組み合わせを一つずつ調べることは実質的には不可能である．すなわち，アルゴリズムの計算量が問題になる．

計算量とは，アルゴリズムが停止（計算手続きが終了）するまでに実行される演算の合計回数である[1)]．一般に，同じ種類の問題でも，変数の数や制約条件の数が多くなり，問題の大きさが大きくなるほど計算量は増加する．そこで，特定の種類の問題の大きさnを指定して，その大きさの任意の問題を解くために最大の演算回数を計算量とする．計算量はnの関数になるが，nが大きくなった時に計算量に支配的に影響を与える項のみに注目する．計算量がnの多項式であれば，最も高次の項だけを考慮し，その係数も無視する．例えば，計算量が$\frac{1}{3}n^3 + 5n^2 + 10n$であれば，$n^3$のみに注目する．この計算量は$n^3$のオーダーであるといい，$O(n^3)$と表す．

1) 計算量理論に従う厳密な説明ではない．

例えば，n 次元ベクトル $\boldsymbol{a}$ と $\boldsymbol{b}$ の内積 $\boldsymbol{a}\cdot\boldsymbol{b}$ は

$$\boldsymbol{a}\cdot\boldsymbol{b} = a_1b_1 + a_2b_2 + \cdots + a_nb_n$$

と計算される．$\boldsymbol{a}$ と $\boldsymbol{b}$ の成分同士の乗算を n 回行い，それらを全部足し合わせるので，加算の回数は $n-1$ 回となる．1 回の乗算に要する時間を M，加算に要する時間を A とすると，計算所要時間は $nM + (n-1)A$ となる．これはベクトルの次元 n の一次関数であるから，計算量のオーダーは $O(n)$ である．n が 10 倍になれば，計算時間は 10 倍程度になることが期待される．

次に，n 次正方行列 $\boldsymbol{A}$ と $\boldsymbol{B}$ の乗算を考える．行列 $\boldsymbol{A}$ と $\boldsymbol{B}$ の積を $\boldsymbol{C}$ とおくと，$\boldsymbol{C}$ の (i,k) 成分 c_{ik} は

$$c_{ik} = a_{i1}b_{1k} + a_{i2}b_{2k} + \cdots + a_{in}b_{nk}$$

と計算される．この計算はベクトルの内積の計算と同じで，計算所要時間は $nM + (n-1)A$ となる．この計算を n^2 個の成分に対して行うので，行列の乗算の計算所要時間は $n^2\{nM + (n-1)A\}$ となる．これは正方行列の次数 n の三次関数であるから計算量は $O(n^3)$ となる．n が 10 倍になれば，計算時間は 1000 倍程度になることが期待される．

アルゴリズムの計算量が $O(n^d)$ である時（d は非負の定数），そのアルゴリズムは**多項式時間アルゴリズム**と呼ばれる．多項式時間アルゴリズムは n の増加に対する計算量の増加が比較的緩やかなので，大きな問題に対しても効率的に解けると考えられる．もちろん，多項式時間アルゴリズムでも次数が高くなるほど効率は低くなるので，より次数の低いアルゴリズムが望ましい．なお，$O(n^d \log n)$ は $O(n^{d+1})$ より n の増加に対する計算量の増加の割合が小さいので，多項式時間アルゴリズムに含める．

計算量が $O(2^n)$ や $O(n!)$ のように多項式で表せないアルゴリズムは指

数時間アルゴリズムと呼ばれる．指数時間アルゴリズムは n が少し大きくなっただけでも計算量が急速に増加するので，そのアルゴリズムでは現実的な時間で問題を解くことはできない．

ただし，この計算量の評価はあくまで最悪の場合に基づいているので，たとえ指数時間アルゴリズムでも，少数の例外を除けば効率的に問題を解くアルゴリズムも存在する．例えば，線形最適化法のシンプレックス法は，計算量理論的には多項式時間アルゴリズムではないが，アルゴリズム評価のために作られた意地悪な例外的問題を除けば，制約式の数の 1.5〜3 倍程度の繰り返しで最適解が得られる効率的なアルゴリズムである．逆に多項式時間アルゴリズムでも，ほとんどの場合はより次数の高い多項式時間アルゴリズムや指数時間アルゴリズムに効率で下回るアルゴリズムも存在する．したがって，アルゴリズムの効率の評価には計算量のオーダーを調べるだけでなく，実際の数値実験も必要である．

参考文献

1) Michael Sipser（太田和夫・田中圭介 監訳）（2008）『計算理論の基礎［原著第 2 版］3. 複雑さの理論』，共立出版．
Sipser, M. (2005) “Introduction to the Theory of Computation (2nd. edition)”, Course Technology の翻訳．

付録C　待ち行列理論に関する補足

C.1 ポアソン分布導出の詳細

1 階線形微分方程式

$$y' + P(x)y = Q(x)$$

の一般解は，

$$y = e^{-\int P(x)\mathrm{d}x}\left\{\int Q(x)e^{\int P(x)\mathrm{d}x}\mathrm{d}x + C\right\} \tag{C.1}$$

であることが知られている．この公式を (11.2) 式に適用し，

$$P_n(t) = e^{-\lambda t}\left\{\int e^{\lambda t}\lambda P_{n-1}(t)\mathrm{d}t + C\right\} \tag{C.2}$$

となる．ここで，C は定数である．$n = 0$ では，

$$P_0(t) = e^{-\lambda t}\left\{\int e^{\lambda t}\lambda P_{-1}(t)\mathrm{d}t + C\right\} = e^{-\lambda t}\left\{C' + C\right\}$$

となる．ここで，C' は定数である．$C' + C$ をあらためて C とおくと，$P_0(t) = Ce^{-\lambda t}$．時刻 $t = 0$ では事象はまだ起こらないため，$P_0 = 1$ であることから，$C = 1$ である．したがって，

$$P_0(t) = e^{-\lambda t} \tag{C.3}$$

である．$n = 1, 2, \cdots$ においては $P_n(0) = 0$ であることを利用して，(C.2)

式から $P_n(t)$ を逐次的に求めることができる．例えば，$P_1(t)$ は，$P_0(t) = e^{-\lambda t}$ であるから，(C.2) 式から，

$$P_1(t) = e^{-\lambda t}\left\{\int e^{\lambda t}\lambda P_0(t)\mathrm{d}t + C\right\} = e^{-\lambda t}\left\{\lambda t + C\right\}$$

となる．さらに $P_1(0) = 0$ であることから，$C = 0$ となる．$n = 2, 3, \cdots$ においても，同様の計算を繰り返すことにより，(11.3) 式を得る [1)]．

C.2 ポアソン分布の平均値と分散の導出

ポアソン分布の平均値 $E[n]$ は，

$$E[n] = \sum_{n=0}^{\infty} n\frac{(\lambda t)^n}{n!}e^{-\lambda t} = \lambda t e^{-\lambda t}\sum_{n=0}^{\infty}\frac{(\lambda t)^n}{n!} = \lambda t e^{-\lambda t}e^{\lambda t} = \lambda t \tag{C.4}$$

となる．ここで，マクローリン展開（$\lambda t = 0$ の周りのテイラー展開）$e^{\lambda t} = \sum_{n=0}^{\infty}\frac{(\lambda t)^n}{n!}$ を利用した．分散 $V[n]$ は，

$$\begin{aligned} V[n] &= E[n^2] - E[n]^2 = \sum_{n=0}^{\infty} n^2\frac{(\lambda t)^n}{n!}e^{-\lambda t} - (\lambda t)^2 \\ &= \sum_{n=0}^{\infty}\left\{n(n-1) + n\right\}\frac{(\lambda t)^n}{n!}e^{-\lambda t} - (\lambda t)^2 = (\lambda t)^2 + \lambda t - (\lambda t)^2 \\ &= \lambda t \end{aligned} \tag{C.5}$$

となる．

C.3 指数分布の平均値と分散の導出

指数分布の平均値 $E[t]$ は

1) 厳密には数学的帰納法を適用する．

$$E[t] = \int_0^\infty t f(t)\mathrm{d}t = \int_0^\infty t\lambda e^{-\lambda t}\mathrm{d}t = \left[-te^{-\lambda t}\right]_0^\infty + \int_0^\infty e^{-\lambda t}\mathrm{d}t$$
$$= 0 + \frac{1}{\lambda} = \frac{1}{\lambda} \tag{C.6}$$

となる．分散 $V[t]$ は，

$$E[t^2] = \int_0^\infty t^2 f(t)\mathrm{d}t = \int_0^\infty t^2\lambda e^{-\lambda t}\mathrm{d}t$$
$$= \left[-t^2 e^{-\lambda t}\right]_0^\infty + \frac{2}{\lambda}\int_0^\infty te^{-\lambda t}\mathrm{d}t = \frac{2}{\lambda^2}$$

を利用して，

$$V[t] = E[t^2] - E[t]^2 = \frac{2}{\lambda^2} - \frac{1}{\lambda^2} = \frac{1}{\lambda^2} \tag{C.7}$$

となる．

C.4 状態遷移図を用いた解析

M/M/c システムの定常分布を求めるために，微分方程式の定常解を素直に求めたが，図 C.1 のような状態遷移図から求める方法もある．系内の客が n（人）の場合を状態として，状態間の境界において確率的な流れの出入りが等しいとして，

$$\lambda P_n = (n+1)\mu P_{n+1}$$

を得る．この例では，状態遷移図を用いた方が容易に定常分布が求められるが，マルコフ連鎖を理解していないと，誤った解析を行うので好ましくないという意見もあり，注意が必要である．

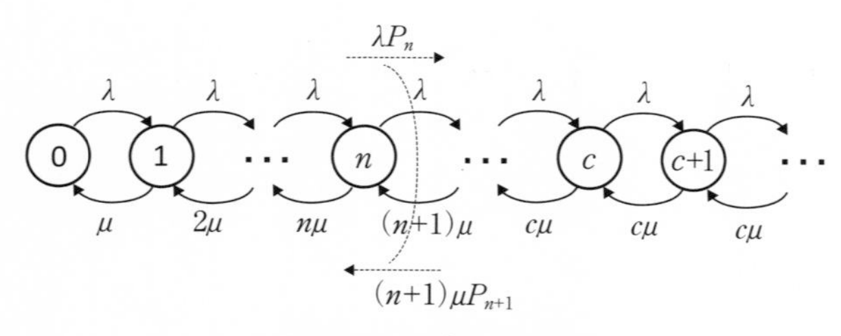

図 C.1　状態遷移図

C.5 M/M/*c*/*c* システム

電話による通信販売を考える．通信販売の受付では同一の電話番号で複数の回線を持つことが多い．c 本の回線を持つ場合，c 件まで同時に受け付けることができるが，c 本の回線が使用中の時に電話をかけるとつながらない．このような待ち行列システムは M/M/c/c システムである．

M/M/*c*/*c* システムの平衡分布

時刻 t において，電話回線が n（回線）使用されている確率を $P_n(t)$ $(n=0,1,2,\cdots,c)$ とする．M/M/c システムと同様の考え方（ただし，$n \leq c$）により，

$$\begin{cases} P_0(t+\Delta) = (1-\lambda\Delta)P_0(t) + \mu\Delta P_1(t) \\ P_n(t+\Delta) = \lambda\Delta P_{n-1}(t) + (1-\lambda\Delta - n\mu\Delta)P_n(t) \\ \qquad\qquad + (n+1)\mu\Delta P_{n+1}(t) \quad (n=1,2,\cdots,c-1) \end{cases} \tag{C.8}$$

が成り立つ．M/M/c システムの場合と同様に定常状態における P_n を求めると，

$$P_n = \frac{a}{n}P_{n-1} = \frac{a^n}{n!}P_0 \tag{C.9}$$

$$\sum_{n=0}^{c} P_n = \sum_{n=0}^{c} \frac{a^n}{n!} P_0 = 1$$

より

$$P_0 = \frac{1}{\displaystyle\sum_{n=0}^{c} \frac{a^n}{n!}} \tag{C.10}$$

となる．以上のことから

$$P_n = \frac{\dfrac{a^n}{n!}}{\displaystyle\sum_{n=0}^{c} \frac{a^n}{n!}} \qquad (n = 0, 1, \cdots, c) \tag{C.11}$$

が導かれる．

M/M/c/c システムの性能評価

窓口がすべてふさがっている確率 $B(c, a)$ は

$$B(c, a) = P_c = \frac{\dfrac{a^c}{c!}}{\displaystyle\sum_{n=0}^{c} \frac{a^n}{n!}} \tag{C.12}$$

である．(C.12) 式は**アーラン B 式**と呼ばれる．また，定常状態における系内の平均客数 L は，

$$L = \sum_{n=0}^{c} nP_n = \sum_{n=0}^{c} n\frac{a^n}{n!} P_0 = a\sum_{n=1}^{c} \frac{a^{n-1}}{(n-1)!} P_0 = a\sum_{n=0}^{c-1} \frac{a^n}{n!} P_0$$

$$= a \left(\frac{\displaystyle\sum_{n=0}^{c-1} \frac{a^n}{n!}}{\displaystyle\sum_{n=0}^{c} \frac{a^n}{n!}} \right) = a \left(\frac{\displaystyle\sum_{n=0}^{c} \frac{a^n}{n!} - \frac{a^c}{c!}}{\displaystyle\sum_{n=0}^{c} \frac{a^n}{n!}} \right)$$

$$= a(1 - P_c) = a\{1 - B(c, a)\} \tag{C.13}$$

となる．また，定常状態における系内の平均滞在時間 W は，待ち室での待ち時間がないので

$$W = \frac{1}{\mu} \tag{C.14}$$

である．(C.13) 式と (C.14) 式を比較すると，リトルの公式 $L = \lambda W$ が成り立たないように見える．しかし，M/M/c/c システムにおいては，窓口がすべてふさがっている時，客は系に入ることができないので，到着時点で系に入れる客の到着率 λ_e を考える．

$$\lambda_e = \sum_{n=0}^{c-1} \lambda P_n = \lambda(1 - P_c) = \lambda\{1 - B(c, a)\} \tag{C.15}$$

となるので，M/M/c/c システムにおいてもリトルの公式 $L = \lambda_e W$ が成り立つ．

索引

●配列は五十音順.

●か　行

●さ 行

●た　行

●な　行

●は　行

●ま　行

●や　行

●ら　行

●わ　行

著者紹介

大西　仁（おおにし・ひとし）

1967 年	千葉県に生まれる
1995 年	東京工業大学大学院総合理工学研究科博士課程修了
	放送教育開発センター助手,
	メディア教育開発センター准教授,
	総合研究大学院大学准教授などを経て,
現在	放送大学教授・博士（学術）
専攻	認知科学，情報通信工学
主な著書	『類似から見た心：認知科学の探究』（共編著　共立出版）
	『情報学へのとびら』（共著　放送大学教育振興会）

放送大学教材　1579320-1-2111（放送オンライン）

三訂版　問題解決の数理

発　行　2021年3月20日　第1刷
著　者　大西 仁
発行所　一般財団法人　放送大学教育振興会
〒105-0001　東京都港区虎ノ門1-14-1　郵政福祉琴平ビル
電話　03（3502）2750

市販用は放送大学教材と同じ内容です。定価はカバーに表示してあります。
落丁本・乱丁本はお取り替えいたします。

Printed in Japan　ISBN978-4-595-32281-5　C1355